CHEMIE IN BERLIN

AF537731

ALEXANDER KRAFT

CHEMIE IN BERLIN

GESCHICHTE, SPUREN, PERSÖNLICHKEITEN

BERLIN STORY VERLAG

IMPRESSUM

Kraft, Alexander:
Chemie in Berlin – Geschichte, Spuren, Persönlichkeiten
1. Auflage — Berlin: Berlin Story Verlag 2012
ISBN 978-3-86368-060-2

Alle Rechte vorbehalten.

© Berlin Story Verlag
Alles über Berlin GmbH
Unter den Linden 40, 10117 Berlin
Tel.: (030) 20 91 17 80
Fax: (030) 69 20 40 059
www.BerlinStory-Verlag.de, E-Mail: Service@AllesueberBerlin.com
Gestaltungsentwurf: Till Kaposty-Bliss
Umschlag (unter Verwendung eines Bildes von Ljupco Smokovski / fotolia.com, Bearbeitung: Norman Bösch) und Satz: Norman Bösch

WWW.BERLINSTORY-VERLAG.DE

8

DIE GESCHICHTE DER CHEMIE IN BERLIN

Die Geschichte der Alchemie und Chemie in Berlin ist reich an interessanten und spannenden Episoden, bedeutenden Persönlichkeiten und wichtigen Unternehmen. Diese Geschichten sollen hier erzählt werden, wobei wir uns auf das heutige Stadtgebiet Berlins begrenzen und das weitere Umland ausklammern werden.

Was ist eigentlich Chemie? Der Volksmund sagt: Chemie ist das, was knallt und stinkt, Physik ist das, was nie gelingt. Tatsächlich können chemische Reaktionen detonationsartig verlaufen und manche Chemikalien riechen auch ziemlich unangenehm. Generell kann man die Chemie aber vielleicht als die Wissenschaft bezeichnen, die sich mit den Eigenschaften von Stoffen und deren Umwandlung in andere Stoffe beschäftigt. Diese Stoffumwandlungen werden auch chemische Reaktionen genannt. Klassische Teilgebiete der Chemie sind die Anorganische, die Organische und die Physikalische Chemie. Die chemische Industrie ist ein Industriezweig, der chemische Stoffumwandlungen zur Erzeugung kommerzieller Produkte nutzt.

Und was ist Alchemie? In der Zeit vor 1600 sind Chemie und Alchemie (aus dem Arabischen: Al-Chimia = Die Chemie) kaum zu trennen und bezeichnen mit wechselnder Bedeutung dieselben Verfahren und Prozesse. In etwa nach 1600 beginnt man zuerst mehr intuitiv, später immer klarer zwischen der Wissenschaft der Chemie und der Mystik und Goldmacherei der Alchemie zu unterscheiden. Alchemisten dieses Zeitabschnitts versuchten, unedle Metalle in Silber oder Gold zu verwandeln, ein alle Krankheiten heilendes oder lebensverlängerndes Elixier, oder das alles lösende Lösungsmittel, den Alkahest, zu finden. Oft wurde der sogenannte Stein des Weisen gesucht, mit dem das alles möglich sein sollte. Auch in der Berliner Geschichte finden wir den einen oder anderen Alchemisten. Manche suchten lange Zeit vergeblich nach dem Stein des Weisen, andere versuchten ihre Mitbürger zu betrügen, indem sie ihnen vorgaukelten, sie könnten Quecksilber in Gold verwandeln oder sie wären in der Lage, eine Universalmedizin herzustellen.

Im 18. und 19. Jahrhundert genoss die Chemie einen guten Ruf, eine Zeit lang sogar Kultstatus. Viele Chemielaien strömten in die öffentlichen Experimentalvorlesungen, begeisterten sich an den neuesten Erfindungen der Chemiker und glaubten, die Menschheit ginge durch die Chemie einem goldenen Zeitalter entgegen.

Ganz im Gegensatz dazu, ist das Ansehen der Chemie heute hauptsächlich wegen der Umweltsünden der Vergangenheit sehr gering. Jahrzehntelang wurden Abfallstoffe der chemischen Industrie durch Schornsteine in die Luft geblasen, in Flüsse eingeleitet oder auf ungesicherten Müllkippen neben der Fabrik abgeladen. Heute scheint der Begriff Chemie als das Schlechte an sich im Gegensatz zu Bio oder Öko fest im Sprachschatz verankert. Dabei findet ja Chemie in jedem Körper, in jeder Pflanze statt, natürlich auch bei der Herstellung und beim Verbrauch von sogenannten Öko-Bio-Produkten. Letztendlich ist die Natur ist die größte Chemiefabrik der Erde. Ein Beispiel für das heutige niedrige Ansehen der Chemie ist ein Werbespruch für das sehr erfolgreiche Erfrischungsgetränk Bionade: »Gut in Bio, schlecht in Chemie«.

Das vorliegende Buch gliedert sich in vier Teile. Im ersten Teil wird die Geschichte der Chemie in Berlin im Schnelldurchgang erzählt. Der zweite Teil berichtet über das chemische Berlin, die Geschichte von 26 Institutionen unserer Stadt, die mit der Chemie zusammenhängen: Chemische Laboratorien, Chemieinstitute, chemische Gesellschaften und chemische Produktionsstätten. Der dritte Teil ist den Biografien von 50 Chemikern und Chemikerfamilien gewidmet, die in Berlin lebten und wirkten.

In Teil 4 fassen wir Fakten über die Chemie in Berlin zusammen: Chemienobelpreisträger aus Berlin, in Berlin entdeckte chemische Elemente, nach Chemikern benannte Straßen und Plätze in der Stadt und nicht zuletzt Denkmäler und Kunstwerke im öffentlichen Raum und in Museen, die mit der Chemie im Zusammenhang stehen.

ALCHEMISTEN, GLASMACHER UND APOTHEKER

Die früheste bekannte urkundliche Erwähnung Berlins als Cölln stammt von 1237. Gegründet wurden die beiden Schwesterstädte Berlin und Cölln aber wahrscheinlich schon im späten 12. Jahrhundert im Zusammenhang mit der deutschen Besiedlung der Mark Brandenburg unter den ersten Markgrafen aus dem Haus der Askanier. Die Überlieferungen aus den ersten Jahrhunderten der Existenz Berlins sind nur spärlich. Hinweise auf chemisch-alchemistische Aktivitäten fehlen fast völlig.

Erste gewerbliche Aktivitäten, die wir heute der Chemie zurechnen können, waren die Teerschwelerei, die Pottaschebrennerei, die Herstellung von Farbstoffen und Pigmenten, das Glasmacherhandwerk, die Seifensiederei, die mit dem Bergbau verbundene Verhüttung von Erzen und die Herstellung von Medikamenten. Alle diese Gewerbe kamen erst mit Verspätung in die Mark Brandenburg, die ja lange Zeit am nordöstlichen Rand Deutschlands lag, weitab von den ökonomisch und technologisch fortgeschritteneren Regionen des Deutschen Reiches.

Die Teerschwelerei wurde über Jahrhunderte in den großen, Berlin umgebenden Wäldern betrieben. Noch heute erinnern die Ortslage Albrechts Teerofen und der Pechsee im Grunewald an dieses alte Gewerbe.

Zu den Chemikern sind für den Zeitraum von etwa dem 15. bis zur Mitte des 19. Jahrhunderts die Apotheker zu rechnen. Zwar gab es auch schon vorher Apotheker. Diese waren aber im wesentlichen Verkäufer von Arzneistoffen, Gewürzen, feinen Esswaren und Kräutern. Erst mit dem Aufkommen der Iatrochemie, der medizinischen Chemie, wurden die Apotheker auch

Hersteller von Medikamenten oder was man dafür hielt. Diese Herstellung wurde zunehmend komplizierter und erforderte gut ausgestattete Laboratorien und vertiefte chemische Kenntnisse. Chemische Operationen, wie das Destillieren, das Sublimieren, das Kalzinieren oder die Extraktion waren übliche Arbeitsmethoden, die immer mehr verfeinert wurden. Mit dem Entstehen der pharmazeutisch-chemischen Industrie wurden Apotheken im Wesentlichen wieder nur Verkaufsstellen von Medikamenten und Arzneien. Dieser Trend war seit Beginn des 19. Jahrhunderts zu beobachten und um 1900 weitgehend abgeschlossen.

Der erste urkundlich überlieferte Apotheker Berlins war ein Thidericus, der 1354 in einer Urkunde als einer der Gläubiger des Markgrafen Ludwig des Römers genannt wurde. Ludwig der Römer aus dem Haus der Bayrischen Wittelsbacher, 1328 in Rom geboren, war ab 1351 Markgraf von Brandenburg und seit 1356 erster Brandenburger Kurfürst. Er starb mit nur 36 Jahren 1365. Ludwig schuldete dem Thidericus 23 Mark. Mehr als der bloße Name ist von Thidericus leider nicht bekannt. Thidericus ist aber wohl noch in die »vorchemische« Phase der Apothekergeschichte einzuordnen.

Das früheste bekannte Apothekenprivileg Berlins stammt von 1481 und wurde für Johann Tempelhoff (ca. 1418-1488) ausgestellt Er hatte jedoch schon seit mindestens 1468 das Apothekengeschäft betrieben und stammte wahrscheinlich aus Süddeutschland, einer Gegend, wo die Apothekerkunst blühte. Das Privileg garantierte Johann Tempelhoff, dass er der einzige Apotheker der Städte Berlin und Cölln war und keine Konkurrenz zu fürchten hatte. Tempelhoffs Nachfolger wurde Johann Zehender (ca. 1450-1515). Diese frühe Apotheke befand sich seit Zehenders Amtsantritt an der Ecke Poststraße/Molckenmarkt, in etwa dort wo heute das Ephraimpalais steht. Später stieg die Zahl der Apotheken natürlich an, 1556 waren es drei, 1680 fünf und um 1700 dann schon 14.

Nachdem die Mark Brandenburg von Markgrafen aus den Häusern der Askanier, Wittelsbacher und Luxemburger regiert worden war, trat 1415 mit Friedrich I. (1371-1440) der erste Hohenzoller an die Spitze der Markgrafschaft. Nach einigen Jahren der Regierung zog er sich jedoch auf seine fränkischen Besitzungen zurück und übergab 1428 die Regentschaft seinem ältesten Sohn Johann (1406-1464), der den Beinamen Der Alchemist trug. Johann zeigte, vielleicht auch aufgrund seiner alchemistischen Neigungen, wenig Interesse für die Regierungsgeschäfte und wurde daher 1437 einvernehmlich durch seinen jüngeren Bruder Friedrich Eisenzahn (1413-1471) ersetzt, um sich selbst auf die fränkische Plassenburg bei Kulmbach zu begeben, wo er sich fortan voll der Alchemie widmen konnte.

Als der erste Hohenzoller die Mark Brandenburg übernahm, musste er sich zunächst militärisch gegen die märkische Ritterschaft durchsetzen. Das gelang ihm insbesondere auch durch den Einsatz moderner Feuerwaffen. Die Faule Grete, ein vom Deutschen Orden geliehenes Riesengeschütz, half sehr effektiv beim Zertrümmern der belagerten Burgen. Mit dem Aufkommen der Feuerwaffen im 14. Jahrhundert musste Schießpulver, eine Mischung aus Salpeter, Holzkohle und Schwefel produziert werden. Dadurch entstand ein neues stetig wachsendes chemisches Gewerbe. In Brandenburg wurde Schießpulver erst ab 1717 in größerem Umfang produziert. Vorher wurde es vor allem aus den Niederlanden eingeführt.

Während die Holzkohle in den großen brandenburgischen Wäldern gewonnen wurde und der Schwefel meist aus Sizilien kam, war die Salpetergewinnung (nicht nur in Brandenburg) das Nadelöhr der Schießpulverherstellung. Sie wurde von den sogenannten Salpetersiedern übernommen, die den Wertstoff aus salpeterhaltigen Böden durch Auswaschen und Sieden der Waschlösung gewannen. Der Salpeter in den Böden bildet sich aus stickstoffhaltigen Exkrementen und Urin unter Beteiligung von Mikroorganismen.

Mit der Gründung der ersten Universität der Mark Brandenburg im Jahr 1506 hielt die Wissenschaft Einzug in die Mark. Allerdings wurde die Universität nicht in Berlin sondern in Frankfurt an der Oder gegründet. Kurfürst Joachim I. (1484-1535)

^ *Johannes Alchymista. Das ist Johann der Alchemist (1406-1464), von 1428 bis 1437 Statthalter der Mark Brandenburg*

sagte bei der Eröffnung der Universität: »Ein gelehrter Mann ist seltener in der Mark als ein weißer Rabe.« Das wollte er ändern. Der berühmte Alchemist Michael Maier (1569-1622) legte 1592 an der Frankfurter Universität seine Magisterprüfung ab.

Mit Leonhard Thurneysser (1521-1596) kam 1571 ein auch heute noch bekannter Alchemist, Arzt und Unternehmer nach Berlin. Ihn hatte es ursprünglich in die Universitätsstadt Frankfurt gezogen, wo er eines seiner Bücher drucken lassen wollte. Durch seinen Einfluss beim Kurfürsten Johann Georg (1525-1598) und sein großes technologisches Wissen half er, in der Mark Brandenburg neue Gewerbe anzusiedeln oder vorhandene zu verbessern. So wird auf ihn die Einführung des Glasmacherhandwerks zurückgeführt. Die Glasherstellung ist auch als eine frühe chemische Gewerbetätigkeit anzusehen, auch wenn sie heute schon lange nicht mehr zur chemischen Industrie gezählt wird. Zur Glasherstellung wurden Sand und Pflanzenasche oder daraus gewonnene Pottasche (Kaliumcarbonat) miteinander verschmolzen. Die Glasproduktion war also auch immer mit der Holzasche- bzw. Pottascheherstellung verbunden und erforderte ausreichende Mengen geeignetes Holz. Im waldreichen Brandenburg wurde um 1575 die erste Glashütte mit Hilfe Thurneyssers aufgebaut. Später hat man erfahrene böhmische Glasmacher nach Brandenburg geholt.

Ein großer Meister der Glasmacherkunst war schließlich im 17. Jahrhundert auch der Alchemist Johann Kunckel (1634-1703), der auf der Pfaueninsel ein Glaslaboratorium betrieb. 1678 wur-

^ *Kurfürst Johann Georg besucht den Alchemisten Thurneysser in seinem Labor*

de Kunckel durch die Vermittlung von Christian Mentzel (1622-1701) an den Hof des brandenburgischen Kurfürsten berufen. Mentzel war Leibarzt des Großen Kurfürsten und bedeutendster Gelehrter im Berlin dieses Zeitalters. Von ihm sind auch chemische Schriften überliefert. Überhaupt wurde die chemische Wissenschaft immer öfter auch von interessierten Ärzten neben den Apothekern betrieben. Mit Thurneysser und Kunckel haben wir auch zwei berühmte Alchemisten, welche in Berlin tätig waren. Thurneysser, der Räumlichkeiten des säkularisierten ehemaligen Grauen Klosters der Franziskaner in Berlin benutzen durfte, richtete hier auch ein Labor ein. In diesem Labor ging er neben vielen anderen Dingen auch der Umwandlung unedler Metalle in Gold nach. Des Öfteren experimentierte er zusammen mit seinem Arbeitgeber, dem Kurfürsten Johann Georg.

Auch der Große Kurfürst Friedrich Wilhelm (1620-1688) war ein Liebhaber der Alchemie. Es wurde berichtet, dass er sich 1658 in Köpenick, wahrscheinlich im Schloss, ein eigenes Laboratorium einrichten ließ, in dem er den Laboranten Werner Eberhardt anstellte. 1659 wurde das Labor nach Berlin in die Hofapotheke verlegt. Hier, in einem Seitenflügel des Berliner Schlosses, befand sich neben den eigentlichen Arbeitsräumen und Labors daher auch längere Zeit ein königliches alchemistisches Geheimlabor. 1678 holte der Große Kurfürst dann Johann Kunckel als seinen Hofalchemisten nach Berlin.

Die Alchemisten und ihre adligen Auftraggeber wollten vor allem Gold herstellen, wie sie dachten aus anderen Metallen, wie Quecksilber oder Blei. Da man lange Zeit glaubte, dass alle Metalle aus der gleichen Ursubstanz entstanden wären, war die Annahme der Möglichkeit ihrer Umwandlung auch nicht völlig unvernünftig. Unzählige vergebliche Versuche wurden angestellt. Da immer wieder Bücher veröffentlicht wurden, in denen von der erfolgreichen Transmutation von unedlen Metallen zu Gold oder auch Silber berichtet wurde, gab man aber nicht auf. Immer wieder wurde auf neuen Wegen versucht, mit chemischen Prozeduren Gold herzustellen.

Aber manche Alchemisten suchten gar kein Gold sondern ein Wunderelixier, eine alle Krankheiten heilende, lebensverlängernde Medizin oder den Alkahest, das Lösungsmittel, das alle Stoffe auflöst.

Kunckel, der später auch an der Möglichkeit der Goldherstellung aus unedlen Metallen zweifelte, lehnte die Möglichkeit

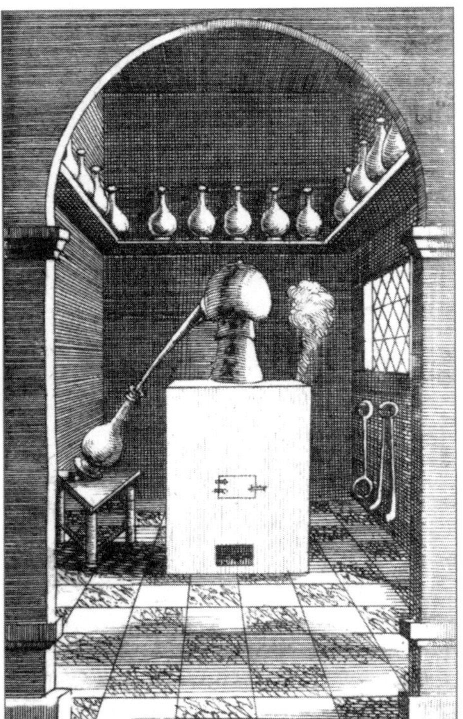

der Gewinnung eines Alkahest, eines alles auflösenden Lösungsmittels mit folgenden Worten ab: »Wenn es einen Alkahest gibt, wie haben ihn denn die Besitzer desselben aufbewahrt?« Der Alkahest müsste ja auch das Aufbewahrungsgefäß auflösen.

Aber die Vielzahl der an sich vergeblichen alchemistischen Versuche führte auch zu der einen oder anderen zufälligen Entdeckung, wie der des Phosphors und verbesserte chemische Verfahren, wie die Destillation. Überhaupt führte die immer weiter verbesserte Technik der Destillation zur Herstellung neuer, vorher unbekannter Substanzen. Am einschneidendsten für die menschliche Kultur war die Gewinnung des Weingeistes oder des Branntweins durch die Destillation des Weins. Damit stand ein höher prozentiges alkoholhaltiges Getränk zur Verfügung. Auch in Berlin war man dem Genuss dieses Getränkes nicht abgeneigt.

Die Gewinnung von Schwefelsäure und Salpetersäure beruhte ebenfalls auf der Technik der Destillation. Salpetersäure diente als Scheidewasser zur Trennung von Gold und Silber, da sich Silber in Salpetersäure löst, Gold aber nicht. Auch die Schwefelsäure entwickelte sich zu einem wichtigen Produkt der frühen Chemieindustrie. 1674 schrieb Johann Sigismund Elsholtz (1623-1688), Berliner Hofbotanikus, Arzt und Alchemist, die Destillatoria curiosa, ein wissenschaftliches Werk über die Destillationskunst.

^ *Destillationsapparatur aus dem 17. Jahrhundert aus dem Buch* Destillatoria Curiosa *des Berliner Arztes, Botanikers und Chemikers Johann Sigismund Elsholtz*

AUS ALCHYMIE WIRD CHYMIE

DER BEGINN DER WISSENSCHAFTLICHEN CHEMIE

Ab etwa Mitte des 17. Jahrhunderts erfolgte der Übergang von der Alchemie zur wissenschaftlich fundierten Chemie. Grundlage dafür war der Versuch einzelner Wissenschaftler, Ordnung in das immer stärker angewachsene Faktengebäude der Chemie zu bringen. Johann Joachim Becher (1635-1682) war der wichtigste dieser Systematiker.

Bechers Werk wurde schließlich von Georg Ernst Stahl (1659-1734) weiterentwickelt. Etwa ab 1700 hatte er eine neue, in sich schlüssige Theorie aufgestellt, die als die Phlogistontheorie in die Geschichte der Wissenschaften einging.

Damit erklärte Stahl die Oxidations- und Reduktionsvorgänge bei chemischen Reaktionen, wie sie nach heutigem Verständnis heißen, mit der Aufnahme oder Abgabe einer hypothetischen Substanz, dem Phlogiston. Wenn eine Substanz verbrennt, also oxidiert wird, gibt sie Phlogiston ab, wenn sie reduziert wird, nimmt sie Phlogiston auf. Der Begriff Phlogiston, ein griechisches Kunstwort, steht für Feuerluft.

In der Zeit der Ausformulierung der Phlogistontheorie war Stahl Professor an der 1694 gegründeten Universität Halle.

In Berlin erlebte in dieser Zeit die Alchemie ihre letzte große Blüte. Zahlreiche Alchemisten kamen nach Berlin, und viele Bürger der Stadt, ob reich oder arm, versuchten, mit alchemistischen Experimenten den Stein des Weisen zu finden. Besonders stark ausgeprägt war die Neigung zur Alchemie aber in Adelskreisen. Dieser Hang zur Alchemie lag damals in Europa im Zeitgeist, aber gerade Berlin, die Hauptstadt des brandenburgisch-preußischen Staates unter dem ersten Preußenkönig

Friedrich I. (1657-1713) war ein besonderer Anziehungspunkt für Alchemisten. Friedrich war ein prunkliebender Monarch, ein umfangreiches Bauprogramm riss zusätzliche Lücken in den Staatshaushalt. Die Schulden waren hoch, doch vielleicht konnte die Alchemie helfen, sie mit künstlich hergestelltem Gold zu tilgen?

Manche dieser Alchemisten sind auch heute noch bekannt, andere lange vergessen. Der prominenteste war sicher Johann Friedrich Böttger (1682-1719), von 1696 bis 1701 Lehrling an einer Berliner Apotheke, der mehrfach vor glaubwürdigen Zeugen die Umwandlung unedler Metalle in Gold vorführte. Er gehörte später in Dresden zu den Erfindern des europäischen Porzellans. Böttger behauptete, dass er die Wundertinktur zur Goldherstellung von einem griechischen Mönch namens Lascaris in Berlin erhalten habe. Sehr bekannt war auch die Figur des Schwindlers Caetano. Er war von seiner Heimat Italien aus als alchemistischer Hochstapler in Europa unterwegs. 1705 kam er nach Berlin und führte auch in unserer Stadt seine alchemistischen Goldmacherkunststücke vor. Da er allerdings nie die versprochenen großen Mengen Gold machen konnte und da ihm mehrere Fluchten misslangen, wurde er 1709 hingerichtet. Der streitlustige Theologe und Alchemist Johann Conrad Dippel (1673-1734) kam 1704 nach Berlin. Man stellte ihm Labor und Gehilfen zur Verfügung. Seine Laborarbeiten zielten nicht nur auf die künstliche Herstellung von Gold. Er versuchte auch, eine Universalmedizin herzustellen. In diesem Zusammenhang kam es 1706 zur zufälligen ersten Synthese des heute noch gebräuchlichen Pigmentes Berliner Blau. An dieser Erfindung war auch der Schweizer Laborant und Farbenhersteller Johann Jacob Diesbach beteiligt. Dippel musste 1707 aus Berlin fliehen. Diesbach stellte dann zusammen mit dem Lehrer und Naturforscher Johann Leonhard Frisch (1666-1743) das Berliner Blau als kommerzielles Produkt her. Sie verdienten damit gutes Geld. Diesbach versuchte sich auch an der alchemistischen Goldherstellung und produzierte ein vermeintlich goldmachendes Pulver. Andere, weniger bekannte Goldmacher waren der Stahlmüller Felmy und ein Baron Meder. Dieses letzte große, erfolglose Aufbäumen der Alchemie war in Berlin etwa 1710 abgeschlossen. Danach hatte sich die Chemie als Wissenschaft durchgesetzt.

In dieser Zeit versuchte man, auch deutsche Bezeichnungen für die Begriffe Chemie und Chemiker zu finden. Die Wort-

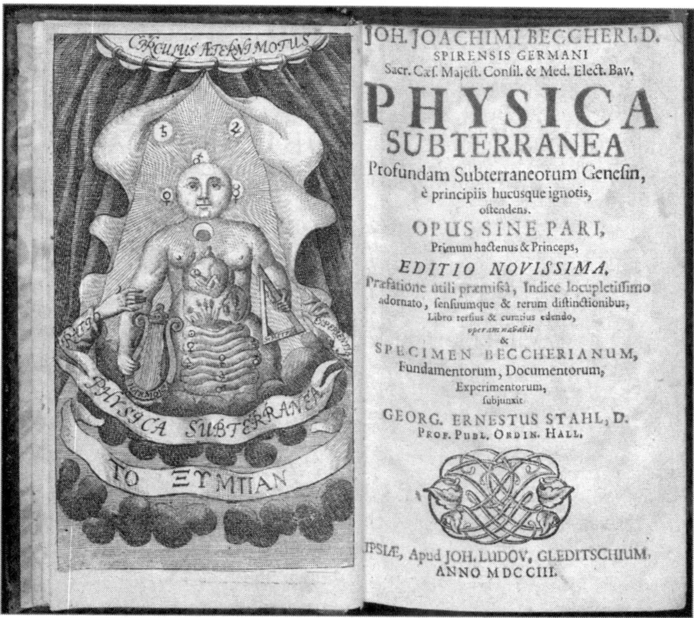

JOH. JOACHIMI BECCHERI, D.
SPIRENSIS GERMANI
Sacr. Cæs. Majest. Consil. & Med. Elect. Bav.

PHYSICA
SUBTERRANEA

Profundam Subterraneorum Genesin,
è principiis hucusque ignotis,
ostendens.

OPUS SINE PARI,
Primum hactenus & Princeps,

EDITIO NOVISSIMA,
Præfatione utili præmissâ, Indice locupletissimo
adornato, sensuumque & rerum distinctionibus,
Libro tertius & curatius edendo,
operam navavit
&
SPECIMEN BECCHERIANUM,
Fundamentorum, Documentorum,
Experimentorum,
subjunxit
GEORG. ERNESTUS STAHL, D.
PROF. PUBL. ORDIN. HALL.

IPSIÆ, Apud JOH. LUDOV. GLEDITSCHIUM,
ANNO MDCCIII.

schöpfungen Scheidekunst und Scheidekünstler waren zwar einige Zeit in Gebrauch, konnten sich aber nicht durchsetzen.

Wie sah es um diese Zeit mit der Herstellung chemischer Erzeugnisse aus? Chemische Produkte wurden meist in Apotheken hergestellt. Hier standen die Labors zur Verfügung, in denen nicht nur unzählige wirkliche oder vermeintliche Arzneimittel, sondern eben auch viele andere Stoffe mit chemischen Verfahren hergestellt werden konnten. Die produzierten Mengen waren naturgemäß aber klein. Daneben gab es sogenannte Laboranten, die sich auf wenige, ganz bestimmte Chemikalien spezialisiert hatten und diese in etwas größerem Umfang produzierten. So gab es um 1720 im Königlichen Bauhof in der Berliner Dorotheenstadt ein Laboratorio mit einem Destillierer und Laboranten namens Bernhard Feldmann, der ehemals auch Gehilfe im Labor des Alchemisten Dippel gewesen war.

Neben den Apothekern zählte man am Anfang des 18. Jahrhunderts auch Salpetersieder und Pulvermacher, Teer- und Pechsieder, Laboranten in Scheidewasser, Seifensieder, Wachsbleicher und Lackmacher zu den chemischen Gewerben.

^ *Mit seiner 1703 erschienen kommentierten Neuherausgabe von Bechers* Physica Subterranea *von 1667 setzte Georg Ernst Stahl seine 1697 begonnenen Publikationen zur Phlogistontheorie fort.*

BERLIN IM ZEITALTER DER PHLOGISTISCHEN CHEMIE

Im Zeitalter der phlogistischen Chemie, das etwa von 1710 bis 1780 reichte, war Berlin das wohl weltweit wichtigste Zentrum der Chemie. Mit der Übersiedlung von Georg Ernst Stahl aus Halle nach Berlin im Jahr 1715 wurde die Stadt zum Zentrum der neuen phlogistischen Lehre. Der auch politisch sehr einflussreiche Stahl schrieb in Berlin mehrere Bücher zur Phlogistontheorie und etablierte am, auf seine Initiative hin neugegründeten, Collegium Medico-Chirurgicum zwei Chemieprofessuren. Die beiden von Stahl ausgewählten Hochschullehrer Caspar Neumann und Johann Heinrich Pott vertraten natürlich in Lehre und Forschung die neue Theorie.

Für diese neue Bedeutung Berlins sehr wichtig war der neue König Friedrich Wilhelm I., der seit 1713 regierte. Während unter seinem Vater, dem verschwenderischen Barockkönig Friedrich I., die Alchemisten noch einmal Oberwasser hatten, hatten sie unter dem Soldatenkönig keine Chance mehr. Friedrich Wilhelm I. förderte nur Wissenschaften, wenn sie seiner Meinung nach tatsächlich einen praktischen Nutzen erwarten ließen. Betrüger mussten mit drakonischen Strafen rechnen.

Auch Stahl wurde ja von Friedrich Wilhelm als Nachfolger des verstorbenen Leibarztes von Gundelsheimer nach Berlin geholt und mit umfassenden Vollmachten ausgestattet. Stahl ordnete nicht nur das Medizinalwesen neu, sondern schuf mit dem Collegium Medico-Chirurgicum auch eine Medizinische Fachschule. Stahl versuchte auch in seinem Werk Zymotechnica fundamentalis, Gärungsprozesse chemisch zu erklären und in das System der Phlogistontheorie zu integrieren. Stahls Bücher zur Phlogistontheorie waren noch in einem etwas mystischen, schwer verständlichen Stil geschrieben. Erst sein Schüler Caspar Neumann pflegte eine klare, eindeutige Sprache.

Caspar Neumann, ein vielgereister Apotheker, der kein Universitätsstudium absolviert hatte, war von 1724 bis 1737 einer der beiden Chemieprofessoren an der Berliner Medizinhochschule. Sein postum veröffentlichtes zehnbändiges Lehrwerk zur Chemie mit dem Titel Chymia Dogmatica Experimentalis gab einen ausführlichen Überblick über das chemische Wissen der Zeit, allerdings mit Fokus auf die pharmazeutische Chemie. Generell teilte er den Bereich der Chemie in drei Felder ein, das mineralische, das Tier- und das Pflanzenreich ein. Heute entspricht das Mineralreich der anorganischen Chemie und Tier- und Pflanzenreich der organischen Chemie. Caspar Neumann starb schon recht früh, und sein ehrgeiziger Kollege Johann Heinrich Pott, auch schon seit 1724 Professor für Chemie am Collegium Medico-Chirurgicum, konnte die Lücke nicht wirklich schließen, obwohl er als einer der größten lebenden Scheidekünstler galt. Er lehrte aber die neue phlogistische Chemie für mehrere Generationen von interessierten Medizinern und Apothekern, denn eine spezielle Ausbildung für Chemiker gab es noch nicht.

Mit dem auch in Berlin geborenen Apothekersohn Andreas Sigismund Marggraf war ab 1735 in Berlin noch eine weitere bedeutende Chemikerpersönlichkeit der Epoche der Phlogistontheorie aktiv. Er zeichnete sich hauptsächlich durch seine Vielzahl von damals bedeutenden wissenschaftlichen Publikationen zu einzelnen chemischen Fragestellungen aus. Damit bereicherte er die Chemie seiner Zeit mit vielen neuen Fakten, die später mit dazu beitrugen, eine neue Epoche einleiten zu können. Sein streng am Experiment ausgerichteter Stil der Erkenntnis war vorbildhaft für die Chemiker seines Zeitalters.

1748 schrieb Maupertuis (1698-1759), der Präsident der Preußischen Akademie der Wissenschaften, stolz an den seit 1740 regierenden König Friedrich II. (1712-1786): »Unsere Chemiker stechen alle Chemiker Europas aus« und meinte damit vor allem Marggraf und Pott.

^ *Der gelernte Apotheker Andreas Sigismund Marggraf war der bedeutendste Berliner Chemiker im Zeitalter der Phlogistontheorie*

Berlin hatte um 1770 seine erste etwa 50 Jahre andauernde große Zeit als bedeutendes Zentrum der Chemie hinter sich. Es sollte rund 100 Jahre dauern, bis Berlin zum zweiten Mal, wieder für etwa 50 Jahre diese Rolle spielen konnte.

^ *Der Präsident der Akademie der Wissenschaften Maupertuis, hier 1750 in der Tafelrunde König Friedrich II., war besonders stolz auf die Chemiker der Akademie, Marggraf und Pott.*

DER SIEGESZUG DER ANTIPHLOGISTISCHEN CHEMIE

Die Überwindung der Phlogistontheorie und die Schaffung der im Prinzip noch heute gültigen Theorie der Oxidation und Reduktion verdanken wir im Wesentlichen dem Franzosen Antoine Lavoisier (1743-1794). Berliner Chemiker spielten dabei keine Rolle, im Gegenteil die alte Theorie wurde noch eine Zeit lang entgegen der experimentellen Tatsachen verteidigt.

Auch die chemischen Entdeckungen, die Lavoisiers Durchbruch erst möglich machten, fanden nicht in Berlin oder Deutschland statt, sondern in den 1770er-Jahren in Schweden und England. Wichtige Protagonisten waren Carl Wilhelm Scheele (1742-1786) und Joseph Priestley (1732-1804). Entscheidend war nämlich ihre Entdeckung, dass Luft im Wesentlichen aus zwei Gasen zusammengesetzt ist, aus Sauerstoff und Stickstoff und dass bei der Verbrennung von Kohlenstoff Kohlendioxid entsteht. Henry Cavendish (1731-1810) entdeckte den Wasserstoff und die Tatsache, dass Wasser kein chemisches Element sondern eine Verbindung von Sauerstoff und Wasserstoff ist. Das und die Erkenntnis, dass bei der Verbrennung von Stoffen meist eine Massenzunahme beobachtet wird, führten Lavoisier zu der Schlussfolgerung, dass bei der Oxidation Sauerstoff aufgenommen und bei der Reduktion wieder abgegeben wird. Das war genau das Gegenteil des in der Phlogistontheorie postulierten Vorganges, dass bei der Oxidation Phlogiston abgegeben und bei der Reduktion wieder aufgenommen wird.

Daher hieß die Theorie lange Zeit auch antiphlogistische Chemie. Lavoisier selbst wurde 1794 während der terroristischen Phase der Französischen Revolution hingerichtet.

Die Schwierigkeiten der Durchsetzung der antiphlogistischen Lehre in Deutschland hingen auch mit den zu dieser Zeit stattfindenden europäischen Kriegen zusammen. In der Folge der Französischen Revolution von 1789 war Frankreich immer aggressiver gegen seine Nachbarstaaten aufgetreten und hatte dann später unter Napoleon weite Teile Europas unter seine Herrschaft gebracht. Das seit Jahrhunderten bestehende Heilige Römische Reich Deutscher Nation war 1806 aufgelöst worden, die meisten der nicht aufgelösten deutschen Staaten mussten im Rheinbund nach Napoleons Pfeife tanzen und bedeutende Teile Deutschlands waren direkt von Frankreich annektiert worden oder wurden von Napoleons Bruder Jérôme als Königreich Westfalen regiert. Unter diesen Bedingungen fiel es vielen deutschen Chemiker äußerst schwer, die vom Erzfeind Frankreich stammende neue Theorie als richtig und die eigene urdeutsche Phlogistontheorie als überholt anzusehen.

Chemiker wie der Berliner Jeremias Benjamin Richter polemisierten daher lange dagegen. Letztendlich war aber die Durchsetzung des wissenschaftlichen Fortschritts nicht aufzuhalten. Der in Berlin tätige Hermbstädt ergriff die Initiative, übersetzte schon 1792 Lavoisiers Werke ins Deutsche und forderte die anderen deutschen Chemiker auf, sich ernsthaft mit Lavoisiers Thesen auseinander zu setzen. Martin Heinrich Klaproth willigte sehr zögerlich in eine offizielle Überprüfung der antiphlogistischen Theorie in der Akademie der Wissenschaften ein. Nachdem diese Versuche zweifelsfrei die Richtigkeit der Darlegungen Lavoisiers bewiesen hatten, setzte sich nun auch Klaproth mit seiner großen Autorität für die neue Theorie ein. Nach und nach setzte sie sich auch in Deutschland durch.

Eine andere wichtige Entwicklung der Franzosenzeit war die völlige Umwandlung der rechtlichen Stellung der Juden. Diese wurden, zum Beispiel im Preußischen Emanzipationsedikt von 1812, in vieler Hinsicht ihren christlichen Mitbürgern gleichgestellt. Damit standen den Juden nun viele vorher verschlossene berufliche Wege offen. In den folgenden Jahrzehnten nutzen viele Juden diese neuen Möglichkeiten entschlossen aus und spielten fortan auch in der Chemie eine wichtige Rolle, sowohl als Wissenschaftler als auch als Unternehmer. Beispielhaft genannt seien die Wissenschaftler Carl Theodor Liebermann, Richard Willstätter oder Fritz Haber und die Chemieunternehmer aus den Familien Kunheim, Mendelssohn Bartholdy und Oppen-

Des Herrn Lavoisier

der Königl. Akademie der Wissenschaften, der Königl. Societät der Aerzte, wie auch der Societät der Ackerbaukunst zu Paris und Orlean; der Königl. Großbritt. Societät zu London; des Instituts zu Bologna; der Helvetischen Societät zu Basel; der Societäten zu Harlem, Manchester, Padua u. s. w. Mitglied

System

der

antiphlogistischen Chemie

aus dem Französischen übersetzt

und

mit Anmerkungen und Zusätzen versehen

von

D. Sigismund Friedrich Hermbstädt

Professor der Chemie und Pharmacie, bei dem Königl. Collegio Medico-Chirurgico; und Königl. Preuß. Hofapotheker zu Berlin; der Römisch. Kaiserl. Akademie der Naturforscher; der Churfürstl. Maynzischen Akademie der Wissenschaften; der Gesellschaft naturforschender Freunde zu Berlin, und der naturforschenden Gesellschaft zu Halle Mitglied.

Mit zehn Kupfertafeln.

Erster Band.

Berlin und Stettin

Bei Friedrich Nicolai.

1792.

^ *Der Berliner Chemiker Hermbstädt übersetzte schon 1792 das grundlegende Werk von Lavoisier* System der antiphlogistischen Chemie *ins Deutsche*

heim. Manche Juden blieben ihrem Glauben treu (Liebermann, Willstätter), einige traten auch zum Christentum über (Haber, Kunheim, Mendelssohn Bartholdy). Die vollständige Gleichstellung der Juden wurde aber erst 1869 hergestellt.

Eine Folge der langen rückwärtsgewandten Kontroversen um die antiphlogistische Lehre Lavoisiers war, dass Deutschland auch nach der endgültigen militärischen Niederwerfung Frankreichs 1815 nach der Schlacht bei Waterloo in Belgien, auf dem Gebiet der chemischen Wissenschaften weit hinter Frankreich und England zurückblieb. Mit dem Tod Klaproths war 1816 der letzte große Chemiker Berlins aus der Zeit der Phlogistontheorie gestorben. Die Nachfolgergeneration mit Mitscherlich, Hermbstädt und Rose hatte nicht ganz das Format der Phlogistiker Stahl, Neumann, Marggraf und Klaproth. Die Franzosen Gay-Lussac (1778-1850), Berthollet (1748-1822) und Thenard (1777-1857), die Engländer Faraday (1791-1867) und Davy (1778-1829) sowie der Schwede Berzelius (1779-1848) waren jetzt die ersten Autoritäten der Chemie.

Erst 50 Jahre später war Berlin mit Hofmann, Baeyer und ihren Zeitgenossen wieder ganz an der Spitze des wissenschaftlichen Fortschritts in der Chemie.

^ *Terracotta-Porträt des Berliner Chemikers Eilhard Mitscherlich im Gebäude des Institutes für Chemie der Humboldt-Universität in Adlershof, früher am I. Chemischen Institut in der Georgenstraße*

DIE ENTSTEHUNG UND ENTWICKLUNG DER BERLINER CHEMIEINDUSTRIE

Während Anfang des 18. Jahrhunderts chemische Produkte meist in Apotheken oder von einzelnen Laboranten hergestellt wurden, begann man ab etwa Mitte dieses Jahrhunderts von chemischen Fabriken zu sprechen. Dazu gehörte z.B. seit 1748 die Schwefelsäure- und Scheidewasserfabrik der Gebrüder Thiele in der Königsstraße (die heutige Rathausstraße). Diese Fabriken waren aber noch sehr klein. So beschäftigte Kurella, der Schwiegersohn Potts, in seiner 1768 gegründeten Schwefelsäurefabrik in der Köpenicker Vorstadt vier Arbeiter. Noch 1801 arbeiteten in den zwei Berliner Scheidewasserfabriken gerade mal sechs Arbeiter und für 1803 wird angegeben, dass in den fünf Berliner Farbenfabriken insgesamt 19 Arbeiter tätig waren. Doch im 19. Jahrhundert änderte sich das grundlegend.

Die erste größere chemische Produktion betraf die Herstellung von Schießpulver, einer Mischung aus Holzkohle, Schwefel und Salpeter (Kaliumnitrat). Einzelne Pulvermacher gab es schon lange in Berlin. Die sehr kleinen Produktionen konnten aber niemals den Bedarf der preußischen Armee decken. Deren Schießpulver musste importiert werden. 1717 kam es in Berlin auf Initiative des Soldatenkönigs Friedrich Wilhelm I. zur Gründung der großen im Staatsbesitz befindlichen Königlichen Pulverfabrik. Zur Pulverfabrik gehörte auch eine Salpeterraffination. Später entstanden weitere Schießpulverfabrikationen in Berlin. 1816 gab es in Berlin neun Pulverfabriken mit insgesamt 95 Arbeitern.

Um diese Zeit entstanden zahlreiche weitere chemische Fabriken, von denen einige wenige zu wirklich großen Unternehmen heranwuchsen. Insbesondere die chemischen oder pharmazeutisch-chemischen Fabriken von Schering und den Unternehmerfamilien Kunheim, Riedel und Kahlbaum entwickelten sich Schritt für Schritt zu ganz anderer Größe. Obwohl sie alle im dichtbesiedelten Berliner Stadtzentrum begannen, mussten sie bald die Randwanderung der Berliner Industrie mitmachen. Manche dieser Firmen wechselten sogar mehrmals ihren Produktionsstandort.

Das erste Berliner Chemieunternehmen, welches in die damals noch dünnbesiedelte Peripherie zog, war jedoch die Chemische Fabrik von C.F. Krüger. Carl Friedrich Krüger war seit 1809 Inhaber einer Fabrik chemischer Produkte in der Münzstraße 18. Er führte die vorherige 1804 gegründete Firma Keidel u. Comp. weiter, nachdem er die Witwe des verstorbenen Apothekers Keidel geheiratet hatte. Zur Produktpalette des Unternehmens gehörten Schwefel-, Salz- und Salpetersäure sowie Bleichmittel. Schon 1826 zog er mit einem Teil seines Unternehmens von Berlin auf das bei Köpenick gelegene ehemalige Amtsfeld. Er begründete damit an diesem Ort die 164-jährige Chemiefabriktradition der späteren Nitritfabrik Köpenick. Die Fabrik in der Münzstraße schloss 1843.

Ein wichtiger Zweig der Berliner Chemieindustrie war auch lange Zeit die Farbenfabrikation, die Herstellung von Farbstoffen und Pigmenten. In Berlin war ja schon 1706 das Berliner Blau, ein neues preiswertes Blaupigment erfunden worden. Lange Zeit waren auch die Farbenfabriken sehr klein. Manche Farben wurden auch lange Zeit in Apotheken hergestellt. Der Apotheker Klaproth war Ende des 18. Jahrhunderts berühmt für sein besonders feines Berliner Weiß, welches er in seiner Bärenapotheke herstellte und verkaufte. Die erste größere Farbenfabrik war die 1833 gegründete Heylsche Farbenfabrik in Charlottenburg. Später entstand auch die Farbenfabrik Beringer ganz in der Nähe von Heyl. 1875 arbeiteten in den 25 Berliner Farbenfabriken insgesamt 238 Arbeiter, 1882 261 Arbeiter.

Neben der Produktion von Pigmenten und Farbstoffen auf anorganischer Basis oder durch Extraktion der Farbstoffe aus Naturprodukten, begann sich in der zweiten Hälfte des 19. Jahrhunderts ein ganz neuer Industriezweig zu entwickeln, die sogenannte Teerfarbenchemie. Von dieser Industrie wurden aus dem Steinkohlenteer, einem Abfallprodukt der Gasanstalten, eine Vielzahl bunt schillernder organischen Farbstoffe herge-

stellt. Sie ersetzten entweder natürliche Farbstoffe oder waren überhaupt ganz neu. Berlin wurde allerdings kein großes Zentrum der Teerfarbenindustrie, wie das Rhein-Main-Gebiet. Aber die Agfa, eine Berliner Gründung von 1867, war ursprünglich auf dem Gebiet der Herstellung von Teerfarben tätig. Um 1890 begann die Agfa, Chemikalien für die Fotografie herzustellen. Schritt für Schritt entwickelte sich das Unternehmen weg vom Farbenproduzenten hin zu einem Hersteller fotografischer Produkte. Auch andere Chemieproduzenten, insbesondere der Berliner Platzhirsch Schering, versuchten auf diesem Gebiet Fuß zu fassen. Auf längere Sicht erfolgreich war nur die Agfa.

Ende des 19. Jahrhunderts begann man fotografische Rollfilme, später auch Kinofilme herzustellen. Das Trägermaterial für die lichtempfindliche Schicht war Celluloid, ein Kunststoff bestehend aus Cellulosenitrat und Kampfer. Erst Jahrzehnte später wurde das leicht brennbare Cellulosenitrat durch Celluloseacetat abgelöst. Letzteres war auch das Basismaterial für Kunstseide. Daher waren Hersteller fotografischer Produkte, wie Agfa und Schering, auch wichtige Pioniere dieser Kunststoffe und stellten Kunstseide (Agfa), Kampfer als Celluloid-Weichmacher (Schering) oder Celluloseacetat (Schering) her.

Schering war aber ähnlich wie J. D. Riedel aus einer Apotheke hervorgegangen. Beide wurden in der Folge vorrangig zu chemisch-pharmazeutischen Fabriken, stellten also Medikamente im industriellen Maßstab her. Dagegen begann die Kunheimsche chemische Fabrik als Hersteller von Basischemikalien

^ *Inneres einer Anilinfabrik um 1880: Apparate zur Herstellung des Anilinblaus*

und blieb auch weitgehend bei dieser Produktpalette. C. A. F. Kahlbaum war dagegen aus einer Alkoholdestillationsanstalt entstanden und stellte später Laborpräparate, Basischemikalien und einige pharmazeutische Produkte her. Um 1920 waren Schering, Agfa, J. D. Riedel, C. A. F. Kahlbaum und Kunheim die fünf großen Berliner Chemiebetriebe.

Die Gründerzeit hinterließ auch in der chemischen Industrie ihre Spuren. Die neue Mode, zur Firmengründung oder -erweiterung eine Aktiengesellschaft zu gründen und Fremdkapital einzusammeln, war auch für Unternehmer im Chemiebereich interessant. Ernst Schering wandelte seine kleine chemische Fabrik im Wedding schon 1871 in eine Aktiengesellschaft, 1872 wurde die Aktiengesellschaft für Anilinfabrikation, die Agfa, gegründet. Manche Familienunternehmen taten sich aber schwerer mit der Umwandlung in eine Aktiengesellschaft, denn das bedeutete ja auch Verlust von Kontrolle über die eigene Firma. Um im Wettbewerb bestehen zu können, kam aber keine Firma, die eigenständig überleben wollte, darum herum, denn einzelne Familien, seien sie noch so wohlhabend, konnten allein das nötige Wachstum nicht finanzieren. So wurde die Firma J. D. Riedel 1905 zur AG, Kunheim erst 1922, während C. A. F. Kahlbaum, die als einzige größere Berliner Chemiefabrik diesen Schritt nicht gegangen war, letztlich von Konkurrenten übernommen wurde.

^ *Stolz präsentierte die Chemische Industrie ihre Produkte: Hier der Palast der Chemischen Industrie auf der großen Berliner Gewerbeausstellung von 1896*

DIE GROSSE ZEIT DER BERLINER CHEMIE

Mit der Berufung von August Wilhelm Hofmann an die Berliner Friedrich-Wilhelms-Universität begann 1865 nach der Periode der Phlogistontheorie und knapp 100 Jahren Pause die zweite große Zeit der Berliner Chemie.

Hofmann war ein Schüler und Protegé von Justus Liebig (1803-1873) in Gießen gewesen. Liebig, der bekannteste Chemiker des 19. Jahrhunderts, hatte dort eine vorbildliche Ausbildungsinstitution geschaffen, die Chemiestudenten aus aller Welt anzog. Hofmann ging 1845 nach London, um dort ein College of Chemistry nach Liebigs Vorbild aufzubauen. Er etablierte in London auch eine sehr erfolgreiche Forschung, insbesondere in Richtung Teerfarbenchemie. Jetzt, nach 20 Jahren, kehrte Hofmann nach Deutschland zurück, um seine Erfahrungen in die Neuausrichtung der universitären Berliner Chemie einzubringen.

Es war sicher kein Zufall, dass Berlin gerade in dieser Reichsgründungszeit auch in den Wissenschaften, nicht zuletzt in der Chemie wieder versuchte, an die Spitze zumindest in Deutschland zu gelangen. In den Jahrzehnten vorher hatten ja

^ *A. W. von Hofmann-Büste im Foyer des Chemischen Instituts der Humboldt-Universität in Adlershof*

die großen deutschen Chemiker, wie Robert Bunsen, Friedrich Wöhler und Justus Liebig einen großen Bogen um Berlin gemacht oder es schnell wieder verlassen. Nun zog man die besten Talente und Forscher mit ausgewiesenem Ruf nach Berlin. Dazu gehörte natürlich neben einem konkurrenzfähigen Gehalt auch die Investition in neue Institutsgebäude und sonstige Infrastruktur. So wurde 1865-69 für Hofmann in der Georgenstraße ein erstes wirkliches chemisches Universitätsinstitut errichtet. Die aufstrebende preußische und baldige Reichshauptstadt begann aber auch, eine eigene Anziehung zu entwickeln.

Die meisten der führenden Berliner akademischen Chemiker dieser Periode waren auf dem Höhepunkt ihres wissenschaftlichen Schaffens nach Berlin berufen worden, wo sie ihr Lebenswerk vollenden konnten. Zu Ihnen gehörten neben Hofmann auch Emil Fischer, Henry van't Hoff, Walther Nernst und Fritz Haber. Aber auch das Berliner Eigengewächs Adolf Baeyer entwickelte sich an der Berliner Gewerbeakademie zu einem Forscher von Weltniveau auf dem Gebiet der Farbstoffchemie.

Aber nicht nur an der Berliner Universität, an den Hochschulen und Instituten sowie in der Industrie wurden bahnbrechende Entwicklungen erreicht, auch kleinere Institutionen lieferten in dieser Zeit erstaunliche Beiträge zum Fortschritt der Chemie.

So wurde 1913 von Walther Löb (1872-1916) erstmals die Möglichkeit der Entstehung von Aminosäuren bei Einwirkung stiller elektrischer Entladung auf eine nachgestellte Uratmo-

^ *Wandgemälde mit 16 prominenten Berliner Chemikern aus der Zeit von 1709 bis 1970 im Foyer des Zentrums für Biotechnologie und Umwelt in Berlin-Adlershof, Volmerstraße 9*

sphäre der Erde gezeigt. Löb war damals als Leiter der chemischen Abteilung des Virchow-Krankenhauses in Berlin tätig. Seine Ergebnisse fanden allerdings damals kaum Beachtung. Berühmt ist dagegen der 40 Jahre später von den US-Amerikanern Miller und Urey durchgeführte, ganz ähnliche Miller-Urey-Versuch, der erstmals eine natürliche Erklärung für die Entstehung der Bausteine des Lebens geben sollte.

Die Ionenaustauschereigenschaften bestimmter Silikate wurden von Robert Gans (1865-1940) erkannt und zusammen mit der Berliner Firma J. D. Riedel für die Praxis der Wasserbehandlung verfügbar gemacht. Damit entstand die revolutionäre Technik der Wasserenthärtung durch Ionenaustausch.

Die bedeutende Rolle, die Berlin zu dieser Zeit auf dem Feld der chemischen Wissenschaften spielte, zeigte sich ganz eindrucksvoll in der großen Zahl von Chemienobelpreisen, die an Berliner Chemiker verliehen wurden. 1901 wurden die ersten Nobelpreise vergeben. Bis 1918 gingen immerhin sieben von 17 Chemienobelpreisen nach Berlin.

Ganz im Zeichen der Chemie stand auch die 1911 erfolgte Gründung der Kaiser-Wilhelm-Gesellschaft zur Förderung der Wissenschaften (kurz KWG). Sie entstand nämlich aus den Bemühungen, eine Chemisch-technische Reichsanstalt ähnlich der seit 1887 in Charlottenburg bestehenden Physikalisch-technischen Reichsanstalt zu gründen. Da das vor allem aus finanziellen Gründen misslang, wurde ein Umweg gewählt: Zum hundertjährigen Jubiläum der Friedrich-Wilhelms-Universität im Jahr 1910 wollte Kaiser Wilhelm II. der deutschen Wissenschaft

^ *Die Eröffnung der Kaiser-Wilhelm-Institute für Chemie und Physikalische und Elektrochemie in Berlin-Dahlem, links Kaiser Wilhelm II., rechts von ihm Fritz Haber und Emil Fischer*

ein ansehnliches Geschenk überreichen. Von den interessierten Kreisen wurde ihm nahegebracht, dass eine außeruniversitäre Forschungseinrichtung unter seinem Namen erstens ein würdiges Geschenk und zweitens notwendig für die Erhaltung der Konkurrenzfähigkeit der deutschen Wissenschaft wäre. So kam es zur Gründung der KWG, die zum Teil staatlich, aber auch in großem Umfang privat finanziert wurde.

Tatsächlich betrafen die ersten beiden Institutsgründungen unter der Schirmherrschaft der KWG chemische Institute, nämlich das Kaiser-Wilhelm-Institut (KWI) für Chemie und das KWI für Physikalische Chemie und Elektrochemie. Beide wurden auf dem Gelände der ehemaligen Domäne Dahlem errichtet und 1912 eröffnet. Das Gebiet dieses aufgelösten Staatsgutes, südwestlich der Stadt Berlin gelegen, war nämlich vom preußischen Kultusministerium als Standort eines »deutschen Oxford« ausersehen. Bis 1918 wurden hier neben anderen Wissenschaftseinrichtungen sechs Kaiser-Wilhelm-Institute installiert. Am KWI für Chemie forschten so bedeutende Persönlichkeiten, wie Ernst Beckmann, Richard Willstätter, Alfred Stock, Otto Hahn, Lise Meitner, Fritz Strassmann und Max Delbrück. Das KWI für Physikalische Chemie und Elektrochemie war insbesondere durch seinen ersten langjährigen Direktor Fritz Haber geprägt.

Auch zwei weitere Institute der KWG in Dahlem widmeten sich der Erforschung chemischer Fragestellungen. So gab es das 1917 gegründete KWI für Biochemie und von 1920 bis 1934 ein KWI für Faserstoffchemie.

Während des Ersten Weltkriegs spielten deutsche Chemiker, allen voran Fritz Haber, eine unrühmliche Rolle, indem sie die Entwicklung von Giftgas für militärische Zwecke vorantrieben. Damit endete auch die große Zeit der Berliner und deutschen Chemie.

^ *Die ersten beiden Kaiser-Wilhelm-Institute in Dahlem: v.l.n.r. Direktorenvilla des KWI für Chemie, KWI für Chemie, KWI für Physikalische Chemie und Elektrochemie, dessen Direktorenvilla*

CHEMIE IN DER WEIMARER REPUBLIK

Der verlorene Erste Weltkrieg, die Novemberrevolution und die Bildung der ersten deutschen Republik brachten einschneidende Veränderungen für die deutsche Industrie, denen sich auch die Chemieindustrie nicht entziehen konnte. Zu den zu bewältigenden Aufgaben gehörte die Umstellung von Kriegsproduktion auf Friedensproduktion und die Verkraftung des Verlusts der meisten ausländischen Märkte und Tochtergesellschaften. Zum Teil verheerend wirkten sich die Hyperinflation Anfang der zwanziger Jahre und die Weltwirtschaftskrise um 1930 aus. Danach war auch die chemische Industrie kaum noch wiederzuerkennen. Unzählige Firmenpleiten, Zusammenschlüsse und Übernahmen hatten das Feld völlig umgekrempelt. Das traf mit voller Wucht auch auf Berlin zu.

Die Firma Kunheim wandelte sich 1925 durch den Zusammenschluss mit der Aachener Fa. Rhenania zur Rhenania-Kunheim Verein Chemischer Fabriken, wurde aber wenig später von den Kali-Werken Neu-Staßfurt-Friedrichshall AG aus der Nähe von Hannover übernommen. Die neue Firma die Kali-Chemie AG, verlegte ihren Sitz aber immerhin nach Berlin-Niederschöneweide, in das ehemalige Kunheim-Areal. Die Kali-Chemie war dann in der Folgezeit stark genug, weitere Krisen zu überstehen und andere Betriebe zu übernehmen.

Die Farbenfabriken von Heyl und von Beringer schlossen sich 1926 erst zu einer gemeinsamen Firma zusammen, mussten aber 1930 während der Weltwirtschaftskrise Konkurs anmelden. Ihre Berliner Werke wurden von der Kali-Chemie übernommen.

Reichsmark 100.–

100

J. D. Riedel – E. de Haën Aktiengesellschaft
Berlin

100 Reichsmark

№ 35899

AKTIE
über
HUNDERT REICHSMARK

Der Inhaber dieser Aktie ist bei der J. D. Riedel – E. de Haën Aktiengesellschaft, Berlin, nach Maßgabe ihrer Satzung als Aktionär beteiligt.

Berlin, im Juli 1928.

J. D. Riedel – E. de Haën Aktiengesellschaft

Eingetragen in das Aktienbuch Folio

Der Aufsichtsrat

Der Vorstand

Hundert Reichsmark

Die Firma J. D. Riedel aus Berlin Britz übernahm Anfang der 1920er-Jahre die Aktienmehrheit der aus Seelze bei Hannover stammenden Eugen de Haën Chemische Fabrik und wandelte sich der Folgezeit zur Riedel-de-Haën AG. Auch die Besitzerstruktur von Schering und Kahlbaum änderte sich in der Zwischenkriegszeit vollkommen. Beide Unternehmen wurden von der im Oberschlesischen Kohlenrevier tätigen Oberkoks AG übernommen. Unter dem Dach der Oberkoks verschmolzen Schering und Kahlbaum 1927 zur Schering-Kahlbaum AG. Auch kleinere Berliner Chemieunternehmen wie die Pfeilring AG und die Spindler-Werke wurden von Oberkoks aufgekauft. 1937 erfolgte die Umbenennung des gesamten Oberkoks-Konzerns in Schering AG, da das der mit Abstand bekannteste Name aller Tochterfirmen des Konglomerats war. Kahlbaum war nunmehr das Werk Adlershof der Schering AG.

Trotz der großen wirtschaftlichen Turbulenzen entwickelte sich die chemische Wissenschaft in den Berliner Lehr- und Forschungsinstitutionen sehr positiv weiter. Die Chemieinstitute der Berliner Universität und der Technischen Hochschule gehörten nach wie vor zur Weltspitze und die chemischen Institute der Kaiser-Wilhelm-Gesellschaft in Dahlem standen ihnen nicht nach. Weiterhin wurden zahlreiche Chemienobelpreise an in Berlin tätige Forscher vergeben.

^ *Aktie der J. D. Riedel – E. de Haën AG von 1928. Die niedersächsische E. de Haën AG war 1923 von der Berliner J. D. Riedel AG übernommen wurden.*

CHEMIE IM NATIONALSOZIALISMUS

Mit der Machtübernahme der Nationalsozialisten in Deutschland änderten sich auch die Rahmenbedingungen für die Chemiker und die chemische Industrie. Am einschneidendsten war die Entfernung aller Personen mit jüdischem Glauben oder einem zu hohen Anteil an jüdischen Vorfahren aus dem öffentlichen Leben. Mit dem sogenannten Gesetz zur Wiederherstellung des Berufsbeamtentums wurde die Entfernung von Juden aus allen staatlichen Institutionen, also auch den Hochschulen und Universitäten begonnen. Unzählige jüdische Hochschullehrer wurden schon 1933 entlassen, viele emigrierten in der Folgezeit, da sie in Deutschland keine wirtschaftliche Existenzgrundlage mehr fanden. Eine Zeit lang waren noch jüdische Frontkämpfer des Ersten Weltkriegs von dieser Maßnahme ausgeschlossen, aber auch diese Ausnahme wurde 1936 abgeschafft.

Die Berliner Friedrich-Wilhelms-Universität verlor durch Entlassungen zwischen 1933 und 1945 fast 35% ihrer Hochschullehrer, natürlich waren neben »rassischen« auch »weltanschauliche« Gründe maßgebend. Aber 80% wurden entlassen, weil sie als jüdisch galten oder einen jüdischen Ehepartner hatten, politische Gründe waren für 20% der Entlassenen entscheidend. Über 60 % der Entlassenen emigrierten aus Deutschland, ca. 4 % wurden ermordet.

Etwas später als bei staatlichen Organisationen begann man auch die Privatwirtschaft »judenfrei« zu machen. Jüdische Manager wurden entlassen und im jüdischen Besitz befindliche Betriebe wurden arisiert, das heißt die jüdischen Besitzer wurden gezwungen, ihre Firmenanteile weit unter Wert zu verkaufen.

So musste bei der schon mehrheitlich zur Degussa gehörigen Chemischen Fabrik Grünau AG die Gründerfamilie Meyer ihre restlichen Anteile an die Degussa veräußern und ihre leitenden Posten im Unternehmen räumen. In der IG Farbenindustrie Aktiengesellschaft, insbesondere auch in der Berliner Abteilung Agfa spielten Führungspersonen mit jüdischen Vorfahren eine wichtige Rolle. Das waren zum Beispiel die Kinder des Gründers Paul Mendelssohn Bartholdy. Der Sohn gleichen Namens, der die Agfa-Sparte der IG Farben führte, schied schon 1933 aus dem Unternehmen aus, sein Bruder Otto von Mendelssohn Bartholdy musste 1938 sein Aufsichtsratsmandat niederlegen. Während Paul in die Schweiz emigrierte, überlebte Otto in Potsdam nur knapp.

Gleichzeitig wurde die chemische Industrie enorm gefördert. Sie musste entscheidend dazu beitragen, Deutschland autark und kriegsfähig zu machen. Das Kriegführungspotential Deutschlands beruhte ganz wesentlich auf der hochentwickelten chemischen Industrie, die Deutschland unabhängig vom Import von Rohstoffen wie Erdöl und Kautschuk machte und trotzdem Kraftstoffe, Gummi und andere kriegswichtige Produkte in ausreichendem Maße zur Verfügung stellte. Die dazu nötigen großen Produktionsstätten entstanden aber nicht in Berlin, sondern in geographisch geeigneteren Regionen.

Mit Beginn des Zweiten Weltkriegs änderte sich für die Berliner Chemieindustrie zuerst nicht viel. Mit der zunehmenden Einberufung der Männer zur Wehrmacht entstand dann aber ein Arbeitskräftemangel, dem wie in der gesamten deutschen Wirtschaft, mit dem massiven Einsatz von Zwangsarbeitern begegnet wurde. Die Verschärfung des Krieges führte 1942 bis 1945 zur totalen Kriegswirtschaft mit dem endgültigen Übergang zu zentraler Planung. Die Betriebe hatten jetzt eine befohlene Produktpalette herzustellen. Die konnte sich allerdings wie im Fall

^ *Die Werkschar der Riedel-de Haën AG in Britz 1939. In den Werkscharen waren die in der NS-Bewegung besonders aktiven Männer der Belegschaft eines Betriebes organisiert.*

der Berliner Schering AG im Einzelfall auch kaum von der Vorkriegspalette unterscheiden. Aber die Schering Medikamente wurden eben auch im Krieg benötigt.

Der von Deutschland 1939 entfesselte Krieg kehrte ab 1942 immer mehr nach Deutschland zurück, zuerst mit Bombardements durch die englischen und US-amerikanischen Bomberverbände, später durch die vorrückenden Armeen der alliierten Mächte. Gerade auch Berlin, die Hauptstadt des »Großdeutschen Reiches«, bekam die zerstörerische Kraft der Flächenbombardements zu spüren. Es gab gewaltige Zerstörungen. Kaum ein Gebäude, das nicht zumindest leicht beschädigt wurde. Auch die chemische Industrie erlitt durch Bombenschäden große Verluste an Menschen, Material und Produktionsstätten. Der verzweifelt geführte Endkampf um Berlin, zwischen der eigentlich schon lange geschlagenen deutschen Armee und der sowjetischen Roten Armee, führte zu weiteren Zerstörungen. Als Berlin am 2. Mai 1945 kapitulierte, lag es in Schutt und Asche.

^ *Chemiker kämpfen für Deutschland: Buchumschlag eines Buches von Walter Greiling (1900-1986) aus dem Jahr 1940*

BERLINER CHEMIE IN OST UND WEST

Das Ende des Zweiten Weltkriegs führte zu gewaltigen politischen Umwälzungen. Dieser politische Umbruch stellte auch für die Chemie in Berlin einen tiefen Einschnitt dar. Direkt nach Kriegsende war ganz Berlin von der Roten Armee besetzt. Es kam daher kurzzeitig in allen Teilen Berlins neben Plünderungen auch zu umfangreichen Demontagen in der chemischen Industrie. Wenig später wurde Berlin wie ganz Deutschland von den Siegermächten in vier Sektoren geteilt. Die Sektoren der drei Westmächte USA, Großbritannien und Frankreich bildeten das spätere West-Berlin, während der größte Sektor, Ost-Berlin, in der Hand der Sowjetunion blieb. Hier gingen die Demontagen weiter. Teilweise kamen sie einer Volldemontage gleich. Da die demontierten Produktionsmittel oft überhaupt nicht vernünftig eingesetzt werden konnten, änderte sich schon Mitte 1946 die Politik. Demontagen wurden gestoppt, zum Teil wurden demontierte Betriebe wieder aufgebaut und mussten nun in den nächsten Jahren Teile oder die gesamte Produktion als Reparation in die Sowjetunion liefern.

Im September 1948 kam es endgültig zur politischen Teilung Berlins in einen Ost- und Westteil. Ost-Berlin war ab 1949 dann auch die Hauptstadt des neu gebildeten, kommunistisch beherrschten ostdeutschen Staates, der DDR. West-Berlin blieb unter der Kontrolle der drei Westmächte und wurde quasi wie ein Land der Bundesrepublik Deutschland gesehen, des neuen westdeutschen Staates.

Nach dem Krieg erholte sich die chemische Industrie in beiden deutschen Staaten trotz der enormen Kriegszerstörun-

gen und der umfangreichen Demontagen im Osten erstaunlich schnell. Schon 1949 erreichte die chemische Industrie im Westen fast wieder das Produktionsniveau von 1936, in Ostdeutschland wurde dieses sogar schon um 35% überschritten.

Im Zuge des Kalten Krieges zwischen dem Westen und der Sowjetunion und ihrem Einflussgebiet wurden die Westsektoren Berlins immer mehr von ihrer Umgebung abgeschnürt, zeitweise auch blockiert. Die West-Berliner chemische Industrie litt stark unter der Insellage der Halbstadt, die von der DDR einschließlich Ost-Berlins umschlossen war. Die Riedel-de Haën AG verlegte daher ihren Hauptsitz aus der ehemaligen deutschen Hauptstadt in die niedersächsische Provinz. In Berlin-Britz verblieb nur ein stetig schrumpfender Produktionsstandort, der schließlich 1967 geschlossen wurde. Die Schering AG war dagegen eine der wenigen größeren Firmen aus den drei Westsektoren der Stadt, die Berlin die Treue hielt. Obwohl auch Schering zusätzliche Produktionsstätten in Westdeutschland (vor allem in Wolfenbüttel und Bergkamen) etablierte, blieb doch Berlin immer die Firmenzentrale und wichtiger Produktionsstandort. Die Firma nahm aus den kleinen, im Wedding und in Charlottenburg verbliebenen Resten erneut einen großen Aufschwung und entwickelte sich wieder zu einem weltweit erfolgreichen chemisch-pharmazeutischen Großunternehmen.

Im Ostteil der Stadt wurden alle größeren Betriebe der chemischen Industrie wie überhaupt die gesamte Industrie erst

^ *Seit Mitte der 1970er-Jahren dominierten neue moderne Hochhäuser der Schering AG die Silhouette des West-Berliner Bezirks Wedding*

beschlagnahmt und später enteignet und zu Volkseigentum erklärt. Im Bereich der chemischen Industrie betraf das zum Beispiel die Kali Chemie AG in Niederschöneweide, die zum VEB Kali Chemie wurde, und das große Schering Werk in Adlershof, ehemals Kahlbaum, welches eine Zeit lang VEB Schering, später dann VEB Berlin Chemie hieß.

In Ostdeutschland und damit auch im Ostteil Berlins wurden das Wachstum und die Weiterentwicklung der chemischen Industrie ab 1958 unter dem Werbespruch »Chemie gibt Brot, Wohlstand, Schönheit« propagiert. Ein anderes Schlagwort war die sogenannte »Chemisierung der Volkswirtschaft«. Große Anstrengungen wurden unternommen, um die chemische Industrie weiter hin zum Weltniveau zu entwickeln. In Wirklichkeit gelang es auf längere Sicht nicht, im internationalen Maßstab konkurrenzfähig zu bleiben, da das sozialistische Wirtschaftssystem nicht ausreichend leistungsfähig war.

Die beiden »alten« Berliner Hochschulen, die Friedrich-Wilhelms-Universität und die Technische Hochschule wurden nach 1945 neu gegründet. Die in Ost-Berlin liegende Berliner Universität trägt seitdem den Namen Humboldt-Universität (HU), die im Westteil der Stadt liegende Technische Hochschule wurde zur Technischen Universität (TU). Zusätzlich wurde in West-Berlin eine neue Universität gegründet, die Freie Universität Berlin (FU). An allen drei Hochschulen war die Chemieausbildung ein wichtiger Bestandteil des Fächerkanons. Während im Westteil der Stadt neue moderne Institutsgebäude für die Chemieausbildung sowohl an der neu gegründeten FU als auch an der TU Berlin erbaut worden, waren im Ostteil der Stadt die Mittel dafür nicht vorhanden. Die beiden alten chemischen Institutsgebäude

^ *Drei prominente Chemiker der DDR auf dem V. Parteitag der herrschenden SED 1958: von links: Peter Adolf Thiessen, Robert Havemann und Max Vollmer*

wurden nach dem Krieg wiederhergestellt und dann weitgehend unverändert bis zum Ende der DDR 1989 genutzt.

Dafür wurde im Ost-Berliner Ortsteil Adlershof ein neuer Forschungscampus für die Akademie der Wissenschaften der DDR geschaffen. In der Akademie wurde die außeruniversitäre Forschung gebündelt. Mehrere chemische Institute gehörten zum Bestand. Die Kaiser-Wilhelm-Gesellschaft zur Förderung der Wissenschaften wurde nach dem Ende des Zweiten Weltkriegs als Max-Planck-Gesellschaft neu gegründet. Mehrere der in Berlin-Dahlem, also in West-Berlin, liegenden Institute wurden jedoch schon während des Krieges in den Westteil Deutschlands verlagert und kehrten dann nicht mehr nach Berlin zurück. Zu ihnen gehörte auch das KWI für Chemie. Das KWI für Physikalische Chemie und Elektrochemie blieb jedoch in Dahlem und wurde unter dem neuen Namen Fritz-Haber-Institut bedeutend erweitert. Nicht zuletzt dadurch blieb der Ortsteil Dahlem weiterhin ein herausragender Forschungsstandort.

Mit dem Mauerfall im November 1989 war die Trennung zwischen Ost- und West-Berlin faktisch beendet und eine neue Epoche konnte beginnen.

^ *Drei prominente Chemiker der DDR auf dem V. Parteitag der herrschenden SED 1958: von links: Peter Adolf Thiessen, Robert Havemann und Max Vollmer*

CHEMIE IM WIEDERVEREINIGTEN BERLIN

Die Wende in der DDR und Ost-Berlin und die Wiedervereinigung von 1990 führten erneut zu großen Umbrüchen, insbesondere im Ostteil der Stadt. Die meisten, nicht konkurrenzfähigen Chemiebetriebe wurden geschlossen, abgerissen und die kontaminierten Betriebsgelände aufwendig saniert. Das dauerte viele Jahre und ist auch noch nicht vollständig abgeschlossen. So sind heute die ehemaligen Standorte der Kali-Chemie (früher Kunheim) oder der Chemischen Fabrik Grünau nicht mehr als frühere Chemiewerksstandorte zu erkennen. Das ehemalige Fotochemische Werk an der Spree in Köpenick wird zu einem exklusiven Wohnareal umgebaut. Andernorts stehen noch Ruinen, die dringend abrissbedürftig sind. So ist das alte Reifenwerk in Berlin-Schmöckwitz wegen der häufig dort ausbrechenden Brände inzwischen zu trauriger Bekanntheit gelangt.

Sehr viele Arbeitsplätze wurden abgebaut. Am besten gemeistert wurde die Transformation von sozialistischer Planwirtschaft zur Marktwirtschaft von der Berlin-Chemie AG (früher C. A. F. Kahlbaum, Schering-Kahlbaum AG bzw. VEB Berlin-Chemie). Durch Fokussierung auf pharmazeutische Produkte, Modernisierung der Produktion und Aufbau eines effektiven Marketings gelang es, sich erfolgreich zu behaupten und wieder zu wachsen.

Im Westteil der Stadt entwickelte der Platzhirsch Schering eine neue Strategie der Abkehr von einem breit aufgestellten Chemieunternehmen hin zur Fokussierung auf pharmazeutische Produkte. Dieser Kurs war sehr erfolgreich. Es entstand ein international bedeutender Pharmakonzern mittlerer Größe. Der Preis des Erfolgs war das Interesse größerer Konkurrenten an dem Unternehmen. Nach einem kurzen Bietergefecht wurde Schering 2006 von der Bayer AG aus Leverkusen übernommen. Die Berliner Betriebsstätten von Bayer sind aber weiter der bedeutendste pharmazeutisch-chemische Betrieb der Stadt Berlin.

Heute ist die chemische Industrie der deutschen Hauptstadt gut aufgestellt. Sie umfasst nach Angaben der Senatsverwaltung für Wirtschaft, Technologie und Forschung 43 Unternehmen mit jeweils mehr als 20 Beschäftigten und hat insgesamt fast 15 000 Mitarbeiter. Der mit Abstand größte Teil des Branchenumsatzes in der Herstellung von chemischen Erzeugnissen entfällt mit 91% auf den Pharmabereich. Dieser hält mit 75% auch den größten Beschäftigungsanteil der Berliner Chemieindustrie.

Die Berliner Pharmasparte erwirtschaftete im Jahr 2007 rund 13,4% des Deutschen Pharmagesamtumsatzes.

Alle drei Berliner Hochschulen, die FU, die HU und die TU bilden Chemiker auf hohem Niveau aus. Zahlreiche Forschungsinstitute hauptsächlich in Dahlem und Adlershof betreiben Spitzenforschung. Die Beuth-Hochschule für Technik bietet einen Studiengang Pharma- und Chemietechnik. Eine solide Chemieausbildung wird seit 1995 auch vom Berufsbildungszentrum Chemie (bbz Chemie) in Adlershof angeboten.

^ *Gerhard Ertl, der Chemienobelpreisträger von 2007, war von 1986 bis 2004 Direktor einer Abteilung des Fritz-Haber-Institutes in Berlin-Dahlem.*

CHEMISCHE ORTE MIT TRADITION

Viele der im folgenden beschriebenen Orte mit chemischer Tradition sind leider völlig aus dem Berliner Stadtbild verschwunden. Von anderen lassen sich nur noch spärliche Spuren entdecken. Nur wenige traditionsreiche chemische Institutionen sind heute noch auffindbar.

DIE BERLINER HOFAPOTHEKE

Das Gebäude der Berliner Hofapotheke, der sogenannte Apothekenflügel, war als freistehender Seitenflügel der Nordfassade des Berliner Schlosses in Richtung Lustgarten vorgelagert. Dieses typische Renaissancegebäude gehörte zu den älteren Teilen des Schlosses und wurde im Auftrag des Kurfürsten Johann Georg (1525-1598) unter der Leitung von Rochus Graf zu Lynar (1525-1596) Ende des 16. Jahrhunderts errichtet.

Die Gründung der Hofapotheke als Institution erfolgte vermutlich 1598 auf Veranlassung der Kurfürstin Katharina (1549-1602), der Frau von Johann Georgs Sohn und Nachfolger Joachim Friedrich (1546-1608). Katharina brachte 1598 aus Halle, wo sie vorher residierte, auch den Schweizer Crispin Haubenschmidt mit nach Berlin, der erster Leiter der Hofapotheke wurde, sowie den Destillator Christoph Hartow.

Die Hofapotheke wurde eingerichtet, um die königliche Familie, den Hofstaat, Kirchen- und Schulbediente, sowie Arme, Waisen, Witwen, Vertriebene kostenlos oder zum Teil auch gegen halben Preis mit Medikamenten zu versorgen. Der zu versorgende Personenkreis änderte sich natürlich in der langen Geschichte der Hofapotheke und umfasste zeitweise auch Militärpersonen und die Charité. 1719 betraf es z.B. 8 000 Personen, die zu versorgen waren. Die Hofapotheke war die größte Apotheke Berlins und stellte eine starke Konkurrenz zu den privaten Apotheken dar.

Ursprünglich war wohl im Erdgeschoß des erst später so genannten Apothekenflügels die Münze und in der ersten Etage die Hofapotheke untergebracht. Etwa 1680 wurde die Münze verlegt und die Hofapotheke zog in das Erdgeschoß um. In der ersten Etage befand sich dann bis 1779 die Königliche Bibliothek und in der zweiten Etage wohnten verschiedene Hofbedienstete, u.a. auch die der Hofapotheke und der Hofapotheker selbst in sogenannten Freiwohnungen.

Zur Apotheke gehörten um 1750 im Wesentlichen ein repräsentativer Vorraum, das große Apothekenzimmer, wo die Medikamente ausgegeben wurden, Schneidekammer, Stampfstube, das große und das kleine Laboratorium sowie mehrere Vorratsräume, sowohl für Rohmaterialien als auch für fertige Arzneien. Außerdem gab es über längere Zeit ein kurfürstliches bzw. königliches Geheim- oder Privatlabor. Hier konnten die Herrscher selbst alchemistische Experimente durchführen oder von speziell dafür angestellten Laboranten durchführen lassen. Wasser erhielt die Schlossapotheke durch kupferne Röhren aus der Schlosswasserkunst. Ab 1639 unterstand auch der Destillator auf dem Werder der Hofapotheke.

Leiter der Hofapotheke war der sogenannte Hofapotheker. Zeitweise gab es auch einen stellvertretenden Hofapotheker, der oft gleichzeitig Reise- oder Feldapotheker war. Der Reiseapotheker war für die Arzneimittelversorgung des Königs und seines Gefolges auf Reisen und bei Aufenthalten außerhalb Berlins zuständig, während der Feldapotheker diese Funktion bei militärischen Operationen zu übernehmen hatte. Außerdem arbeiteten immer einige Gesellen des Apothekerhandwerks sowie verschiedene weitere Bedienstete in diesem Betrieb.

Rohmaterialien für die Arzneimittelherstellung waren eine Vielzahl pflanzlicher, tierischer und mineralischer Ausgangsstoffe. Diese wurden meist aus der näheren Umgebung geliefert, so von einem Kräutergarten oder von der Kurfürstlichen bzw. Königlichen Jägerei. Aber auch teure exotische Produkte aus fernen Ländern wurden eingekauft.

In den Labors der Apotheke erfolgte die Weiterverarbeitung dieser Rohprodukte. Den Kräutern wurden oft die Inhaltsstoffe durch Extraktion mittels Wasser, Säuren, Laugen oder Alkohol entzogen. Aus pflanzlichen und tierischen Ausgangsprodukten wurden durch Destillation Öle gewonnen. Aus den so oder ähnlich gewonnenen Zwischenprodukten stellte man eine Fülle von Arzneimitteln her.

Die Hofapotheke diente neben der Arzneimittelversorgung auch als Ausbildungsstätte. So wurden hier auch Lehrlinge des

Apothekerberufs ausgebildet. Daneben war sie zwischen 1724 und 1809 Ort der Vorlesungen und praktischen Übungen der Chemieprofessoren beim Berliner Collegium Medico-Chirurgicum.

Einige bekanntere Hofapotheker seien kurz genannt: Christoph Fahrenholtz (1603-1685), Schwiegervater des bekannten Baumeisters Johann Gregor Memhardt war von 1635 bis 1680 Leiter der Hofapotheke, die von 1699 bis 1718 von seinem Enkel Friedrich Wilhelm Memhardt verwaltet wurde. Von Fahrenholtz stammt ein Verzeichnis der über 2300 im Jahr 1669 vorhandenen Arzneimittel.

Mit Caspar Neumann war von 1719 bis 1737 auch einer der bedeutendsten Chemiker der damaligen Zeit Leiter der Hofapotheke. Er war der erste Hofapotheker, der auch als Wissenschaftler hervorgetreten ist. Neumann und der Arzt Johann Heinrich Pott waren seit 1724 die ersten Chemieprofessoren des Collegium Medico-Chirurgicum.

Nachfolger Neumanns als Hofapotheker wurde sein Ziehsohn Johann Caspar Conradi (geboren 1713), Sohn eines ehemaligen Reiseapothekers an der Hofapotheke und selbst Doktor der Medizin, der aber 1763 abgesetzt wurde. Seine Nachfolger wurden Johann Gottfried Ermisch, Hofapotheker von 1764 bis 1771 und Heinrich Wilhelm Behm (1708-1780), Leiter der Hofapotheke von 1772 bis 1781. Behm, der eigentlich Arzt war, wurde auch dadurch bekannt, dass er 1751 am Gesundbrunnen im Wedding das Luisenbad als Heilquelle anlegte.

1781 übernahm dann Heinrich Christian Pein den Posten als Hofapotheker, bis er wegen Veruntreuung 1790 abgelöst und

^ *Der Apothekenflügel des Schlosses im Jahr 1883 von Westen aus gesehen*

durch Sigismund Friedrich Hermbstädt ersetzt wurde. Hermbstädt, der den Posten bis 1797 innehatte, ist nach Caspar Neumann der zweite Hofapotheker, der auch als Wissenschaftler Format hatte und als solcher auch wirksam wurde.

1885 wurde der Apothekenflügel des Schlosses für die Verbreiterung der Kaiser-Wilhelm-Straße und den Bau der Kaiser-Wilhelmbrücke (heute Karl-Liebknecht-Straße und Liebknechtbrücke) um etwa ein Drittel gekürzt und die Hofapotheke als Institution in das Schloss Monbijou verlegt, wo sie 1926 den neuen Namen Staatliche Universitätsapotheke erhielt. 1937 wurde hier der öffentliche Apothekenbetrieb eingestellt und nur noch die Versorgung mehrerer Krankenhäuser und Institute weitergeführt. Nach schweren Zerstörungen von Schloss Monbijou durch Bombenangriffe erfolgte 1943 endgültig die Aufgabe der 345 Jahre alten Apotheke.

Der Apothekenflügel des Schlosses, der zwischenzeitlich u.a. auch als Studentinnentagesheim gedient hatte, wurde schließlich 1950 zusammen mit dem gesamten im Zweiten Weltkrieg beschädigten Schloss auf Anweisung der Ost-Berliner Kommunisten gesprengt und abgetragen. Dabei wurden mit der ersten Sprengung am 7. September 1950 die Reste des Apothekenflügels beseitigt. Beim jetzt anstehenden Neubau des Berliner Schlosses wird der Apothekenflügel nicht berücksichtigt.

^ *Großes Laboratorium der Hofapotheke um 1750 (o.), Sprengung des Apothekenflügels des Schlosses im September 1950 (u.)*

DIE BÄRENAPOTHEKE VON MARGGRAF UND KLAPROTH

Diese seit Ende des Zweiten Weltkriegs nicht mehr existierende Apotheke war im 18. Jahrhundert die Forschungsstätte von zwei der international bedeutendsten Chemiker der damaligen Zeit. Beide, Andreas Sigismund Marggraf und Martin Heinrich Klaproth, führten die wichtigsten ihrer sehr erfolgreichen wissenschaftlichen Forschungsarbeiten im Labor dieser Apotheke im Nikolaiviertel aus.

Gegründet wurde die Apotheke 1707 von Henning Christian Marggraf, dem Vater des Andreas Sigismund. Marggraf senior pachtete ab 1707 die Berliner Ratsapotheke. Das Geschäftslokal befand sich zuerst in einem Haus in der Spandauer Straße, Ecke Nagelgasse (heute Gustav-Böß-Straße). 1717 kaufte Marggraf dann das gegenüberliegende Eckhaus Spandauer Straße/Probstgasse (heute Probststraße) und verlegte die Apotheke in dieses Haus. An diesem Standort wurde die Apotheke nun bis 1945 unter wechselnden Namen, Besitzern und in um- bzw. neugebauten Gebäuden weiter betrieben. Sie hieß zuerst Zum weißen Bären, dann Zum schwarzen, später Zum goldenen Bären und wurde oft kurz Bärenapotheke genannt. 1720 erhielt Henning Christian Marggraf anstatt des Magistratsprivilegs ein königliches Apothekenprivileg. Aufgrund geänderter Straßenführung im Zentrum Berlins existiert die Einmündung der Probststraße in die Spandauer Straße heute nicht mehr.

Henning Christians Sohn Andreas Sigismund Marggraf wurde wie sein Vater ebenfalls Apotheker. Nach einer Lehre in der Hofapotheke bei Caspar Neumann und einer mehrjährigen Bildungsreise kehrte er 1735 nach Berlin zurück und begann in

der väterlichen Apotheke zu arbeiten. Die nächsten 17 Jahre bis Ende 1752 leitete er als Provisor die Apotheke und führte seine chemischen Forschungsarbeiten in deren Labor durch. Hier machte er seine wichtigsten Entdeckungen.

Dazu zählen die Ausarbeitung eines verbesserten Verfahrens zur Phosphorherstellung, die Entdeckung des Edelmetalllösevermögens des Cyanids, ein Verfahren zur Herstellung von Zink aus dem Gallmeierz und die Entdeckung des Zuckergehaltes der Runkelrübe. In dieser Zeit verfasste er insgesamt 15 wissenschaftliche Arbeiten.

Nach dem Tod seiner Mutter 1752 verlor Andreas Sigismund Marggraf die Bärenapotheke durch eine Intrige seiner Schwäger Joachim Friedrich Lehmann und Julius Tilebein und musste das Haus zügig verlassen. Neuer Apothekenbesitzer wurde Johann Christian Flemming, der die Apotheke 1753 von Lehmann kaufte. Andreas Sigismund Marggraf erhielt allerdings im gleichen Jahr den neugeschaffenen Posten eines Chemikers der Akademie der Wissenschaften. Als Akademiechemiker wohnte und arbeitete er ab 1754 im neugebauten Laboratoriumshaus der Akademie in der Letzten Straße hinter dem Observatorium.

Einige Jahre später 1780 zog noch einmal ein Chemiker von Rang in die Bärenapotheke: Martin Heinrich Klaproth. Klaproth hatte nach seiner Apothekerausbildung und mehrjähriger Tätigkeit als Apothekergeselle bzw. Leiter einer Apotheke eine Nichte von Marggraf geheiratet und die Bärenapotheke von Flemming erworben.

^ *Spandauer- und Probststraßen-Ecke mit Simon's Apotheke, der früheren Bärenapotheke von Marggraf und Klaproth, im Jahr 1898. 1900 wurde ein neues Eckhaus errichtet.*

Er führte die Bärenapotheke nun 20 Jahre lang und arbeitete ähnlich wie Marggraf im Laboratorium der Apotheke experimentell an aktuellen chemischen Fragestellungen seiner Zeit. Klaproth erwarb sich durch zahlreiche exakte Mineralanalysen einen hervorragenden Ruf. Im Apothekenlabor entdeckte er auch zwei neue chemische Elemente, Zirkonium und Uran, und bestätigte die Existenz von vier erst kürzlich gefundenen: Titan, Strontium, Chrom und Tellur.

1800 verkaufte Klaproth die Bärenapotheke, da er nun als Nachfolger Achards selbst Akademiechemiker wurde und ins Laboratoriumshaus in der Letzten Straße zog.

Die Bärenapotheke wurde später von verschiedenen Besitzern weitergeführt und hieß ab 1868 nach der damaligen Besitzerfamilie Simon's Apotheke. Von diesen hatte sich Johann Eduard Simon (1789-1856) auch als Chemiker einen Namen gemacht. So stellte er 1839 zufällig erstmals Polystyrol aus Styrol her. Simon hielt das Produkt allerdings für Styroloxid und verfolgte die Entdeckung auch nicht weiter. Trotzdem steht er damit ganz am Anfang des Kunststoffzeitalters. Heute ist Polystyrol einer der Massenkunststoffe mit einer Weltjahresproduktion von etwa 15 Millionen Tonnen.

Im Jahr 1900 wurde ein neues Gebäude an der Ecke Spandauer Straße/Probstgasse errichtet, in welchem sich weiterhin Simon's Apotheke befand, eine der größten und bekanntesten Apotheken im Berliner Zentrum bis zur Zerstörung im Zweiten Weltkrieg. Seitdem existiert diese Apotheke nicht mehr. An einem neueren Gebäude in der Nähe der ehemaligen Bärenapotheke erinnert heute eine Berliner Gedenktafel an Klaproth. Eine Erinnerung an Andreas Sigismund Marggraf fehlt leider.

^ *Berliner Gedenktafel für Martin Heinrich Klaproth in der Nähe der ehemaligen Bärenapotheke. Eine Erinnerung an Andreas Sigismund Marggraf fehlt leider.*

DAS COLLEGIUM MEDICO-CHIRURGICUM

Das Berliner Medizinisch-Chirurgische Kolleg, wie man es auf Deutsch nennen könnte, war eine Art Hochschule für die medizinischen Berufe. Diese Hochschule wurde im Jahr 1723 gegründet und nahm 1724 ihren Betrieb auf. Zentraler Anlaufpunkt war das schon seit 1713 bestehende Anatomische Theater in einem hinteren Eckgebäude im Komplex des Neuen Marstalls in der Dorotheenstadt (heute Ecke Dorotheenstraße/Charlottenstraße). Im Anatomischen Theater fanden sowohl die Sektionen menschlicher Körper, als auch die meisten Vorlesungen statt. Seit 1909 befindet sich auf dem Grundstück des ehemaligen Neuen Marstalls der Gebäudekomplex der Staatsbibliothek Unter den Linden.

Zur medizinisch-chirurgischen Ausbildung mit anfangs insgesamt sieben Professoren gehörte auch eine chemische Ausbildung. Dazu wurden zwei Professoren (Professor Chymiae) berufen, Caspar Neumann und Johann Heinrich Pott. Sie waren damit die ersten Hochschullehrer der Chemie in Berlin.

Caspar Neumann war für die praktische und Johann Heinrich Pott für die theoretische Chemie zuständig, wobei ihre Vorlesungen aufeinander abgestimmt waren. Der ausgebildete Apotheker Neumann, der keine Universität besucht hatte, war im Hauptberuf eigentlich Leiter der Berliner Hofapotheke, während der promovierte Mediziner Pott als praktischer Arzt in Berlin tätig war.

Die beiden Chemieprofessoren hielten im Gegensatz zu ihren Kollegen ihre Vorlesungen im Laboratorium der Hofapotheke ab, da sie ihre Vorträge mit Schauexperimenten begleiteten.

Sie hatten während der Vorlesungszeit jeweils wöchentlich eine zweistündige Vorlesung zu halten. Neumanns Vorlesungen waren wohl sehr beliebt, so dass es einen regen Andrang gab, nicht nur von Studierenden sondern auch von Ärzten und anderen Interessierten. Potts sehr gelehrte Vorlesungen wurden dagegen weniger stark besucht, da sie insbesondere für Anfänger nur schwer verständlich waren. Neben den Vorlesungen gab es auch praktische Übungen in der Hofapotheke.

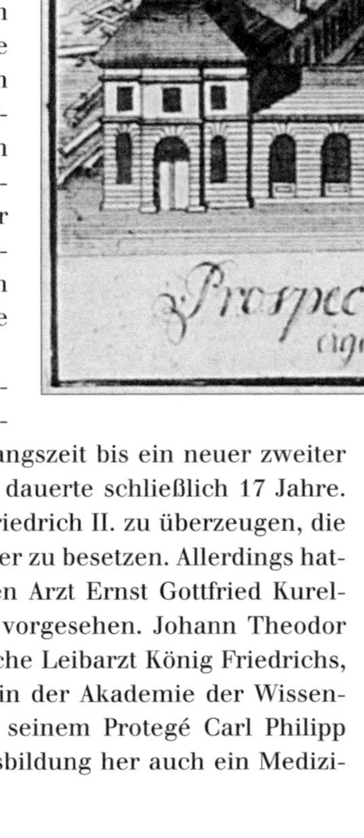

Neumann und Pott waren auch wissenschaftlich aktiv und veröffentlichten eine Reihe von Abhandlungen. Nach Neumanns frühem Tod wurden zwei mehrbändige Chemielehrbücher unter seinem Namen veröffentlicht, die auf Vorlesungsmitschriften bzw. seinen handschriftlichen Vorlesungsmanuskripten beruhten. Herausgeber waren der Schneeberger Arzt Zimmermann bzw. Christoph Heinrich Kessel, ein Berliner Arzt und Neffe Neumanns.

Als Caspar Neumann 1737 verstarb, musste Pott seine Vorlesungen mit übernehmen. Die Übergangszeit bis ein neuer zweiter Chemieprofessor berufen wurde, dauerte schließlich 17 Jahre. Erst 1753 gelang es Pott, König Friedrich II. zu überzeugen, die Professorenstelle Neumanns wieder zu besetzen. Allerdings hatte Pott seinen Schwiegersohn, den Arzt Ernst Gottfried Kurella (1725-1799) für diesen Posten vorgesehen. Johann Theodor Eller (1689-1760), der einflussreiche Leibarzt König Friedrichs, außerdem in leitender Funktion in der Akademie der Wissenschaften tätig, konnte allerdings seinem Protegé Carl Philipp Brandes (1720-1776), von der Ausbildung her auch ein Medizi-

ner, die Stelle verschaffen. Das führte zu einem erbitterten, auch öffentlich ausgetragenen Streit erst zwischen Pott und Eller, später zwischen Pott auf der einen und den anderen in Berlin aktiven Chemikern Brandes, Eller, Lehmann und Marggraf sowie später auch Justi auf der anderen Seite. Pott, der diesen Streit nicht gewinnen konnte, zog sich aus der Akademie der Wissenschaften zurück, blieb aber neben Brandes Professor für Chemie am Collegium Medico-Chirurgicum.

Über Brandes Lehrtätigkeit ist wenig bekannt, als Wissenschaftler war er jedoch mit nur einer einzigen Veröffentlichung

^ *Das Gebäude des Marstalls in der Dorotheenstadt um 1760 von der Rückseite aus gesehen. In der Mitte der Turm des Observatoriums, im rechten Eckgebäude das Collegium Medico-Chirurgicom*

sehr unproduktiv. Brandes starb schon 1776. Als auch der verbitterte Pott ein Jahr später starb, wurde wiederum nur ein neuer Professor Chimiae & Pharmaciae berufen. Es war der Provisor der Hofapotheke und spätere Hofapotheker Heinrich Christian Pein. Pein hielt während der Vorlesungszeit wöchentlich zwei einstündige Vorlesungen. Außerdem wurden pro Woche noch zwei zweistündige praktische Übungen durchgeführt. Zusätzlich bot Pein auch Privatunterricht in der Chemie an.

Auf Pein folgte 1792 Sigismund Friedrich Hermbstädt, der schon länger gegen seinen nicht sehr angesehenen Vorgänger intrigiert hatte. Hermbstädt hatte seit 1786 in Berlin chemische Privatvorlesungen gehalten und bewarb sich 1788 schriftlich bei König Friedrich Wilhelm II. um die von Pein bekleidete Stelle des Professors für Chemie am Collegium. Es wurde eine Prüfung Hermbstädts angesetzt. Bei dieser Prüfung, in der Prüfungskommission saß auch Heinrich Christian Pein, den er ja ablösen wollte, fiel er aber glatt durch. 1790 wurden Pein Unterschlagungen in der Hofapotheke vorgeworfen und er verlor den Posten als Hofapotheker an Hermbstädt. Als Pein schließlich 1792 zu sechsjähriger Festungshaft verurteilt wurde, übernahm Hermbstädt auch seinen Professorenposten am Collegium Medico-Chirurgicum.

Mit Hermbstädt übernahm auch wieder ein wissenschaftlich aktiver Chemiker die Lehrposition am Collegium. Neben einer Vielzahl von wissenschaftlichen Abhandlungen schrieb er auch mehrere Lehrbücher der Chemie und Pharmazie. Mit Daniel Ludwig Bourguet (1770-1801) wurde 1798 nochmals ein zweiter Professor für Chemie an das Collegium berufen. Bourguet starb jedoch schon drei Jahre später im Alter von nur 31 Jahren.

Hermbstädt blieb bis zur Auflösung des Collegium Medico-Chirurgicum 1809 Professor für Chemie und Pharmazie an dieser Institution. Danach wechselte er als einer von zwei Chemieprofessoren, der andere war der Akademiechemiker Klaproth, an die neugegründete, 1810 eröffnete Berliner Universität.

DAS CHEMISCHE LABORATORIUM DER AKADEMIE

Das chemische Laboratorium der Berliner Akademie der Wissenschaften war das erste chemische Labor der Stadt, welches ausschließlich für Forschungszwecke errichtet wurde. Von der Idee bis zur Ausführung sollte es aber mehr als ein halbes Jahrhundert dauern.

Die Akademie war im Jahr 1700 unter dem Namen Kurfürstlich Brandenburgische Societät der Wissenschaften gegründet worden. Von Beginn an hatte die Societät das Ziel, neben einem astronomischen Observatorium mit angestelltem Astronomen auch ein chymisches Laboratorium zu errichten. Standort des Observatoriums, welches 1710 eröffnet wurde, war der Straßenblock auf dem heute das Gebäude der Staatsbibliothek Unter den Linden befindlich ist. Um 1700 befand sich hier der neue Marstall. Dieser Gebäudekomplex beherbergte an der rückwärtigen Front zur heutigen Dorotheenstraße, damals Letzte Straße, den Turm mit dem Observatorium und in einem Eckgebäude das Theatrum Anatomicum, in dem menschliche Körper zur Ausbildung für die Medizinberufe seziert wurden. Außerdem hatte die Societät der Wissenschaften auf der gegenüberliegenden Seite der Letzten Straße ein größeres Grundstück erworben.

Auf diesem Grundstück, dem Societätshof, sollten an der Straßenfront neue Gebäude gebaut werden, die neben Wohnungen für den Astronomen und Gästewohnungen auch ein chemisches Laboratorium einschlossen. Wegen chronischen Geldmangels kam es aber über Jahrzehnte nicht zum Bau dieses Gebäudes, sondern es wurde nur ein kleineres, im hinteren Teil des Grundstückes schon vorhandenes Gebäude als Wohnung

für den Astronomen verwendet. 1712 versuchte die Societät, ein Privileg zur Herstellung von Scheidewasser zu erlangen und mit den Einnahmen den Bau des Laboratoriums zu finanzieren. Dem Laboranten König, der dieses Privileg bisher innehatte, gelang es aber, dieses zu behalten.

In den nächsten Jahrzehnten wurden immer wieder Anläufe genommen, nun tatsächlich ein Akademielabor an diesem Standort zu errichten. Aber nachdem das unter der Herrschaft des verschwenderischen und ständig von Geldsorgen geplagten ersten preußischen Königs Friedrich I. nicht gelungen war, sollte es auch in der Regierungszeit seines Sohnes (1713-1740),

^ *Laboratoriumshaus der Akademie der Wissenschaften in der Dorotheenstraße zur Zeit Mitscherlichs*

des äußerst sparsamen Friedrich Wilhelm I., nicht finanzierbar sein.

Auch unter dem ab 1740 regierenden Friedrich II., der den Wissenschaften viel mehr Beachtung und Achtung schenkte als sein Vater, waren vorerst keine finanziellen Mittel für die Errichtung eines chemischen Labors der Akademie der Wissenschaften, wie die alte Societät nun hieß, vorhanden. Aber 1753, einige Jahre nach Beendigung der ersten beiden Schlesischen Kriege und über 50 Jahre nach der ersten Idee, war es soweit. Man beschloss den Bau des Akademielaboratoriums. Im Sommer 1753 war der Baubeginn für das neue Laboratorium auf dem der Akademie gehörenden Grundstück in der Letzten Straße Nr. 7. Im Frühjahr 1754 war das Gebäude einzugsbereit. Die Grundstücksadressen wechselten seitdem. Ab 1822 war es Dorotheenstraße 7, später Dorotheenstraße 10, dann zeitweise Clara-Zetkin-Straße 30, heute Dorotheenstraße 30. Als erster Akademiechemiker wurde Andreas Sigismund Marggraf berufen, in Chemikerkreisen berühmt für die von ihm gefundene einfachere Methode der Phosphorherstellung aber auch sonst ausgezeichnet durch seine wissenschaftlichen Arbeiten aus dem Labor der Bärenapotheke. In dem zweistöckigen Laboratoriumshaus befanden sich im Erdgeschoß das Labor und in der ersten Etage zwei Wohnungen für die beiden angestellten Wissenschaftler der Akademie, den Chemiker und den Astronomen.

Nach dem Siebenjährigen Krieg (1756-1763) waren auch wieder finanzielle Mittel vorhanden, die Infrastruktur des Landes zu verbessern. Davon profitierte auch die Akademie der Wissenschaften. Unter anderem erfolgte in diesem Zusammenhang

^ *Laboratoriumshaus der Akademie der Wissenschaften in der Dorotheenstraße nach dem Umbau für Hofmann mit den Büsten von Marggraf und Achard (Foto um 1910)*

die Renovierung und Erweiterung des akademischen Laboratoriums. Dadurch standen ab 1766 außer dem eigentlichen Laboratoriumsraum mehrere weitere Räume für die Aufbewahrung von Instrumenten, Gefäßen und Materialien zur Verfügung. Marggraf lebte und arbeitete bis zu seinem Tod 1782 im Laboratoriumshaus.

Sein Nachfolger als Akademiechemiker wurde François-Charles Achard, der schon seit 1776 Marggrafs Mitarbeiter war. Achard wohnte dann seit 1782 auch im Laboratoriumshaus der Akademie. Achard, der zum Zeitpunkt der Übernahme des Postens als Akademiechemiker mit 29 Jahren noch sehr jung und kaum wissenschaftlich ausgewiesen war, entwickelte eine Vielzahl von Aktivitäten. Ab etwa 1799 fokussierte Achard seine Forschungen jedoch auf die Ausarbeitung eines technischen Verfahrens zur Rübenzuckerproduktion, basierend auf den Vorarbeiten seines Lehrers Marggraf. In einem ersten Schritt baute er das Akademielaboratorium in eine kleine Rübenzuckerfabrik um. Nachdem die dortigen Versuche erfolgreich waren, gab er seinen Posten als Akademiechemiker auf und ging nach Schlesien, um hier eine erste größere Rübenzuckerfabrik aufzubauen.

Durch die Zwischenepisode als Rübenzuckerfabrik war das Laboratoriumshaus stark mitgenommen und musste umfangreich instandgesetzt werden. Neuer Akademiechemiker wurde im Jahr 1800 der Apotheker Martin Heinrich Klaproth, der zu diesem Zeitpunkt ein international renommierter Chemiker war. Er konnte aber erst Ende 1801 in das sanierte und umgebaute Gebäude einziehen.

Mit der Gründung der Berliner Universität 1810 wurde die Stelle des Akademiechemikers mit der des ersten ordentlichen Professors für Chemie zusammengelegt. Das Akademielabor war damit auch das erste chemische Laboratorium der Universität. Klaproth blieb bis zu seinem Tod 1817 sowohl Akademiechemiker, als auch Professor für Chemie an der Berliner Universität. Sein Nachfolger auf beiden Posten wurde Eilhard Mitscherlich, der auch in der Dorotheenstraße wohnte und arbeitete. Mitscherlich wurde allerdings erst 1822 auf die schon fünf Jahre zuvor freigewordene Stelle berufen.

Ab 1865 wurde erstmals ein größeres chemische Institutsgebäude für die Friedrich-Wilhelms-Universität errichtet. Konzipiert hatte es August Wilhelm Hofmann, der als Nachfolger des 1863 gestorbenen Mitscherlich als Professor für Chemie 1864

nach Berlin berufen wurde. Das Gebäude, welches 1869 eingeweiht wurde, entstand ab 1865 im gleichen Häuserblock wie das Laboratoriumshaus in der Dorotheenstraße, aber mit der Hauptfront zur Georgenstraße. Das alte Laboratoriumshaus wurde umgebaut, in den Gebäudekomplex einbezogen und zum Wohnhaus des Institutsdirektors. Es war genauso wie die Privatlabors des Direktors weiterhin Eigentum der Akademie der Wissenschaften. Hofmann war wie seine Vorgänger in Personalunion Akademiechemiker und Professor für Chemie der Universität. 1892 wurden am Gebäude des ehemaligen Laboratoriumshauses der Akademie der Wissenschaften die Büsten von Marggraf und Achard angebracht, um die Begründer der Zuckerindustrie zu ehren.

Aber das neue Institutsgebäude in der Georgenstraße wurde schnell zu klein und 1899-1900 erfolgte der Bau eines neuen Gebäudes in der Hessischen Straße. Kurzzeitig wohnte noch Emil Fischer, der Nachfolger Hofmanns, in der Dorotheenstraße. Der bisher von den Chemikern genutzte Gebäudekomplex wurde nach deren Umzug für andere Nutzungen freigegeben. Die Universitätsbibliothek erhielt den Zuschlag für das Haus in der Dorotheenstraße 10 und zog im Herbst 1900 ein.

Im Zweiten Weltkrieg wurde das ehemalige Laboratoriumshaus der Akademie schwer beschädigt und später abgerissen. Nachdem dort lange eine Brachfläche befindlich war, entstand in den 1980er-Jahren an dieser Stelle und auf den Nachbargrundstücken ein Parkhaus.

^ *Ruine des ehemaligen Akademielaboratoriums 1947*

Die Humboldt-Universität ist die erste Universität Berlins. Sie wurde vergleichsweise spät, erst im Jahre 1809 als Berliner Universität gegründet und nahm 1810 den Lehrbetrieb auf. Von Anfang an gehörte auch die Chemieausbildung zur Repertoire der Universität, die 1828 den Namen Friedrich-Wilhelms-Universität erhielt. Nach dem Ende des Zweiten Weltkriegs wurde die Universität im Januar 1946 unter dem Namen Berliner Universität neu eröffnet. Seit 1949 heißt sie Humboldt-Universität zu Berlin. Da die Gebäude der Universität nach der Teilung der Stadt infolge des Zweiten Weltkriegs ganz überwiegend im sowjetisch beherrschten Ostteil der Stadt lagen, führte die starke kommunistische Einflussnahme zur Gründung der Freien Universität im Westteil der Stadt, die heute auch die größte der drei Berliner Universitäten ist.

CHEMIE IN DER ANFANGSZEIT DER HUMBOLDT-UNIVERSITÄT

Mit der Gründung der Berliner Universität wurde die Chemie der philosophischen Fakultät zugeordnet, nicht wie traditionell üblich der medizinischen Fakultät. Es gab anfangs auch noch keine wirkliche Ausbildung zum Chemiker, sondern die Chemie war hauptsächlich ein ergänzendes Unterrichtsfach für viele andere Ausbildungsrichtungen. In den ersten gut fünf Jahrzehnten nach der Universitätsgründung besaß die Chemie der Friedrich-Wilhelms-Universität auch kein adäquates Labor- und Lehrgebäude, sondern musste mit einfacheren Lösungen leben.

Diese bestanden darin, dass die recht kleinen Wohnhäuser der Professoren, die auch über Laborkapazitäten und jeweils einen kleinen Vorlesungsraum verfügten, für die Lehre genutzt wurden. Konkret betraf das das Laboratoriumshaus der Akademie der Professoren Martin Heinrich Klaproth (Professor von 1810 bis 1817) und Eilhard Mitscherlich (Professor von 1822 bis 1863) in der Dorotheenstraße 10, das chemische »Lokal« des Sigismund Friedrich Hermbstädt (Professor von 1810 bis 1833) in der Georgenstraße 43 und das Haus des Heinrich Rose (Professor von 1822 bis 1864) in der Cantianstraße 4 auf der heutigen Museumsinsel. Diese drei Gebäude existieren heute nicht mehr.

DAS CHEMISCHE INSTITUT IN DER GEORGENSTRASSE

Nachdem Eilhard Mitscherlich 1863 gestorben war, wurde mit August Wilhelm Hofmann eine internationale Kapazität als sein Nachfolger aus London nach Berlin berufen. Er machte zur Bedingung für seine Zusage, dass ein modernes zeitgemäßes chemisches Institut errichtet werden müsste. Das wurde ihm auch zugesagt. Als er seine detaillierten Vorstellungen für den Zuschnitt und die experimentell-technische Ausstattung des Institutes vorstellte, sprach das zuständige Ministerium von skandalösem Luxus. Dennoch gelang es Hofmann durch seinen Einsatz und die Unterstützung der Industrie, seine Vorstellungen weitgehend durchzubringen. Die Fertigstellung des Gebäudes dauerte vom Beginn der Bauarbeiten 1865 auch aufgrund von Geldmangel bis 1869.

Das Institut war ein repräsentativer Bau, dessen Hauptfassade durch 14 in Terrakotta ausgeführte Relief-Porträts berühmter Chemiker geschmückt wurde. Vier dieser Porträts (Berthollet, Cavendish, Davy und Mitscherlich) sind heute im nördlichen Teil des Foyers des Chemischen Instituts in Adlershof angebracht.

Mit drei großen Arbeitssälen für Anfänger und Fortgeschrittene, Spektroskopie- und Photometrieräumen, Spül-, Wäge- und Titrierzimmer, metallurgischem und forensischem Laboratorium, Werkstätten sowie einem geräumigen Privatlabor für den Direktor war es für seine Zeit hervorragend ausgestattet. Mit der Inbetriebnahme dieses Universitätslaboratoriums begann auch die eigentliche professionelle Ausbildung von Chemikern an der Berliner Friedrich-Wilhelms-Universität. Das Institut lag mit der

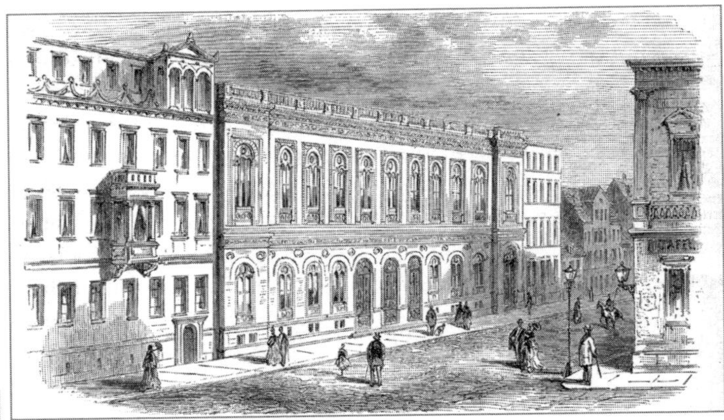

Hauptfront zur Georgenstraße, zog sich aber bis zur rückseitigen Dorotheenstraße hin und schloss dort das ehemalige Akademielabor mit ein. Dieses war jetzt zum Wohnhaus des Institutsdirektors, also Hofmanns umgebaut worden.

Das Institut, so groß und modern es für seine Zeit war, sollte nur für Hofmanns Amtsdauer ausreichend sein. Nach nur 23 Jahren, bei seinem Tod 1892, galt es schon als bei weitem zu klein und technisch überholt. Sein Nachfolger Emil Fischer forderte einen modernen Neubau und erhielt ihn auch nach mehreren Jahren.

In den etwa 30 Jahren seiner Existenz war das I. Chemische Institut in der Georgenstraße eine der wichtigsten chemischen Forschungs- und Ausbildungsstätten Europas. Unter Hofmanns Leitung wurden an dem Institut etwa 300 Doktorarbeiten betreut. 899 wissenschaftliche Veröffentlichungen »Aus dem Berliner Universitäts-Laboratorium«, 150 davon von Hofmann selbst, zeugen von einer ungemeinen wissenschaftlichen Produktivität. Wichtige Mitarbeiter Hofmanns waren neben vielen anderen Carl Alexander Martius (1838-1920), Eugen Sell (1842-1896) und Ferdinand Tiemann (1848-1899). Martius war schon in London Assistent Hofmanns und mit ihm nach Berlin gegangen. 1867 gründete er zusammen mit einem von Hofmanns Assistenten die Agfa. Sell war 1861 bei Hofmann in London und von 1865 bis 1868 Assistent an Hofmanns Berliner Institut. Ab 1877 war er Leiter des Laboratoriums am Kaiserlichen Gesundheitsamt. Tiemann, Schwager Hofmanns, beschäftigte sich hauptsächlich mit der Synthese von Riechstoffen wie dem Vanillin und war seit 1882 auch Professor für Chemie an der Berliner Universität.

^ *Das I. Chemische Institut der Friedrich-Wilhelms-Universität in der Georgenstraße im Jahr 1886*

Im Zentrum der Forschungen am Chemischen Institut in der Georgenstraße stand die Teerfarbenchemie, die Herstellung von Farbstoffen aus dem Steinkohlenteer, einem Abfallprodukt der Gasanstalten.

Nachdem Emil Fischers neues I. Chemisches Institut in der Hessischen Straße im Jahr 1900 fertiggestellt worden war, wurde das Institut in der Georgenstraße einschließlich des Direktorenwohnhauses in der Dorotheenstraße geräumt. Nach dem Auszug der Chemiker wurde das Haus in der Georgenstraße 34-36 zum Museum für Meereskunde umfunktioniert und zu diesem Zweck um eine Etage aufgestockt. Im Zweiten Weltkrieg wurde das Gebäude stark zerstört und später abgerissen. Heute befindet sich auf dem Grundstück das Institut für Rehabilitationswissenschaften der Humboldt-Universität.

DAS CHEMISCHE INSTITUT IN DER BUNSENSTRASSE

Da das neue I. Chemische Institut der Universität schnell zu eng wurde, begann man schon in den 1870er-Jahren ein zweites chemisches Universitätsinstitut für Berlin zu planen. Als Standort wurde ein Teil des zwischen Reichstagufer, Schlachtgasse, Dorotheenstraße und Neue Wilhelmstraße liegenden Grundstücks in der Dorotheenstadt nahe des Reichstages gewählt. Hier befanden sich bis 1868 die Artilleriewerkstätten. Am Ende der Schlachtgasse lag an der Spree bis 1842 auch ein Schlachthof. Ab 1873 begann die Bebauung dieses Geländes mit verschiedenen Universitätsinstituten.

1883 wurde das II. Chemische Institut in der Schlachtgasse nach vierjähriger Bauzeit fertiggestellt. Die Straße heißt seit 1892 Bunsenstraße, benannt nach dem Heidelberger Chemiker Robert Bunsen und dessen Bruder, einem Diplomaten.

Anfänglich wurde in dem neuen Gebäude neben dem II. Chemischen Institut unter der Leitung von Carl Friedrich Rammelsberg (1813-1899) auch das Technologische Institut des Chemikers Hermann Wichelhaus (1842-1927) untergebracht. Letzteres ging jedoch bald wieder ein.

Rammelsberg, ein in Berlin geborener gelernter Apotheker und studierter Chemiker, war 1874 mit einer Verspätung von etwa zehn Jahren Nachfolger von Heinrich Rose als zweiter Pro-

fessor für Chemie der Berliner Universität geworden. Seit 1883 hatte er nun sein eigenes Institut. Er war schon seit 1840 als Lehrer der Chemie an der Bergakademie und seit 1850 an der Gewerbeakademie aktiv gewesen.

Unter Rammelsbergs Leitung war das II. Chemische Institut bis 1891 auf Mineralchemie, Kristallographie und anorganisch-chemische Analysen spezialisiert. Nach Rammelsbergs Ausscheiden übernahm der Schweizer Hans Landolt (1831-1910) das Institut, und der Forschungsschwerpunkt veränderte sich hin zur damals noch neuen Physikalischen Chemie.

1905 folgte auf Landolt mit dem aus Göttingen berufenen Walther Nernst (1864-1941) ein Forscher von Weltrang als Institutsdirektor. Jetzt wurde das Institut auch offiziell in Physikalisch-chemisches Institut umbenannt. Unter Nernst, der 1920 den Chemienobelpreis erhielt, wurden thermochemische Messungen insbesondere bei tiefen Temperaturen zu einem Schwerpunkt der wissenschaftlichen Arbeiten.

Nernst ging 1922 zur Physikalisch-technischen Reichsanstalt. Institutsdirektor wurde Max Bodenstein (1871-1942), dessen Forschungsschwerpunkt die chemische Kinetik war, also die Lehre von der Geschwindigkeit und dem Mechanismus chemischer Reaktionen.

^ *Das heute leer stehende Gebäude des ehemaligen Institutes für Physikalische Chemie der Humboldt-Universität in der Bunsenstraße nahe des Reichstags*

Bodensteins Nachfolger wurde 1936 bis 1945 Paul Günther, der sich hauptsächlich auf die Strahlenchemie konzentrierte, insbesondere auf die Erforschung von chemischen Wirkungen der Röntgenstrahlung. Paul Günther (1892-1969), ein in Berlin geborener Chemiker, war schon seit 1919 als Hochschullehrer am Institut in der Bunsenstraße aktiv, ging aber 1945 nach Karlsruhe an die dortige Technische Hochschule.

Nach dem Zweiten Weltkrieg, das Institut war relativ unbeschädigt geblieben, übernahm kurzzeitig Karl Friedrich Bonhoeffer (1899-1957) von 1946 bis 1948 die Institutsleitung. Nach dessen schnellem Weggang nach Göttingen wurde der spätere DDR-Dissident Robert Havemann (1910-1982) zu seinem Nachfolger. Havemann etablierte die Forschungsrichtungen Magnetochemie und Photochemie am Institut. Havemann war eigentlich als einer der wenigen guten Chemiker mit kommunistischer Weltanschauung eine hervorragende Wahl für das im damaligen Ostteil Berlins gelegene Institut. Er entwickelte jedoch eigene Gedankengänge hin zu einer anderen Version der sozialistischen Gesellschaft und äußerte diese auch offen. Das führte 1964 zu seiner Absetzung.

Nach Havemanns Ablösung übernahm der linientreue Rolf Landsberg (1920-2003) das Institut. Landsberg, der aus einer jüdischen Berliner Familie stammte, war noch als Jugendlicher nach England emigriert und 1944 in die englische Armee eingetreten. Nach dem Krieg hatte er bei Bonhoeffer in der Bunsenstraße promoviert und war danach in der DDR in Greifswald und Merseburg tätig. Unter seiner Leitung wurde die Elektrochemie zum Forschungsschwerpunkt des Institutes in der Bunsenstraße. 1985 wurde Landsberg emeritiert.

^ *Gedenktafel für Walther Nernst und Max Bodenstein, 1983 am Institutsgebäude Bunsenstraße 1 angebracht*

2001 wurde das Institut für Chemie der Humboldt-Universität nach Adlershof in neue, moderne Räumlichkeiten verlagert. In diesem Zusammenhang erfolgte die Räumung des Institutsgebäudes in der Bunsenstraße.

Neben dem Eingang des noch heute leer stehenden Gebäudes erinnert eine Gedenktafel an die beiden bedeutendsten Direktoren des ehemaligen II. Chemischen bzw. Physikalisch-Chemischen Instituts, Walther Nernst und Max Bodenstein.

DAS CHEMISCHE INSTITUT IN DER HESSISCHEN STRASSE

Emil Fischer, der ab 1892 als Nachfolger Hofmanns in Berlin tätig war, hatte bei seiner Berufung die Zusage für einen größeren und moderneren Institutsneubau erhalten. Aber erst ab 1897 wurde mit dem Aufbau des großzügigen Gebäudekomplexes auf dem Gelände des ehemaligen Friedhofes der Charité an der Hessischen Straße in der Nähe der Tierärztlichen Hochschule begonnen. 1900 konnte der Neubau bezogen werden. Emil Fischer »regierte« in seinem Institutsgebäude bis zu seinem Tod 1919. Er wohnte mit seiner Familie in einer Villa auf dem Institutsgelände. Dieses Gebäude bezeichnet man heute als Fischer-Villa. Auch der große Hörsaal des Institutes wurde später nach Emil Fischer benannt.

Nachfolger Emil Fischers wurde Wilhelm Schlenk, der sich auf dem Gebiet der metallorganischen Chemie ausgezeichnet hatte. Er führte das Institut bis in die Anfangszeit der nationalsozialistischen Herrschaft, wurde von den Machthabern aber 1935 nach Tübingen versetzt. Der Grund war wohl, dass er der nationalsozialistischen Weltanschauung ablehnend gegenüber stand. Dem jüdischen Abteilungsvorsteher Wilhelm Traube (1866-1942) wurde 1936 die Lehrbefugnis entzogen. Beim Abtransport ins Konzentrationslager wurde er 1942 von der SS erschlagen.

Hermann Leuchs (1879-1945) wurde kommissarischer Nachfolger von Schlenk, bis auch er im Jahre 1942 als nicht mehr zuverlässig angesehen und von dem NSDAP-Mitglied Erich Tiede (1884-1951) abgelöst wurde. Leuchs nahm sich im Mai 1945 das Leben.

Am Ende des Zweiten Weltkriegs wurde auch das Gebäude des Chemischen Instituts durch Luftangriffe im Februar und März 1945 bis auf wenige Teile vollständig zerstört.

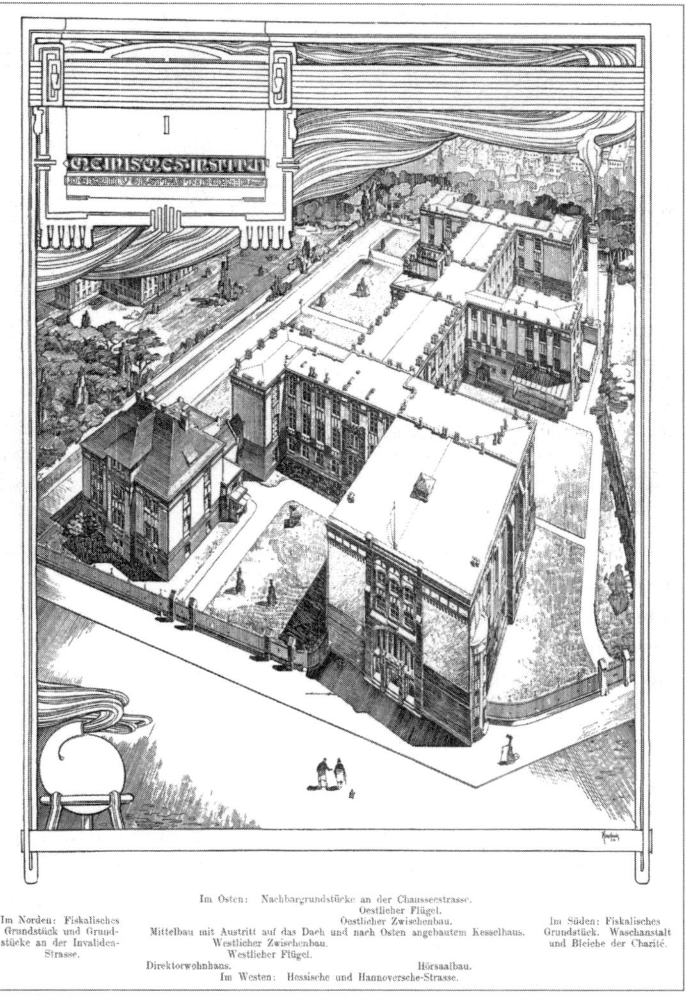

Der Wiederaufbau des großen Gebäudekomplexes, seit 1946 unter der Leitung von Erich Thilo, zog sich über mehr als fünf Jahre hin. Thilo hatte schon vor dem Krieg am Institut studiert und den Doktortitel erworben und kam nun nach einem kurzen Zwischenspiel in Graz an sein Institut zurück. Da Thilo zu dieser Zeit der profilierteste anorganische Chemiker in Ostdeutschland war, wurde ihm auch die Leitung des neugegründeten Akademieinstituts für anorganische Chemie in Adlershof übertragen.

^ *Übersichtsblick auf das neue I. Chemische Institut der Friedrich-Wilhelms-Universität Berlin in der Hessischen Straße mit Direktorenwohnhaus (vorn links) und Hörsaalgebäude (vorn rechts)*

Als dieses 1952 seine Arbeit aufnahm, verzichtete Thilo auf seine Stellung an der Universität und konzentrierte sich ganz auf die Adlershofer Forschungseinrichtung. Als sein Nachfolger in der Hessischen Straße wurde 1953 Günther Rienäcker (1904-1989) aus Rostock nach Berlin berufen. Rienäckers Spezialgebiet war die Katalyseforschung. Rienäcker, der Mitglied der in der DDR regierenden SED war, leitete auch ein Akademieinstitut für Katalyseforschung. Dieses war ab 1959 ebenfalls in Adlershof zu finden. Seit 1962 war auch Rienäcker im Wesentlichen nur noch in Adlershof aktiv. Sein Nachfolger an der Universität wurde der erst 32-jährige Lothar Kolditz. Er war von 1962 bis 1980 Professor für Anorganische Chemie, bis 1968 Direktor des I. Chemischen Instituts, von 1971-1979 dann Direktor der Sektion Chemie. Aus den beiden Chemischen Universitätsinstituten war nämlich 1968 im Rahmen der III. Hochschulreform der DDR die Sektion Chemie gebildet worden. Erster Sektionsdirektor wurde der physikalische Chemiker Landsberg, gefolgt von Kolditz. Danach wurde Dieter Hass (1934-1996) Sektionsdirektor. Er hatte schon an der Humboldt-Universität unter anderem bei Thilo, Kolditz und Rienäcker Chemie studiert und war dann einige Zeit in Jena, um ab 1966 als Hochschullehrer in der Hessischen Straße zu wirken. Seine Forschungen konzentrierten sich auf das Gebiet der Halogenchemie. Hass war 1988 bis 1990 letzter Rektor der Humboldt-Universität zu DDR-Zeiten.

^ *Ein zerstörter Laborsaal im I. Chemischen Institut der Universität in der Hessischen Straße nach dem Ende des Zweiten Weltkriegs*

Das Ende der DDR in den Jahren 1989/90 krempelte auch die Chemie der Humboldt-Universität um. Aus der Sektion Chemie wurde ein Institut für Chemie. Die alte Gliederung in ein I. und II. Chemisches Institut wurde nicht wieder aufgenommen.

2001 erfolgte der Umzug des Instituts für Chemie nach Adlershof. Für das unter Denkmalsschutz stehende Gebäude in der Hessischen Straße 1-2 wird noch eine sinnvolle Nutzung gesucht. Zur Zeit dient es als Zweigbibliothek Campus Nord der Universitätsbibliothek.

DAS CHEMISCHE INSTITUT IN ADLERSHOF

Nach der Wiedervereinigung Deutschlands und Berlins wurden an der Sektion Chemie der Humboldt-Universität alle Professuren neu besetzt und die Struktur der im Westen Deutschlands üblichen angepasst. Die Planungen für einen Neubau eines chemischen Institutsgebäudes der Humboldt-Universität begannen 1995. Dieses neue moderne Institut sollte am Wissenschaftsstandort Adlershof entstehen und die beiden Gebäude in Berlin-Mitte in der Hessischen Straße und in der Bunsenstraße ersetzen. Die Bauzeit dauerte von 1998 bis 2001. Ende 2001 wurde der Lehrbetrieb der Humboldt-Chemiker in Adlershof aufgenommen. Erstmals sind nun alle Teildisziplinen der Chemie am gleichen Standort im Emil-Fischer-Haus in der Brook-Taylor-Straße 2 vereinigt. Das benachbarte Walther-Nernst-Haus in der Newtonstraße 14 dient als gemeinsames Lehrraumgebäude mit dem Institut für Physik und beherbergt unter anderem den

^ *Das ehemalige I. Chemische Institut der Berliner Universität auf einem Foto aus dem Jahr 2010*

Alfred Rieche Hörsaal, benannt nach dem länger in Adlershof tätigen organischen Chemiker.

Der bekannteste Chemiker am Institut für Chemie der Humboldt-Universität ist heute sicher Joachim Sauer (geb. 1949), Professor für Theoretische Chemie, der Ehemann von Bundeskanzlerin Angela Merkel.

^ *Das heutige chemische Institut der Humboldt-Universität in Adlershof, zentral das Emil-Fischer-Haus, rechts angeschnitten das Walther-Nernst-Haus*

DAS CHEMISCHE INSTITUT DER TECHNISCHEN UNIVERSITÄT

Die Technische Universität Berlin, abgekürzt TU Berlin, entstand 1879 durch die Vereinigung der Berliner Bauakademie (gegründet 1799) mit der Gewerbeakademie. Sie erhielt damals den Namen Technische Hochschule Charlottenburg. 1916 wurde ihr auch die Bergakademie angegliedert. Nach der Katastrophe des Zweiten Weltkriegs wurde die Technischen Hochschule am 9. April 1946 als Technische Universität Berlin neu gegründet. Chemische Forschung und Ausbildung gab es natürlich schon in den Vorläuferinstitutionen der TU, sowohl an der Gewerbeakademie, als auch an der Bergakademie.

Die Bergakademie wurde schon 1770 etabliert, war aber lange Zeit nur eine sehr kleine Institution mit prekärem und instabilen institutionellen Status und ohne eigene Räumlichkeiten. Erst mit der Neugründung 1860 trat sie als wesentliche Bildungseinrichtung hervor. Aber schon in der Gründungszeit, etwa seit 1774 hatte die Bergakademie für die Chemieausbildung durch den Bergrat Carl Abraham Gerhard (1738-1821) ein angemietetes Probier-Labor in dessen Haus Unter den Linden. Weitere Chemiedozenten der Bergakademie im 18. Jahrhundert waren der Arzt Kurella, Schwiegersohn des bekannten Chemikers Pott und Besitzer einer Schwefelsäurefabrik sowie der Chemiker der Akademie Achard. Auch danach wurde die Chemieausbildung an der Bergakademie von renommierten Chemikern oft nebenberuflich durchgeführt. Dazu gehörten Klaproth, Akademiechemiker und Chemieprofessor der Universität, sowie als sein Nachfolger ab 1816 Hermbstädt, der ebenfalls Professor für Chemie an der Berliner Universität war. Hermbstädts Lehrver-

anstaltungen fanden in seinem Labor- und Wohngebäude in der Georgenstraße 43 statt. Ab 1840 führte dann Karl Friedrich Rammelsberg die Chemieausbildung durch. Nach der Neugründung der Bergakademie 1860 und der Fertigstellung eines prachtvollen Neubaus für diese Institution 1879 in der Invalidenstraße 44, erhielt hier auch die Chemie in einem rückwärtigen zweistöckigen Seitenflügel ein neues Domizil. Das Hauptgebäude steht heute noch und beherbergt jetzt das Bundesministerium für Verkehr, Bau- und Stadtentwicklung.

Die Gewerbeakademie war 1821 in Berlin eröffnet worden. Standort war zuerst das ehemals Hackesche Palais in der Klosterstraße. 1822 wurde hier auch ein Labor für die Ausbildung in Chemie und Hüttenwesen eingerichtet. Über dieses und das später in einem Nachbargebäude neu entstandene zweite Chemielabor ist fast nichts bekannt. Sie waren sicher sehr klein und dürftig. Ab 1850 war Karl Friedrich Rammelsberg auch für die Chemieausbildung am Gewerbeinstitut verantwortlich, wobei er sich auf die Anorganik und Mineralchemie konzentrierte. 1860 kam mit dem späteren Nobelpreisträger Adolf Baeyer auch ein organischer Chemiker an das Gewerbeinstitut. Rammelsberg und Baeyer sowie später auch die Bereiche der technischen Chemie und Photochemie erhielten jetzt etwas größere Labors in Räumlichkeiten in der Klosterstraße. Diese Labors wurden erst mit dem Umzug der Technischen Hochschule nach Charlottenburg aufgegeben und durch dann wesentlich geräumigere und moderne ersetzt.

1881-4 wurde in Charlottenburg an der Straße des 17. Juni (damals Berliner Straße) das heute sogenannte alte Chemiege-

^ *Altes Chemiegebäude oder Gebäude C des Instituts für Chemie der TU Berlin, wurde 1881-1884 errichtet*

bäude erbaut. Es war nach seiner Fertigstellung Ende 1884 das damals größte chemische Institut Deutschlands, auch größer als das der Berliner Universität. Das Erdgeschoß beherbergte die Laborräume der metallurgischen und technischen Chemie sowie Wohnungen der Institutsdiener. Im ersten Obergeschoß befanden sich die Labore der Anorganischen und der Organischen Chemie sowie ein großer Hörsaal. Im Zweiten Obergeschoß waren schließlich die Labore der Photochemie, weitere Hörsäle und Sammlungsräume untergebracht.

Da aber die Abteilung Chemie weiterhin ein expandierender Bereich der Technischen Hochschule war, musste nach ersten Anbauten an das alte Chemiegebäude zwischen 1903 und 1905 schließlich 1913 ein weiteres Chemiegebäude errichtet werden. Dieses hinter dem alten Chemiegebäude errichtete dreigeschossige Institut für Physikalische Chemie und Elektrochemie wurde 1962 noch mal um eine Etage aufgestockt. Eine Zeit lang befand sich hier, im Max-Volmer-Haus das Max-Volmer-Institut für Biophysikalische, Elektro- und Physikalische Chemie.

Zu den bedeutenden Hochschullehrern der Chemie an der TH gehörten in der Zeit bis zum Ende des Zweiten Weltkriegs Carl Liebermann, Otto Nikolaus Witt, Isidor Traube und Max Volmer.

Carl Theodor Liebermann (1842-1914), ein aus Berlin stammender Chemiker, war 1873 Baeyers Nachfolger an der Gewerbeakademie geworden. Er war im Wesentlichen für die Planung

^ *Ehemaliges Institut für Physikalische Chemie, heute Max-Volmer-Haus, bzw. Gebäude PC des Instituts für Chemie der TU Berlin, wurde 1913 errichtet*

des neuen 1884 eröffneten Chemieinstitutes in Charlottenburg verantwortlich und bis zu seinem Tod Professor für organische Chemie der TH.

Witt (1853-1915), der als Sohn einer deutschstämmigen Familie im russischen St. Petersburg geboren wurde, kam nach mehreren Zwischenstationen (u.a. Zürich, England, Mannheim) 1885 an die TH nach Charlottenburg. Ab 1891 war er dann hier Professor für Chemische Technologie. Er war bekannt für seine Farbstoffsynthese eines goldorangen Farbstoffs, die Aufstellung einer Farbstofftheorie und allgemein als Experte für chemische Technologie.

Traube (1860-1943), aus einer jüdischen Familie aus Hildesheim stammend, hatte 1879-82 in Berlin Chemie studiert und lebte seit 1890 wieder in der Stadt. Ab 1896 war er Hochschullehrer für Physikalische Chemie an der TH, erhielt jedoch nie eine planmäßige Stelle. Traube fand unter anderem die desinfizierende Wirkung von Hypochlorit und erforschte die Oberflächenspannung von Flüssigkeiten. 1934 emigrierte er nach Schottland.

Max Volmer, ein bedeutender Physikochemiker des zwanzigsten Jahrhunderts, war von 1922 bis 1945 Professor für dieses Fach an der TH.

1933 kam es im Rahmen einer Neuorganisation der TH zur Gründung der Fakultät für allgemeine Technologie, der auch die Chemie angehörte. Diese Fakultät wurde 1935 offiziell in Wehrtechnische Fakultät (WTF) umbenannt. Die dort vertretenen Fachrichtungen, wie Spreng- und Explosivstoffe, Gaskampfstoffe und Gasschutz ließen schon die Vorbereitungen zum Zweiten Weltkrieg sichtbar werden.

Nach dessen Ende waren der Bulgare Iwan Stranski, der Belgier Jean D'Ans und Gerhart Jander die bedeutendsten Hochschullehrer der Chemie an der TU Berlin.

In den 1960er-Jahren wurden die beiden alten Chemiegebäude zu klein, um den wachsenden Forschungs- und Lehraufgaben der Abteilung Chemie der TU gerecht werden zu können. Daher wurde von 1963 bis 1968 an der Straße des 17. Juni schräg gegenüber des alten Chemiegebäudes der Franz-Fischer-Bau für das Institut für Technische Chemie errichtet.

Der in Freiburg geborene Namensgeber Franz Fischer (1877-1947) kam 1904 nach Berlin, um an der Universität bei Emil Fischer zu arbeiten. Von 1911 bis 1913 war er Professor für

Elektrochemie an der TH. Danach leitete er das Kaiser-Wilhelm-Institut für Kohleforschung in Mülheim an der Ruhr. Er war Mitentwickler des Fischer-Tropsch-Verfahrens zur künstlichen Herstellung von Treibstoffen (Stichwort: Benzin aus Kohle).

In der Zeit von 1946 bis heute wurde die Organisationsstruktur der TU Berlin mehrfach geändert. So gab es seit Mitte der 70erJahre einen Fachbereich Chemie mit fünf Instituten (Anorganische und Analytische Chemie, Organische Chemie, Technische Chemie, Physikalische und Biophysikalische Chemie [Max-Volmer-Institut] sowie Physikalische Chemie [Iwan-N.-Stranski-Institut]). Seit 2001 gibt es nach einer erneuten Neuorganisation nun wieder nur ein Institut für Chemie in dem die vorherigen fünf Institute zusammengefasst wurden. Räumlich ist die Chemie im Wesentlichen in drei Gebäuden untergebracht, dem alten Chemiegebäude, auch Gebäude C genannt (Straße des 17. Juni 115), dem Gebäude der Physikalischen Chemie (auch Gebäude PC, Straße des 17. Juni 135) und dem Franz-Fischer-Bau (Gebäude TC, Straße des 17. Juni 124). Der bekannteste Chemiker der TU Berlin ist heute sicher Helmut Schwarz (geboren 1943), seit 1973 Professor für Organische Chemie und mit über 900 wissenschaftlichen Veröffentlichungen äußerst produktiv.

^ *Franz-Fischer-Bau, bzw. Gebäude TC des Instituts für Chemie der TU Berlin, wurde 1963-1968 errichtet*

CHEMIE AN DER FREIEN UNIVERSITÄT

Die Freie Universität Berlin, kurz FU, wurde am 15. November 1948 gegründet. Grund war die Teilung Berlins in das kommunistisch beherrschte Ost-Berlin und das von den drei Westmächten kontrollierte West-Berlin. Der größte Teil der Berliner Universität und auch die beiden chemischen Institute befanden sich auf dem Gebiet Ost-Berlins. Obwohl die damaligen Machthaber diesen Teil Berlins selbst als den demokratischen Sektor bezeichneten, war für viele Lehrende und Studenten die Atmosphäre ohne Demokratie und Meinungsfreiheit nicht akzeptabel. Daher wurde im westlichen, »freien« Teil Berlins eine alternative Universität, die Freie Universität gegründet.

Mit der Gründung der FU Berlin begannen auch Bemühungen, ein Chemiestudium zu ermöglichen. Das Pharmazeutische Institut der Berliner Friedrich-Wilhelms-Universität lag seit 1902 in Dahlem, also im Westteil der Stadt, und wurde nun zum Pharmazeutischen Institut der neugegründeten FU. Auch die Ausbildung der Chemiestudenten begann in diesem Gebäude und am ehemaligen Kaiser-Wilhelm-Institut für Chemie. Die für die Durchführung chemischer Praktika notwendigen Laborarbeitsplätze wurden in vier verschiedenen Orten gefunden: dem Institut für Gerichtliche und Lebensmittelchemie in der Kantstraße, in einem Labor der Landwirtschaftlichen Fakultät der TU Berlin in Dahlem, im Pharmazeutischen Institut auch in Dahlem sowie in einem Labor des Kalisyndikats in Lichterfelde-Süd.

Im Weiteren wurden Schritt für Schritt hochmoderne Neubauten für die Chemie der FU errichtet. Zuerst wurde ein Gebäude in der Fabeckstraße 34-36 erbaut. Es wurde 1963 nach

knapp dreijähriger Bauzeit bezogen. Heute dient es im Wesentlichen der Anorganischen Chemie.

Diese wurde von 1955 bis 1969 von Karl Friedrich Jahr (1904-1973) vertreten. Jahr war ein Schüler von Gerhart Jander gewesen und diesem von Greifswald an die TU Berlin gefolgt. Zusammen mit Jander verfasste Jahr ein Standardbuch zur analytischen Chemie.

Das Institut für Organische Chemie wurde seit 1964 von Georg Manecke (1916-1990) geleitet. Manecke beschäftigte sich vornehmlich mit Polymeren mit speziellen funktionellen Gruppen. Er hatte an der Berliner Universität studiert und am Fritz-Haber-Institut gearbeitet. 1981 wurde er emeritiert. Gerhard Koßmehl (geboren 1934), ein Spezialist für leitfähige Polymere, war ein weiterer prominenter Hochschullehrer des Bereichs Organische Chemie.

In der Anfangszeit der FU Berlin fand die Ausbildung in Physikalischer Chemie vorrangig an der TU Berlin statt. 1961 wurde ein eigenes Institut für Physikalische Chemie gegründet. Die Leitung wurde Klaus Vetter (1916-1974), einem renommierten Elektrochemiker, übertragen. Seine Forschungsthemen betrafen die elektrochemische Kinetik, insbesondere die Aufklärung des Mechanismus elektrochemischer Reaktionen. Er starb 1974 im Alter von 58 Jahren. Sein Nachfolger wurde Helmut Baumgärtel (geboren 1936), der als neues Forschungsgebiet die photochemische Untersuchung kleiner Moleküle etablierte.

^ *Das Gebäude Fabeckstraße 34-36 des Instituts für Chemie der FU Berlin, fertiggestellt 1963, beherbergt die Anorganische und Analytische Chemie*

Ein zweiter Neubaukomplex für die Chemie der FU entstand seit 1975 in der Takustraße 3. Er wurde 1978 bezogen und beherbergt die organische und die physikalische (und theoretische) Chemie. Der Bereich Biochemie ist heute im Gebäude des ehemaligen KWI für Chemie untergebracht.

^ *Das Gebäude Takustraße 3 des Instituts für Chemie der FU Berlin, fertiggestellt 1978, beherbergt die Bereiche Organische Chemie, Physikalische und Theoretische Chemie sowie Didaktik der Chemie.*

BBZ CHEMIE

An der Adresse Adlergestell 333 in Adlershof befindet sich das Berufsbildungszentrum Chemie, kurz bbz Chemie. Hier werden Laboranten, Chemikanten und Pharmakanten ausgebildet. Ein weiterer Schwerpunkt ist die Weiterbildung von Fachkräften der chemisch-pharmazeutischen Industrie. Das heutige bbz Chemie entstand 1993-5 als Nachfolgeeinrichtung der Betriebsberufsschule der Firma Berlin-Chemie. Grundsteinlegung für das hochmoderne, zweistöckige Aus- und Weiterbildungszentrum mit Technika für chemische Verfahrenstechnik und pharmazeutische Technologie sowie einem Labortrakt war der 31. August 1993. Am 10. Februar 1995 erfolgte die feierliche Eröffnung der neuen Bildungseinrichtung. Deren Träger ist das Bildungswerk Nordostchemie e.V., ein gemeinnütziger Verein der chemischen und pharmazeutischen Industrie für die ostdeutschen Bundesländer.

^ *Das moderne Berufsbildungszentrum Chemie (bbz) in Berlin-Adlershof. Links im Hintergrund ein heute leerstehendes Gebäude der ehemaligen Spritfabrik Kahlbaum bzw. Bärensiegel*

KWI KAISER-WILHELM-INSTITUT FÜR CHEMIE

Ende des 19. Jahrhunderts kam in Gelehrten- und Industriellenkreisen der Wunsch auf, eine größere chemische Forschungseinrichtung zu gründen. Der Grund dafür war, dass manche Forschungsthemen der chemischen Grundlagenforschung zu umfangreich waren, um an den Universitäten ausreichend behandelt werden zu können. Gleichzeitig konnte die chemische Industrie diese Grundlagenforschung nicht alleine bewältigen. Man plante daher nach dem Vorbild der seit 1887 in Charlottenburg bestehenden Physikalisch-Technischen Reichsanstalt eine Chemische Reichsanstalt. 1908 wurde dafür auch ein Verein gegründet und mit der Sammlung der notwendigen Gelder in der Industrie und in wohlhabenden Kreisen von Bürgertum und Adel begonnen. Letztendlich kam zwar viel, aber nicht genug Geld zusammen, und es wurde ein anderer Weg beschritten. Unter der Schirmherrschaft des technik- und wissenschaftsfreundlichen letzten deutschen Kaisers Wilhelm II. wurde im Januar 1911 die Kaiser-Wilhelm-Gesellschaft zur Förderung der Wissenschaften (kurz KWG) gegründet. Die KWG war zum Teil staatlich, zum Teil aus der Industrie und privat finanziert. Diese Gesellschaft wurde

die Trägerorganisation für eine Vielzahl von Forschungsinstituten, zuerst im Bereich der Chemie, aber schnell über viele Wissenschaftsgebiete hinweg. 1936 gab es schon 27 Kaiser-Wilhelm Institute (kurz KWI). Die heutige Max-Planck-Gesellschaft zur Förderung der Wissenschaften ist der Nachfolger der KWG.

Das ehemalige Kaiser-Wilhelm-Institut für Chemie in der Thielallee 63 in Dahlem war eines der beiden ersten Institute der neugegründeten Kaiser-Wilhelm-Gesellschaft. Der Neubau wurde am 23. Oktober 1912 gemeinsam mit dem des Kaiser-Wilhelm-Instituts für Physikalische Chemie und Elektrochemie (heute Fritz-Haber-Institut) eröffnet.

Erster Direktor des KWI für Chemie wurde Ernst Beckmann (1853-1923), der aus Leipzig nach Berlin kam. Sein Name lebt in dem von ihm erfundenen hochpräzisen Beckmann-Thermometer und der Beckmann-Umlagerung, einer Reaktion der organischen Chemie, fort.

^ *Gebäude des ehemaligen Kaiser-Wilhelm-Instituts für Chemie in Dahlem, heute Bereich Biochemie des Instituts für Chemie der FU Berlin (Thielallee 63)*

Der erste Chemienobelpreisträger der KWG wurde 1915 Richard Willstätter, seit 1912 leitender Mitarbeiter des KWI für Chemie. Willstätter, der sich mit Pflanzenfarbstoffen beschäftigte, verließ Berlin aber schon 1916 in Richtung München.

Alfred Stock (1876-1946), der 1921 Nachfolger Beckmanns als Institutsdirektor wurde, war ein bedeutender anorganischer Chemiker, der an einer schweren, im Labor verursachten Quecksilbervergiftung litt. Daher war die Untersuchung der Toxizität von Quecksilber und der Gefährlichkeit von Zahnfüllungen aus Quecksilberamalgam eines einer Forschungsthemen. Stock arbeitete von 1916 bis 1926 am KWI für Chemie.

Die bedeutendsten Forscher am KWI für Chemie waren jedoch der Chemiker Otto Hahn und die Physikerin Lise Meitner, die in der Abteilung für Radioaktivität tätig waren. Hier entdeckte Hahn zusammen mit Fritz Strassmann (1902-1980) 1938 die Uranspaltung, Grundlage der Atombombe und der Kernkraftwerke. Meitner hatte als österreichische Jüdin Deutschland kurz vorher verlassen müssen. Hahn war seit 1926 auch Direktor des KWI für Chemie.

Während des Zweiten Weltkriegs kam es bei Bombenangriffen 1944 zu einer Teilzerstörung des Institutsgebäudes. Das Institut wurde nach Tailfingen in Südwürttemberg verlagert. Nach dem Krieg kehrte es nicht mehr nach Berlin zurück, da es 1949 als Max-Planck-Institut für Chemie in Mainz wiedereröffnet wurde.

Das ehemalige Berliner Institutsgebäude in der Thielallee wurde als Otto-Hahn-Bau bzw. seit Oktober 2010 Hahn-Meitner-Bau Teil der Freien Universität Berlin. Hier waren verschiedene chemische Institute bzw. Abteilungen untergebracht. Heute ist es das Domizil der zum Institut für Chemie gehörigen Biochemie.

Zwei großformatige Gedenktafeln an der Fassade des Gebäudes nehmen Bezug auf die Entdeckung der Kernspaltung durch Hahn und Strassmann und die Tätigkeit von Meitner und dem Biophysiker Max Delbrück (1906-1981, 1969 Nobelpreis für Medizin) am KWI für Chemie.

FRITZ-HABER-INSTITUT

Das Fritz-Haber-Institut der Max-Planck-Gesellschaft (kurz FHI der MPG) ist ein aus dem KWI für Physikalische Chemie und Elektrochemie hervorgegangenes Grundlagenforschungsinstitut in Dahlem. Es war gleichzeitig mit dem KWI für Chemie gegründet, gebaut und eröffnet worden.

Nach einigem hin und her hatte man sich 1910 entschlossen, zwei chemische Institute der KWI zu gründen, eines für Chemie und eines für Physikalische Chemie und Elektrochemie. Die Finanzierung des zweiten Institutes stand einige Zeit auf der Kippe. Erst als die Koppel-Stiftung des millionenschweren Bankiers Leopold Koppel (1854–1933) eine Kofinanzierung zusagte, war auch die Errichtung des zweiten Institutes gesichert. Gründungsdirektor wurde Fritz Haber und als solcher 1911 eingesetzt. Haber war bekannt durch die Entwicklung der Ammoniaksynthese aus Luftstickstoff, ein Verfahren welches die Düngemittel- und Sprengstoffproduktion unabhängig von Salpeterlagerstätten machte und Haber 1919 den Chemienobelpreis einbrachte.

Die feierliche Eröffnung des KWI für Physikalische Chemie und Elektrochemie fand im Oktober 1912 statt. Am Institut wurden zuerst Habers Forschungen zur Ammoniaksynthese fortgesetzt, gefolgt von Untersuchungen zur Entwicklung eines Schlagwetteranzeigers für Kohlegruben. Mit Beginn des Ersten Weltkriegs im Sommer 1914 stellte Haber sein Institut umgehend auf die Bearbeitung kriegsrelevanter Fragen um. Bei Forschungen zu neuen, wirksameren Sprengstoffen kam es am 17. Dezember 1914 zu einer Explosion in Habers Labor, bei der der vielversprechende junge Chemiker Otto Sackur (1880-1914) umkam und sein Kollege Gerhard Just (geboren 1877) die rechte Hand verlor. Im weiteren Kriegsverlauf konzentrierten sich die Anstrengungen auf die Giftgasforschung, um durch einen Giftgaskrieg ein schnelles, für Deutschland siegreiches Kriegsende herbeizuführen. Der erste Giftgaseinsatz fand am 22. April 1915 vor Ypern in Belgien statt: 150 Tonnen Chlorgas wurden dabei in Richtung der feindlichen Stellungen abgeblasen und lösten bei den alliierten Truppen nicht nur eine Panik aus, sondern führten auch zu 7000 Gasvergifteten und 350 Toten. In der Folge wurde das KWI für Physikalische Chemie und Elektrochemie zum Zentrum der deutschen Giftgasforschung ausgebaut. Dazu gehörte auch die Entwicklung effektiver Gasmasken, da auch der militärische Gegner an Giftgasen forschte und sie einsetzte. Es fand in diesem Zusammenhang eine starke Erweiterung der Mitarbeiterzahl statt. Zahlreiche provisorische Baracken wurden auf dem Institutsgelände errichtet. Insgesamt blieben aber die militärischen Erfolge, die man sich vom Giftgaseinsatz versprochen hatte, aus. Auch der spätere Chemienobelpreisträger Heinrich Wieland (1877-1957) aus München arbeitete 1917/18 einige Zeit im Feld der Giftgasforschung in Dahlem und leitete hier die Abteilung für Kampfstoffsynthese.

Nach dem Ende des verlorenen Ersten Weltkriegs fand eine umfassende Demobilisierung statt. Das Institut forschte weiterhin unter Habers Leitung nun wieder an friedlichen, zivilen Themen. Die folgenden Zwanziger Jahre gelten auch als die »goldenen Jahre« des Instituts, da hier internationale Spitzenforschung durch eine Vielzahl erstklassiger Wissenschaftler betrieben wurde. Zu ihnen gehörten Herbert Freundlich (1880-1941), James Franck (1882-1964, Physiknobelpreis 1925), Rudolf Ladenburg (1882-1952), Karl Friedrich Bonhoeffer, Michael Polanyi (1891-1976), Erika Cremer (1900-1996), Henry Eyring (1901-1981) und Eugene Wigner (1902-1995, Physiknobelpreis 1963).

Dieser Abschnitt fand mit der Machtübernahme der Nationalsozialisten Anfang 1933 ein ziemlich abruptes Ende. Ab April 1933 wurden deutsche Wissenschaftler mit jüdischer Abstammung aus staatlichen Institutionen entlassen. Das galt auch für das KWI für Physikalische Chemie. Obwohl für Frontkämpfer des Ersten Weltkriegs, zu denen Fritz Haber gehörte, vorerst eine Ausnahme gemacht wurde, legte dieser sein Amt als Institutsdirektor nieder. Insgesamt mussten 29 Mitarbeiter das Institut aus »rassischen« Gründen verlassen.

In der Folge leitete Otto Hahn vom KWI für Chemie das Institut einige Monate kommissarisch. Im Oktober 1933 übernahm dann der aus Göttingen nach Berlin geholte Gerhart Jander (1892-1961) die Institutsleitung. Jander war ein langjähriges Mitglied der NSDAP (seit 1925) und wurde von den neuen Machthabern dazu auserkoren, das KWI für Physikalische Chemie zu einem nationalsozialistischen Musterinstitut umzugestalten. Dazu wurden von ihm alle noch vorhandenen wissenschaftlichen Mitarbeiter gekündigt und das Institut völlig neu organisiert. Unter den neuen Mitarbeitern war auch Peter Adolf Thiessen. Neues Forschungsgebiet des Instituts sollte die Giftgasforschung sein, die ja auch unter Haber hier schon einmal im Mittelpunkt stand. Jander konnte sich jedoch nicht lange halten. Grund dafür waren die Abneigung der KWG-Leitung gegen Jander und dessen Sympathien für den Strasser-Flügel der NSDAP. Nachdem im Zuge des sogenannten Röhm-Putsches Mitte 1934 auch Strasser ermordet worden war, hatte Jander keinen Rückhalt mehr beim nationalsozialistischen Regime. Er wurde im Frühjahr 1935 als Professor für Chemie in die Kleinstadt Greifswald abgeschoben. Jander kam nach dem Krieg nochmal nach Berlin und war von 1951 bis 1960 Professor an der TU Berlin. Ein unter Federführung von Jander entstandenes Lehrbuch für anorganische Chemie, der sogenannte Jander/Blasius ist in aktualisierter Form noch heute ein wichtiges Lehrmittel im Chemiestudium.

Nachfolger Janders wurde Peter Adolf Thiessen (1935-1945), auch aus Göttingen nach Berlin gekommen und schon seit 1922

^ *Eines der alten Gebäude des heutigen Fritz-Haber-Institutes in Berlin-Dahlem, gegründet als Kaiser-Wilhelm-Institut für Physikalische Chemie und Elektrochemie*

in der NSDAP. Der auch als Wissenschaftsorganisator sehr begabte Thiessen machte aus dem KWI für Physikalische Chemie und Elektrochemie wieder ein neu ausgerichtetes wissenschaftliches Spitzeninstitut und zugleich ein nationalsozialistisches Musterinstitut. Wissenschaftlich stand die moderne technische Geräte nutzende Strukturuntersuchung chemischer Verbindungen im Mittelpunkt. Neueste Techniken, wie Elektronenmikroskopie und Röntgenanalytik, wurden hier eingesetzt und weiterentwickelt.

Politisch erhielt man aufgrund der absolut linientreuen Organisation des Instituts als einziges deutsches Wissenschaftsinstitut 1940 den Titel eines »NS-Musterbetriebes«. Im Bombenkrieg erhielt das KWI für Physikalische Chemie und Elektrochemie nur wenige Treffer und überstand den Zweiten Weltkrieg relativ unbeschadet. Am Ende des Krieges war es als einziges in Dahlem gebliebenes, großes naturwissenschaftliches KWI eine Art Zentrum für die dort verbliebenen naturwissenschaftlichen Forschungsgruppen, eine Funktion, die sich nach Ende des Krieges noch verstärken sollte.

Die ersten beiden Direktoren nach dem Zweiten Weltkrieg amtierten nur kurzzeitig. 1945 war der unter den Nationalsozialisten zum Tode verurteilte Robert Havemann von der sowjetischen Besatzungsmacht als Direktor eingesetzt worden. Nachdem die Westmächte die westlichen Sektoren Berlins gemäß den Absprachen der Siegermächte des Zweiten Weltkriegs übernommen hatten, kam Havemann in zunehmenden Konflikt mit den neuen Machthabern, da er offen und herausfordernd seine kommunistische Überzeugung vertrat. Er wurde daher 1948 durch Karl Friedrich Bonhoeffer ersetzt. Dieser begann jedoch mit dem Aufbau eines neuen Max-Planck-Institutes in Göttingen und siedelte nach einigen Jahren des Pendelns 1951 endgültig nach Göttingen über.

Sein Nachfolger wurde der schon über 70-jährige Physiker Max von Laue (1879-1960). 1953 wurde das Institut nach seinem ersten Direktor in Fritz-Haber-Institut umbenannt. Im Mittelpunkt stand weiterhin die Strukturforschung unter Einsatz modernster Verfahren. 1957 wurde die Abteilung Elektronenmikroskopie (Leiter Ernst Ruska, 1906-1988, Erfinder des Elektronenmikroskops, Nobelpreis für Physik 1986) zu einem eigenständigen Teilinstitut am Fritz-Haber-Institut umgewandelt.

Auf von Laue folgten als Direktoren 1959 Rudolf Brill (1899-1989) und zehn Jahre später Heinz Gerischer (1919-1994). Während das Institut unter Brill zwar weiter gewachsen war, aber

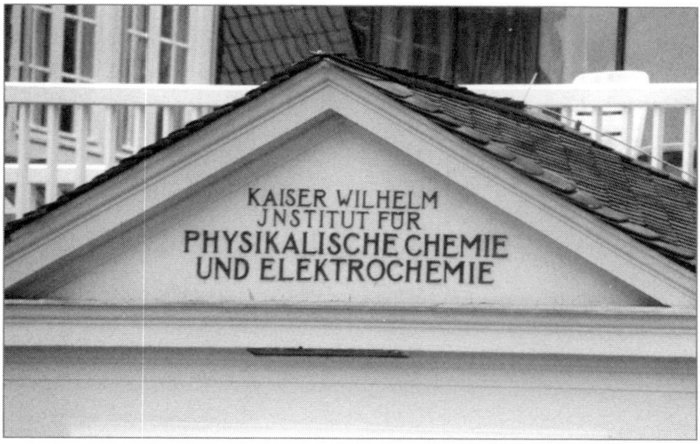

seinen Forschungsschwerpunkt nur wenig geändert hatte, führte Gerischer die Elektrochemie, speziell mit Halbleiterelektroden als neuen zentralen Arbeitsbereich ein.

Im Zuge einer Strukturreform wurde das Fritz-Haber-Institut ab 1974 in die drei Teilinstitute für physikalische Chemie, für Strukturforschung und für Elektronenmikroskopie gegliedert. In einer weiteren Reform wurden 1980 diese Teilinstitute wieder aufgelöst, das Institut bestand wieder wie schon vor 1974 aus Abteilungen. Zugleich wurde die bis dahin übliche Institution des Institutsdirektors (auf Lebenszeit bzw. bis zur Emeritierung) zugunsten einer kollegialen Leitung aufgegeben.

Der Physiker Gerhard Ertl (geboren 1936) war 1986 bis 2004 am FHI tätig und erhielt für seine Studien elementarer Schritte von chemischen Oberflächenreaktionen 2007 den Nobelpreis für Chemie.

2011 wurde das 100-jährige Jubiläum des Fritz-Haber-Institutes gefeiert. Anlässlich dieses Jubiläums gab es eine Initiative zur Umbenennung der Einrichtung. Als neuer Namensgeber wurde Linus Pauling (1901-1994, US-amerikanischer Chemiker, Nobelpreisträger für Chemie 1954 und Friedensnobelpreisträger 1962) vorgeschlagen. Allerdings drangen die Initiatoren mit ihrem Vorschlag nicht durch.

Heute besteht das Institut am Faradayweg 4-6 aus fünf Abteilungen (Anorganische Chemie, Chemische Physik, Molekülphysik, Physikalische Chemie und Theorie) und wird von einem Direktorenkollegium geleitet. Es hat etwa 350 Mitarbeiter.

^ *Am alten Eingangsportal findet man auch heute noch die ursprüngliche Bezeichnung des Fritz-Haber-Institutes: Kaiser-Wilhelm-Institut für Physikalische Chemie und Elektrochemie.*

AKADEMIE-INSTITUTE IN ADLERSHOF

Die Entwicklung des heutigen WISTA Geländes in Adlershof-Johannisthal begann 1909 mit der Eröffnung des ersten deutschen Motorflugplatzes. Schnell siedelten sich in der Nähe Unternehmen der Flugzeugproduktion und die DVL, die Deutsche Versuchsanstalt für Luftfahrt, an. Bis zum Ende des Zweiten Weltkriegs blieb das Gelände ein Forschungsstandort der Luftfahrtindustrie, wobei die DVL unter der Herrschaft der Nationalsozialisten stark erweitert wurde, während die Betriebe der Flugzeugproduktion schon nach dem Ersten Weltkrieg im Wesentlichen geschlossen wurden. Das geschah nach dem Zweiten Weltkrieg auch mit der DVL.

In Ostdeutschland begann man 1946, die Preußische Akademie der Wissenschaften unter der Bezeichnung Deutsche Akademie der Wissenschaften zu Berlin (kurz DAW) neu zu organisieren. Man beschloss, der bisherigen Gelehrtenakademie nun auch reale Forschungsinstitute vergleichbar den Kaiser-Wilhelm-Instituten anzugliedern. Die DAW

erhielt dazu im März 1949 das verwaiste Gelände und die Gebäude der abgewickelten DVL. Damit begann die Geschichte des Forschungszentrums Adlershof der DAW. Im Oktober 1972 erfolgte die Umbenennung der Deutschen Akademie der Wissenschaften zu Berlin in Akademie der Wissenschaften der DDR (AdW).

Die chemische Forschung begann in Adlershof 1950 mit der Eröffnung des Institutes für Anorganische Chemie unter Erich Thilo. Thilo, der gleichzeitig der Organisator des Wiederaufbaus des Institutes für Chemie der Berliner Universität in Berlin-Mitte und bis 1953 dessen Direktor war, leitete das Adlershofer Institut bis 1967. 1971 wurde durch Vereinigung der Institute für Anorganische Chemie und für Silikatforschung das Zentralinstitut für Anorganische Chemie (ZIAC) gegründet. Lothar Kolditz (geboren 1929) war von 1980 bis 1990 Leiter des ZIAC. Kolditz war auch in verschiedenen politischen Funktionen in der DDR tätig, so seit 1981 als Präsident des Nationalrates der Nationalen Front und seit 1982 als Mitglied des Staatsrates der DDR.

1954 begann das Institut für Organische Chemie unter Alfred Rieche (1902-2001) seine Forschungsarbeiten. Rieche war als Chemiker seit 1933 in der Farbenfabrik der IG Farben AG in Wolfen beschäftigt, seit 1937 Mitglied der NSDAP und nach Ende des Zweiten Weltkriegs von 1946 bis 1951 als Wissenschaftler in die Sowjetunion verpflichtet worden. Er leitete das Adlershofer Institut bis 1967. 1971 entstand das Zentralinstitut für organische Chemie aus dem vorherigen Institut für organische Chemie sowie den Instituten für Fettchemie und für organische Katalyseforschung.

1957 wurde schließlich noch ein Institut für Physikalische Chemie unter dem aus der Sowjetunion zurückgekehrten Peter Adolf Thiessen gegründet. Thiessen arbeitete an diesem Institut im Wesentlichen zu Fragen der Tribochemie, also chemischen Re-

^ *Die »Adlershofer Busen«, eigentlich die Thermo-Kugellabore des ehemaligen ZIPC der Akademie der Wissenschaften, gebaut zwischen 1959 und 1961, stehen heute unter Denkmalschutz*

aktionen ausgelöst durch mechanische Kräfte. Zu diesem Institut gehörten auch die beiden heute unter Denkmalsschutz stehenden kugelförmigen Thermolabore an der Ecke Rudower Chaussee/Am Studio. Sie sollten genaueste thermochemische Messungen in langzeit-temperaturkonstanten Räumen ermöglichen. Die Kugel-Labore erfüllten jedoch nie die gewünschten Anforderungen und wurden später als Lagerraum bzw. elektronisches Messlabor genutzt. Nachfolger Thiessens als Institutsdirektor wurde 1964 Wolfgang Schirmer (1920-2005), vorher seit 1953 Werkleiter der VEB Leuna-Werke bei Merseburg. Er konzentrierte sich in Adlershof auf die Forschung an Zeolithen. 1968 erfolgte durch den Zusammenschluss der Institute für Physikalische Chemie, für anorganische Katalyseforschung und für Strukturforschung die Bildung des Zentralinstitutes für Physikalische Chemie (ZIPC). Schirmer blieb bis 1985 dessen Leiter. Die Physikerin Angela Merkel, heute Bundeskanzlerin, arbeitete von 1978 bis 1990 am ZIPC.

Um 1989 arbeiteten in den Adlershofer chemischen Akademieinstituten etwa 1900 Mitarbeiter. Der personelle und materielle Aufwand war hoch, das wissenschaftliche Niveau niedrig. Diese Institute waren die drei Zentralinstitute für Anorganische (ZIAC), Organische (ZIOC) und für Physikalische Chemie (ZIPC). Außerdem gehörten das Institut für chemische Technologie (gegründet 1980), die Forschungsstelle für Photochemie (gegründet 1983) und das Analytische Zentrum (gegründet 1987) dazu. Infolge der Wiedervereinigung wurden die Adlershofer Institute der Akademie der Wissenschaften der DDR (AdW) nach negativer Begutachtung zum 31. Dezember 1991 geschlossen.

In den Folgejahren entstand eine vielfältige und leistungsfähige neue Forschungslandschaft aus Nachfolgeeinrichtungen der ehemaligen AdW-Institute und manchen neu hinzugekommenen Institutionen. Seit 1991 spricht man auch vom WISTA-Gelände in Adlershof. WISTA steht für Wissenschafts- und Wirtschaftsstandort Adlershof. Hier sind jetzt etwa 820 Unternehmen, Forschungseinrichtungen und Hochschulinstitute mit 14 000 Beschäftigten angesiedelt. Dazu gehören auch sechs naturwissenschaftliche Institute der Humboldt-Universität, unter ihnen das Institut für Chemie sowie eine Vielzahl außeruniversitärer Forschungseinrichtungen.

BERLINER GERICHTSCHEMIE

Wer kennt nicht die flotten, intelligenten Chemikerinnen in US-amerikanischen Fernsehserien wie CSI Miami oder Navy CIS. Mit chemischen Untersuchungsmethoden finden sie Giftstoffe oder Drogen in Körpern, identifizieren Sprengstoffreste oder machen fast verschwundene Blutspuren wieder sichtbar und helfen so, Kriminalfälle zu lösen.

Diese Chemiker gab und gibt es auch in Berlin. Ursprünglich wurde die Gerichtschemie von einzelnen selbständigen Chemikern mit oft nur kleinen, einfach ausgerüsteten Labors betrieben. Trotzdem hatten sie oft spektakuläre Erfolge. Der bekannteste selbständige Gerichtschemiker war sicher der Berliner Paul Jeserich (1854-1927), der bei vielen Kriminalfällen von der Polizei hinzugezogen wurde und oft in Prozessen als Gutachter oder Sachverständiger auftrat.

Die Notwendigkeit, Giftspuren in den Körpern vergifteter Personen chemisch nachweisen zu können, ergab sich aus dem Verlauf spektakulärer Gerichtsverfahren. So wurde im Jahr 1803 Charlotte Ursinus (1760-1839) in Berlin verdächtigt, ihren Ehemann, ihren Geliebten und ihre Tante mit Arsenik vergiftet zu haben. Die beiden renommierten Chemiker Martin Heinrich Klaproth und Valentin Rose der Jüngere waren aber nicht in der Lage, in den exhumierten Leichen Arsen nachzuweisen. Trotzdem wurde die Ursinus wegen eines nachgewiesenen Mordversuches an ihrem Diener zu lebenslanger Haft verurteilt. Valentin Rose ließ das keine Ruhe. Er entwickelte bis 1806 eine erstes, gut funktionierendes Nachweisverfahren für Arsenik. Ein anderer Berliner Chemiker, Eilhard Mischerlich, beschrieb 1855 ein

Verfahren, mit dem man hochgiftigen weißen Phosphor im Mageninhalt vergifteter Personen nachweisen konnte.

Institutionell wird die Gerichtschemie oder Forensische Chemie in unserer Stadt seit 1911 betrieben. In diesem Jahr richtete die Staatliche Anstalt zur Untersuchung von Nahrungs- und Genussmitteln sowie Gebrauchsgegenständen für den Landespolizeibezirk Berlin ein besonderes gerichtschemisches Labor ein. Erster Leiter war August Brüning (1877-1965), ein Apotheker und Chemiker.

Diese Gerichtlich-chemische Abteilung befand sich bis 1934 in der Alexanderstraße. Danach wechselten die genauen Bezeichnungen der Abteilung und des übergeordneten Amtes sowie die Standorte mehrfach. Über die langjährigen Zwischenstationen Kantstraße 79 und Invalidenstraße 60 wurde 1995 der heutige Standort Turmstraße 21 im Ortsteil Moabit bezogen. Seitdem gehört die Gerichtschemie als Bereich Forensische Toxikologie zum Landesinstitut für gerichtliche und soziale Medizin. Forensische Toxikologie wird aber auch am Institut für Rechtsmedizin der Charité und im Dezernat Naturwissenschaftliche Kriminaltechnik des Landeskriminalamtes am Tempelhofer Damm 12 betrieben.

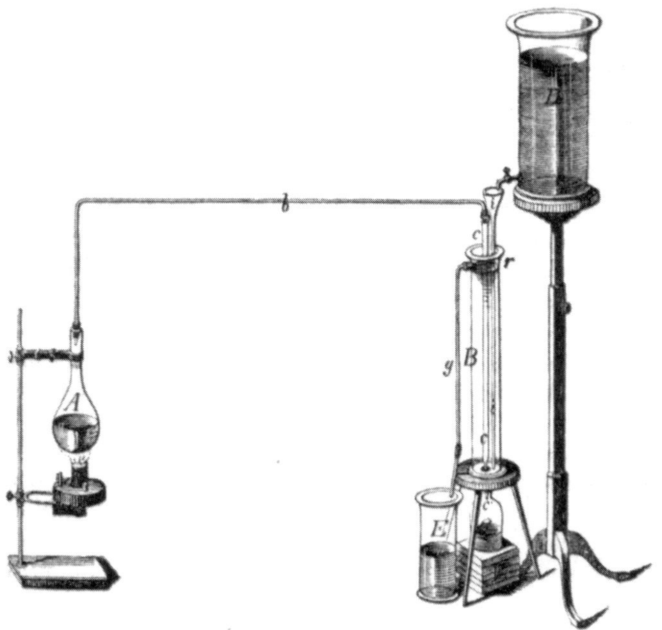

^ *Versuchsanordnung für die Mitscherlich-Probe zum Nachweis von hochgiftigem weißen Phosphor im Mageninhalt von vergifteten Personen. Erstmals beschrieben von Eilhard Mitscherlich 1855.*

CHEMISCHES LABOR DER KÖNIGLICHEN MUSEEN – RATHGEN FORSCHUNGSLABOR

Mit der Materialanalyse und der Erhaltung kulturgeschichtlicher Objekte befasst sich das 1888 gegründete Chemische Labor der Königlichen Museen zu Berlin, heute Rathgen-Forschungslabor der Staatlichen Museen zu Berlin – Preußischer Kulturbesitz genannt. Obwohl von der Mitarbeiterzahl her nur sehr klein, hat das Labor in der Fachwelt einen guten Namen.

Benannt ist die Institution seit 1975 nach ihrem ersten Direktor Friedrich Rathgen (1862-1942). Rathgen, in Eckernförde geboren, hatte Chemie u.a. auch in Berlin studiert und war nach Beendigung des Studiums ab 1886 in Berlin als Vorlesungsassistent bei Hans Landolt, Professor für Chemie an der Landwirtschaftlichen Hochschule, tätig. Rathgen leitete das Labor der Königlichen Museen bis 1927. Nach dem Zweiten Weltkrieg nahm das Labor erst mit der Neugründung 1975 seine Arbeit wieder auf.

Bei den Untersuchungen des Rathgen-Forschungslabors geht es heute in der Regel um die Bestimmung des Materials, des Alters, der Herkunft und der Echtheit von Objekten sowie um die Beratung bei Fragen der Restaurierung und Konservierung von Kunstwerken. Das Rathgen-Forschungslabor befindet sich standesgemäß gegenüber dem Schloss Charlottenburg, Schlossstraße 1a.

Ein interessantes Beispiel für die Tätigkeit des Rathgen-Forschungslabors war die aufwendige Entsalzung tausender Ziegelfragmente der Prozessionsstraße und des Ischtartores aus Babylon in den späten 1920er-Jahren. Der hohe Kochsalzgehalt der im Irak ausgegrabenen Ziegel führte bei deren Trocknung zur Gefahr des Abplatzens der farbigen Glasuren. Daher wurde das in den Ziegeln enthaltene Kochsalz in 200 großen Bottichen

mit Wasser herausgelöst. Danach konnten die Ziegel gefahrlos getrocknet und zu dem auch heute wohl noch eindrucksvollstem Museumsobjekt Berlins zusammengesetzt werden.

Im Rathgen-Forschungslabor konnte 2010-11 auch der zweifelsfreie Nachweis geführt werden, dass mehrere vermeintlich zwischen 1905 und 1927 entstandene Gemälde der sogenannten Sammlung Werner Jäger jünger sein müssen, da in ihnen Pigmente gefunden wurden, die erst später in Gebrauch kamen. Damit konnte im größten deutschen Kunstfälscherskandal nach Kriegsende der Verdacht gegen Wolfgang Beltracchi erhärtet werden. Beltracchi und seine Komplizen wurden inzwischen rechtskräftig verurteilt.

^ *Abbildung des Ischtartores von Babylon im Pergamonmuseum*

CHEMISCHE GESELLSCHAFTEN

Die heutige Berufsorganisation der Chemiker in Deutschland ist die GdCh, die Gesellschaft deutscher Chemiker e.V. Sie ist die Nachfolgeorganisation von zwei im 19. Jahrhundert gegründeten Vereinigungen, der Deutschen Chemischen Gesellschaft (DChG) und dem Verein Deutscher Chemiker (VDCh).

Die ältere von beiden, die Deutsche Chemische Gesellschaft, mehr im wissenschaftlich-universitären Bereich angesiedelt, wurde am 11. November 1867 in Berlin gegründet. Die zentrale Rolle bei der Gründung der DChG spielte der Gründungspräsident August Wilhelm Hofmann, zur Zeit der Gründung seit zwei Jahren Professor für Chemie an der Berliner Friedrich-Wilhelms-Universität. Vorher war er 20 Jahre in London als Leiter des Royal College of Chemistry tätig und von 1861-63 auch Präsident der englischen Chemical Society. Nach deren Vorbild wurde die Deutsche Chemische Gesellschaft zu Berlin, wie sie bis 1876 hieß, auch gegründet und eingerichtet. Die Statuten der DChG wurden von Carl Alexander Martius und Hermann Wichelhaus entworfen. Martius war Assistent bei Hofmann in London und Berlin und 1867 einer der Gründer der Agfa. Wichelhaus war ein technologisch orientierter Chemiker und seit 1867 an der Berliner Universität tätig. Ab 1868 gab die DChG eine eigene Zeitschrift heraus, die *Berichte der Deutschen Chemischen Gesellschaft*. Diese Zeitschrift erschien bis 1945 unter diesem Namen, von 1947 bis 1997 unter dem Namen *Chemische Berichte* und ist danach mit anderen Zeitschriften in dem heutigen *European Journal of Inorganic Chemistry* aufgegangen.

Da die DChG erst 1900 ein eigenes Gebäude erhielt, musste sie bis dahin als Gast in wechselnden Räumlichkeiten in Berlin tagen. Von 1900 bis zum Ende des Zweiten Weltkriegs war das sogenannte Hofmannhaus in der Sigismundstraße 4 die Zentrale der DChG. Das Gebäude wurde 1944 durch Bombenangriffe schwer beschädigt und später abgerissen. Heute befindet sich auf dem Grundstück ein Teil der Gemäldegalerie im Kulturforum Berlin.

Die zweite Vorläuferorganisation der heutigen GdCh war der Verein Deutscher Chemiker, der mehr praxis- und industrieorientiert war. Er wurde 1887 in Frankfurt am Main unter dem

^ *Das Hofmannhaus in der Sigismundstraße 4 im Jahr 1900*

Namen Deutsche Gesellschaft für angewandte Chemie gegründet und 1896 in Verein Deutscher Chemiker umbenannt. Seit 1907 befand sich das Vereinsbüro in Leipzig. Die Zeitschrift des Vereins Deutscher Chemiker nannte sich *Zeitschrift für Angewandte Chemie*. Sie ist noch heute unter dem kürzeren Namen Angewandte Chemie eine der wichtigsten Chemiezeitschriften überhaupt.

Der Verein Deutscher Chemiker siedelte am 1. Juli 1926 von Leipzig nach Berlin über, und zwar zunächst nach der Potsdamer Straße 103 A. Seit 1939 hatte er sein Domizil in der Potsdamer Straße 111. Nachdem er hier ausgebombt wurde, verlagerte

^ *Das zerstörte Hofmannhaus in der Sigismundstraße 4 im Jahr 1944*

der Verein seinen Sitz im Mai 1943 von Berlin nach Frankfurt am Main.

In der Zeit des Nationalsozialismus wurden beide Organisationen gleichgeschaltet und Mitglied des Nationalsozialistischen Bund Deutscher Technik (NSBDT). Die jüdischen Mitglieder wurden ausgeschlossen. Mit dem Ende des Zweiten Weltkriegs waren auch beide Organisationen am Ende und wurden nicht wiederbelebt. Stattdessen wurde in ihrer Nachfolge 1946 die heutige Gesellschaft Deutscher Chemiker im westlichen Teil Deutschlands gegründet. Sitz der Gesellschaft wurde Frankfurt am Main.

In der DDR entstand 1953 die Chemische Gesellschaft der DDR, die bis 1991 kurz nach dem Ende dieses Staates existierte und sich dann selbst auflöste. Die meisten ihrer Mitglieder traten in die GdCh ein. Die Chemische Gesellschaft der DDR hatte seit 1964 ihren Sitz in der Clara-Zetkin-Straße 105 in der Nähe des Reichstags und der Mauer in Ost-Berlin. Das Haus war auch Sitz der Kammer der Technik der DDR und ursprünglich 1912-14 für den VDI, den Verband Deutscher Ingenieure gebaut worden (damals unter der Hausnummer Dorotheenstraße 38-39). Seit 2002 ist das Gebäude als Haus 5 Teil des Jakob-Kaiser-Hauses des Deutschen Bundestags.

Heute ist die GdCh mit etwa 30 000 Mitgliedern die gesamtdeutsche Gesellschaft der Chemiker. Ihren Sitz hat sie nach wie vor in Frankfurt am Main. Ein angedachter Umzug nach Berlin kam nicht zustande.

^ *Das ehemalige Gebäude der Kammer der Technik der DDR, auch Sitz der Chemischen Gesellschaft der DDR, heute Teil des Jakob-Kaiser-Hauses des Deutschen Bundestages in Dorotheenstraße*

KÖNIGLICHE PULVERFABRIK

Die Herstellung von Spreng- und Explosivstoffen wird traditionell zur chemischen Industrie gezählt. Das älteste derartige Mittel war das Schießpulver, oft kurz einfach Pulver genannt. Es wird auch heute noch als Schwarzpulver zum Beispiel für Feuerwerkskörper verwendet und besteht aus Salpeter (Kaliumnitrat), Holzkohle und Schwefel. Die Erfindung und schrittweise Einführung des Schießpulvers revolutionierte die Waffentechnik und die Kriegführung. Immer größere Mengen von Schießpulver wurden benötigt. In Brandenburg gab es nur wenige sehr kleine Schießpulverfabrikationen, zum Beispiel in Spandau. Man bezog das Schießpulver für die Armee lange Zeit aus dem Ausland, insbesondere aus den Niederlanden. Der Soldatenkönig Friedrich Wilhelm I. wollte von Importen unabhängig sein und beschloss, in Berlin eine eigene Pulverfabrik zu gründen.

Der Niederländer Nicolaus Brauer wurde daher 1717 mit dem Aufbau und der Leitung der Königlichen Pulverfabrik außerhalb Berlins an der Spree vor dem Unterbaum in der Jungfernheide beauftragt. Heute befindet sich auf diesem Gelände im Ortsteil Moabit der Berliner Hauptbahnhof. Brauers Gehilfe, sein Schwager van Zee, wurde später sein Nachfolger als Leiter der Königlichen Pulverfabrik.

Um bei einem eventuellen Brand oder einer Explosion die Folgen möglichst gering zu halten, wurden die verschiedenen Gebäude in größerem Abstand zueinander errichtet. Zur Pulverfabrik gehörte eine Salpeterraffination, die den angelieferten ungereinigten Salpeter zur Schießpulverproduktion aufbereitete. Die Herstellung der Holzkohle erfolgte in der Kohlenbrennerei.

Die Holzkohle wurde nur aus bestimmten Hölzern, vorzugsweise aus denen des Faulbaumes produziert. Kern der Fabrik war die Pulvermühle, in der die Pulvermischung fein vermahlen wurde. Nach und nach wurde die Kapazität der Pulverfabrik erhöht. Am Ende bei ihrer Schließung 1839 hatte sie vier Pulvermühlen. Zur Fabrik gehörte auch ein Pulvermagazin. Das Objekt war mit einem zehn Meter hohen Erdwall umgeben und streng bewacht.

Trotz aller Sicherheitsmaßnahmen ging es nicht ohne Unfälle ab. So wurden im Jahr 1772 in der Pulverfabrik durch die Entzün-

^ *Reste der Neuen Pulverfabrik Spandau mit Wasserturm und Verwaltungstrakt in der Kleinen Eiswerderstraße 14, später Studiogelände der CCC-Film von Artur Brauner*

dung von 60 Zentnern Pulver sieben Arbeiter getötet. Der größte Unfall passierte jedoch am 12. August 1720 als einer der Berliner Pulvertürme, die zu dieser Zeit noch als Lager für Schießpulver dienten, explodierte. Dieser Turm stand in der Nähe des Spandauer Tores (heute in etwa S-Bahnhof Hackescher Markt). Bei der gewaltigen Explosion starben 76 Menschen, darunter 35 Kinder der Garnisonschule, viele wurden verletzt, zahlreiche umliegende Gebäude wurden zerstört, unter ihnen auch die Garnisonkirche.

1839 wurde die Pulverfabrik in Moabit geschlossen und die Produktion nach Spandau verlagert. Der neue Standort befand sich am Havelufer unweit der Zitadelle im Ortsteil Haselhorst. Die Bezeichnung Pulvermühlenweg erinnert noch heute daran. Man bezeichnete diese Fabrik später als die Alte Pulverfabrik, da 1890 eine zweite, die Neue Pulverfabrik Spandau eröffnet wurde. In der Neuen Pulverfabrik, direkt nördlich der Alten gelegen, wurde ein modernes rauchloses Pulver produziert, welches das traditionelle Schießpulver zu ersetzen begann. Das neu entwickelte Pulver bestand aus Cellulosenitrat, auch Schießbaumwolle genannt. Man stellte es durch Nitrierung von Cellulose (Baumwolle) her. Dazu wurde Nitriersäure, eine Mischung aus Salpetersäure und Schwefelsäure benötigt. Nitriersäure wurde am Salzhof in Haselhorst, direkt nördlich der beiden Pulverfabriken, produziert.

Die Spandauer Pulverfabriken bestanden bis 1919, als sie im Ergebnis des Ersten Weltkriegs geschlossen werden mussten. Einige wenige Gebäude existieren aber bis heute. So findet man das ehemalige Verkohlungsgebäude der Alten Pulverfabrik im Telegrafenweg 21 und den Wasserturm der Neuen Pulverfabrik in der Kleinen Eiswerderstraße 14. Ansonsten befindet sich auf dem Gelände heute ein Teil der Wasserstadt Spandau.

J. D. RIEDEL CHEMISCHE FABRIK – RIEDEL-DE HAËN

Die Gründung des Chemieunternehmens J. D. Riedel Chemische Fabrik, später Riedel-de Haën, wird auf das Jahr 1814 verlegt, in dem der Firmengründer Johann Daniel Riedel (1786-1843) eine Apotheke in der Berliner Friedrichstraße erwarb. Neben dem normalen Apothekergeschäft stellte Riedel bestimmte Chemikalien in größeren Mengen her, die dann auch von anderen Apotheken vertrieben wurden. Insbesondere konzentrierte er sich auf Chinin und verschiedene andere Alkaloide. Alkaloide sind meist in Pflanzen enthaltene Wirkstoffe. In den 1820er-Jahren sprach man auch von der Chininfabrik des Johann Daniel Riedel, in der unter anderem Morphin und Strychnin und deren Salze sowie Piperin und Pikrotoxin hergestellt wurden. Aus diesen Anfängen entwickelte sich die Chemische Fabrik und Drogengroßhandlung von Johann Daniel Riedel. Diese Drogen wurden aber noch nicht chemisch-synthetisch hergestellt, sondern es waren Naturstoffe, die aus entsprechenden Pflanzenteilen extrahiert und dann gereinigt bzw. weiterverarbeitet wurden. So wurde das Chinin, ein hochwirksames Mittel gegen Malaria, aus der Rinde des Chinarindenbaumes gewonnen.

Als der 26-jährige Gustav Riedel (1816-1886) die Fabrik 1842 von seinem Vater übernahm, hatte sie ein Personal von 35 Köpfen. Die Preisliste von 1844 listete immerhin schon 570 verschiedene Waren auf. Gustav Riedel erweiterte die Produktpalette der chemischen Fabrik aber weiter. Im Jahr 1847 wurde der bisherige, veraltete, von einem Pferd bewegte Göpelantrieb durch eine moderne Dampfmaschine ersetzt. Das Apothekengebäude in der Friedrichstraße erhielt ein zusätzliches Stockwerk, und es wur-

den angrenzende Grundstücke in der Französischen Straße dazugekauft, um Neubauten für Labor- und Lagerzwecke errichten zu können.

Mit der zunehmenden Ausweitung der Produktion in den folgenden zwei Jahrzehnten wurden die Räumlichkeiten in der Friedrichstraße aber endgültig zu eng. Die Riedelsche Fabrik wurde daher 1874 nach Norden an die damalige Berliner Stadtgrenze verlegt. In der Gerichtsstraße 12/13 in Gesundbrunnen entstand ein imposantes Industriegebäude, in dem dann etwa 120 Mitarbeiter beschäftigt waren. Mit dem Umzug der chemischen Fabrik von der Friedrichstraße in die Gerichtsstraße erfolgte auch die organisatorische Trennung von Fabrik und Apotheke. Letztere verblieb in der Friedrichstraße 173 und wurde nun von Gustavs Sohn Franz Riedel geführt. Die anderen drei Söhne Max, Paul und Fritz wurden in der chemischen Fabrik tätig. Nach Gustav Riedels Tod 1886 wurde die Fabrik dann gemeinschaftlich von Paul (1851-1912) und Fritz Riedel (1853-1913) geführt, während Max Riedel zurück ins Apothekengeschäft ging.

1888 entstand ein zusätzliches Zweigwerk in Bohnsdorf an der Waltersdorfer Straße (Teilstück zwischen Buntzelstraße und Krummestraße). Ein Teil dieser Straße hieß zeitweise auch Riedelstraße. In Bohnsdorf wurden Jod, Brom und Wismutsalze sowie Chloroform und Salicylsäure hergestellt.

^ *Die Schweizer Apotheke zum gekrönten Schwarzen Adler des Johann Daniel Riedel in der Friedrichstraße 173 im Jahr 1814*

1889 trat der Chemiker Hermann Thoms (1854-1931) in die Firma J. D. Riedel ein, wo er zunächst als Labor- und dann als Fabrikationsleiter bis 1893 wirkte. Bei J. D. Riedel begann man auf Anregung von Thoms, der 1893 eine neue Synthesemethode des Süßstoffs Dulcin entwickelt hatte (von Riedel als Ducinol vertrieben), mit der Herstellung organisch-synthetischer Arzneistoffe. Thoms wurde später Professor für Pharmazie an der Berliner Universität. Thoms Nachfolger als technischer Leiter wurde der Apotheker Paul Siedler (1857-1935).

1893 arbeiteten 360 Mitarbeiter für die Firma, darunter zehn Chemiker in den beiden Werksteilen in der Gerichtsstraße und in Bohnsdorf. 1905 erfolgte die Umwandlung der Firma in eine Aktiengesellschaft, die J. D. Riedel AG Chemische Fabrik. Anfangs war das Stammkapital von 4,3 Millionen Mark fast vollständig im Besitz der Brüder Paul und Fritz Riedel.

Die beiden Produktionsstätten in der Gerichtsstraße und in Bohnsdorf

^ *Das J. D. Riedel Werk in der Gerichtsstraße im Jahr 1900*

wurden im neuen 20. Jahrhundert zu eng, und es wurde ein Gelände am Teltowkanal in Britz erworben, wohin ab 1912 schrittweise alle Berliner Produktionsstätten der J. D. Riedel AG verlegt wurden.

Wichtige pharmazeutische Produkte von J. D. Riedel in dieser Zeit waren Mittel gegen Syphilis (Mergal) und Tripper (Gonosan), Narkosemittel (Chloroform, Ether), Abführmittel (Aperitol), Zahnpaste (Givasan) und Beruhigungsmittel (Phenoval). Im Jahr 1911 kam als neues Geschäft auf dem Britzer Gelände auch die Herstellung von Ionenaustauschern hinzu. Dieses einträgliche Geschäftsfeld wurde 1912 als Permutit AG aus der Fa. Riedel ausgegliedert. 1914 war der Umzug nach Britz abgeschlossen. Hier arbeiteten nun gut 1000 Mitarbeiter für die Fa. Riedel. Die alten Fabrikgelände im Wedding und in Bohnsdorf wurden verkauft. Im Wedding befinden sich hier heute die Gerichtshöfe; in Bohnsdorf erinnert nichts mehr an die chemische Fabrik.

Nach dem Tod von Paul und Fritz Riedel führte mit Marc Fuchs (1871-1932) erstmals eine nicht aus der Riedelfamilie stammende Persönlichkeit das Unternehmen. Fuchs, der schon seit 1892 in der Firma tätig war, leitete die Firma bis 1932. Seit 1921 gehörte mit Fritz Riedel jr. (1890-1954) letztmals ein Mitglied der Familie Riedel zum Vorstand der Firma. Er war bis 1931 Vorstandsmitglied, danach Prokurist.

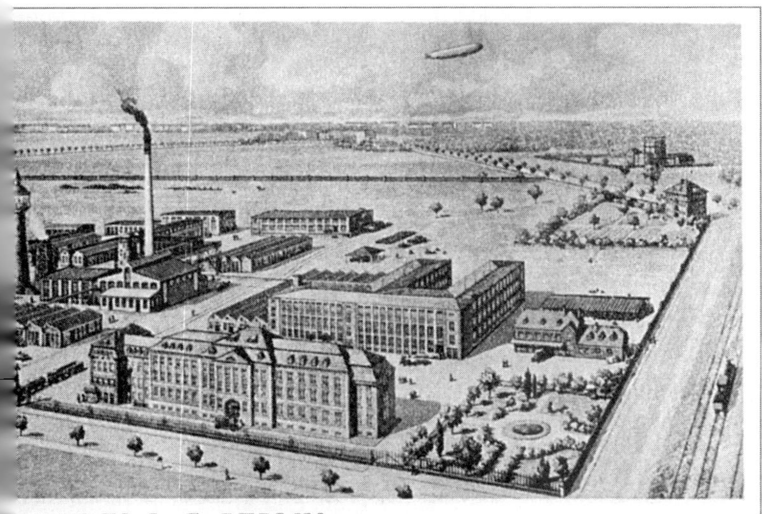

^ *Das J. D. Riedel Werk in Britz am Landwehrkanal im Jahr 1914*

1923 erwarb die J. D. Riedel AG das gesamte Aktienkapital der in Seelze bei Hannover ansässigen E. de Haën AG, einer chemischen Fabrik zur Herstellung anorganischer Chemikalien. Bis 1928 wurden beide Chemieunternehmen noch getrennt weitergeführt, dann aber unter dem Namen J. D. Riedel-E. de Haën AG zusammengeschlossen. Firmensitz wurde Berlin-Britz.

1939 umfasste das Betriebsgelände in Berlin eine Fläche von 141 000 qm, davon 78 300 qm bebaut mit Gebäuden, Fabrikationsanlagen und Werkhallen. Das am Teltowkanal gelegene Gelände war durch Werkstraßen gegliedert. Der Standort Seelze war allerdings mit einer Fläche von 330 000 qm größer als der Berliner Standort.

Seit 1943 galt dann für die Firma der kürzere Name Riedel-de Haën AG.

Am 29. Dezember 1944 sowie am 27. und 29. Januar 1945 trafen schwere Bombenangriffe das Britzer Werk. Mehrere Betriebsteile wurden zerstört bzw. stark beschädigt.

Obwohl das Berliner Werk von Riedel-de Haën im Westteil Berlins lag, fanden bis zum Eintreffen der westlichen Besatzungsmächte auch noch umfangreiche Demontagen durch die Sowjetunion statt. Von den Kriegsfolgen konnte sich das Britzer Werk nie mehr vollständig erholen, insbesondere da es die Firmenleitung während der Berlin-Blockade (etwa einjährige Blockade West-Berlins durch die Sowjetunion) vorzog, 1948/49 die Hauptverwaltung der Riedel-de Haën AG von Berlin nach Seelze

^ *Werbung für Riedel-Produkte, die den künstlichen Süßstoff Dulcin enthielten: Dulcinol-Kakao und Schokolade, Genussmittel für Korpulente und Diabetiker*

zu verlegen. Unmittelbar nach Kriegsende waren die wichtigsten Produkte von Riedel-de Haën in Berlin ein Rattengift (Rumetan), um der Rattenplage Herr zu werden, ein Präparat gegen Krätze und gegen Wurmbefall.

Nach dem Wiederaufbau der Fabrikation wurde die Berliner Produktion von Riedel-de Haën langsam aber sicher immer weiter heruntergefahren und nach Westdeutschland verlagert. 1964 wurden im Britzer Werk hauptsächlich pharmazeutische Chemikalien, Feinchemikalien und Spezialpräparate sowie Hilfsstoffe für die Kunststoffindustrie hergestellt. Insgesamt hatte Riedel-de Haën 1964 etwa 1700 Mitarbeiter. Nur ein kleiner Teil arbeitete noch in Berlin. Am 31. März 1967 wurde die Berliner Betriebsstätte der Riedel-de Haën AG mit nur noch etwa 180 Mitarbeitern geschlossen. Als Grund wurde angegeben, dass der Betriebsteil seit Jahren Verlust einfahren würde, der durch andere Unternehmensbereiche ausgeglichen werden müsse. Heute erinnert im alten Britzer Betriebsgelände fast nichts mehr an die Fa. Riedel. Selbst die Riedelstraße wurde umbenannt. Sie heißt seit 2005 nach dem jetzt hier ansässigen Gewerbebetrieb Cafeastraße. Das noch stehende ehemalige Verwaltungsgebäude der Firma J. D. Riedel AG trägt dementsprechend die Aufschrift Cafeahaus.

Nach dem Zweiten Weltkrieg war das Unternehmen Riedel-de Haën über Jahrzehnte eine bei Chemikern sehr bekannte Marke als Lieferant für Feinchemikalien. Die Firma mit Sitz in Seelze ist nach mehreren 1955 beginnenden Besitzerwechseln heute Teil des amerikanischen Mischkonzerns Honeywell. Der Firmenname Riedel-de Haën verschwand 1999, die gleichnamige Marke wird weiterhin für Spezialchemikalien von Honeywell verwendet.

^ *Ehemaliges 1912 erbautes Verwaltungsgebäude der J. D. Riedel AG in Britz, heute Cafea-Haus*

KAHLBAUM CHEMISCHE FABRIK – BERLIN CHEMIE

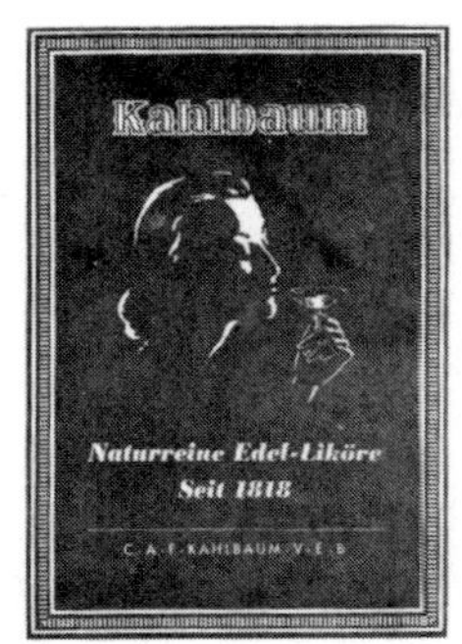

Die spätere Kahlbaum Chemische Fabrik ging aus der 1818 in der Berliner Münzstraße 19 gegründeten Spritreinigungs- und Likörfabrik hervor. Gründer war Carl August Ferdinand Kahlbaum (1794-1872). Im Wesentlichen wurden in diesem Betrieb Alkoholdestillate aus landwirtschaftlichen Betrieben weiterverarbeitet. Sie wurden durch Destillation aufkonzentriert, gereinigt und zum Teil zu Likör weiterverarbeitet. Ab 1847 übernahm mit August Wilhelm Kahlbaum (1822-1884) die zweite Generation die Geschäfte der Familienfirma, die nach wie vor eine Spritreinigungsanstalt und Likörfabrik war.

1870 begann aber eine neue Etappe in der Entwicklung des Kahlbaumschen Unternehmens. Es wurde zusätzlich zur Spritreinigungsanstalt in der Münzstraße in der Schlesischen Straße 13-14 eine chemische Fabrik zur Verwertung der bei der Spritreinigung anfallenden Fuselöle gegründet. Vorher hatte sich auf diesem Grundstück eine Zuckerraffinerie befunden. Am 1. Juli 1872 ging hier die erste Anlage der neuen Fabrik in Betrieb. Der Standort umfasst aufgrund geänderter Nummerierung und Parzellierung die heutigen Grundstücke Schlesische Straße 16-19 und angrenzende Grundstücke in der Cuvrystraße.

Die Initiative zu dieser Fabrikgründung war von Gustav Kraemer (1842-1915) ausgegangen. Der aus Halberstadt stammende Kraemer hatte ab 1867 in Berlin unter August Wilhelm Hofmann Chemie studiert. Hofmann schlug ihm 1870 vor, eine Untersuchung der Destillationsabfälle der Alkoholreinigung durchzuführen. Dabei lernte Kraemer A.W. Kahlbaum kennen, denn dieser stellte ihm die für die Untersuchung nötigen Rückstände zur Verfü-

^ *Liköre wurden noch bis in die 1950er-Jahre unter Marke Kahlbaum verkauft.*

gung. Aus diesen Forschungen ergab sich, dass aus den genannten Rückständen kommerziell interessante Substanzen zu isolieren waren. Daher entstand bei Kraemer und Kahlbaum gemeinsam der Plan, eine Fabrik zur Herstellung von Alkohol- und Essigpräparaten zu gründen. Kahlbaum war der Unternehmer, der die Fabrikgründung organisierte und finanzierte, und Kraemer sowie sein Freund Adolph Bannow (1844-1919), beide Chemiker, waren die Fachleute, die die Produktion aufbauten und leiteten.

Erste Produkte der Fabrik für Alkohol-Präparate von C.A.F. Kahlbaum waren Essigsäure, Methanol, Isopropanol, Aceton, Jodoform und andere. Sie wurden aus den Rückständen der Spritreinigungsbetriebe hergestellt. Insbesondere die Anfangszeit der Fabrik mit dem Beginn der Produktion vorher nicht im technischen Maßstab hergestellter Chemikalien war nicht ungefährlich. So kam es im ersten Jahr des Betriebes zu einem Brand, bei dem auch ein Arbeiter starb.

Kraemer und Bannow sahen aber schnell noch ein zweites erfolgversprechendes Geschäftsfeld: die Herstellung von organischen Präparaten im kleinen Maßstab. Zur damaligen Zeit war es nämlich so, dass viele heute dem Chemiker ohne weiteres im Handel zugängliche Chemikalien im Labor selbst hergestellt werden mussten. Das machte die chemische Forschungsarbeit sehr mühevoll, wenn man auf der Suche nach neuen Substanzen die zu deren Herstellung nötigen, eigentlich lange bekannten, Stoffe alle selbst herstellen musste. Infolgedessen waren Kahl-

^ *Das Werksgelände von Kahlbaum in Adlershof um 1920. Vorn die Spritfabrik, hinten die chemische Fabrik.*

baums chemische Präparate schnell sehr gefragt. Einige Jahre später, die Verwendung kommerzieller Laborchemikalien war jetzt Standard, sprach man in Chemielabors von »der früheren kahlbaumlosen, der schrecklichen Zeit«. Trotzdem blieb dieses neue Gebiet finanziell noch lange ein Zuschussgeschäft. Vielleicht deshalb wurde Kraemer 1879 von Kahlbaum entlassen. Gustav Kraemer wurde dann Leiter der Rütgerswerke in Erkner, die er sehr erfolgreich führte.

Nachfolger Kraemers als technischer und wissenschaftlicher Leiter der Kahlbaum Chemische Fabrik wurde Adolph Bannow, der ja schon bei der Einrichtung des Betriebes und in den ersten Jahren mitgewirkt hatte. Er war zwischenzeitlich in seiner Heimatstadt Wismar als Apotheker aktiv und war von 1879 bis zum Tod des letzten Inhabers aus der Kahlbaumfamilie dann wieder in der Firma tätig.

Die Chemische Fabrik an der Schlesischen Straße erlebte nun die üblichen Probleme. Mit der Zunahme der Produktion

^ *Auch nachdem die alte Firma C. A. F. Kahlbaum endgültig in der Schering AG aufgegangen war, wurde die Laborchemikalien weiter als Kahlbaum-Präparate vertrieben.*

und dem Wachstum der Großstadt Berlin lag die Fabrik schnell in einem Wohngebiet, welches keine Erweiterungsmöglichkeiten mehr zuließ. Außerdem kam es zu Klagen der Anwohner wegen Geruchsbelästigungen. Daher entschloss man sich, die Fabrikation nach weiter außerhalb der Stadt zu verlagern und kaufte 1882 ein Gelände in Adlershof am Glienicker Weg. Die Chemische Fabrik wurde dann schrittweise hierhin verlagert.

Nach dem Tod von August Wilhelm Kahlbaum 1884 ging die Fabrik in den alleinigen Besitz des älteren Sohnes Johannes Kahlbaum (1851-1909) über, da dessen jüngerer Bruder Georg August Wilhelm (1853-1905), der einzige studierte Chemiker in der Familiengeschichte, nicht im Familienbetrieb, sondern als Forscher an einer Universität tätig sein wollte.

1890, nachdem die chemische Fabrik vollständig nach Adlershof gezogen war, wurde das Grundstück der alten Fabrik in der Schlesischen Straße verkauft. In der Folgezeit wurden alle Fabrikanlagen abgetragen, um neue Wohn- und Gewerbegebäu-

^ *Das Produkt Alvesin des VEB Berlin-Chemie, eine Infusionslösung, die Aminosäuren und Elektrolyte enthält und zur parenteralen Ernährung dient.*

de zu errichten. Heute befindet sich hier ein typisches Kreuzberger Wohnquartier.

1905-6 wurde auch die noch in der Münzstraße gelegene Spritreinigungs- und Likörfabrik nach Adlershof an die Ecke Adlergestell/Glienicker Weg verlegt. Das in dieser Zeit gebaute, jetzt leer stehende und verfallende eindrucksvolle Gebäude am Adlergestell 327 ist heute ein Baudenkmal.

Unter Johannes Kahlbaums unternehmerischer Leitung wuchs die C.A.F. Kahlbaum Chemische Fabrik nun sehr schnell und erfolgreich. Insbesondere das lange Zeit defizitäre Geschäft mit Laborpräparaten wurde nun auch profitabel und machte Kahlbaum unter Chemikern weltweit bekannt. Überall hatten Kahlbaum-Präparate aufgrund ihrer hohen Reinheit einen ausgezeichneten Ruf. Um 1900 wurden etwa 1000 verschiedene Laborpräparate vertrieben. In der Adlershofer Fabrik arbeiteten etwa 250 Mitarbeiter, darunter 10 Chemiker.

Im August 1909 starb Johannes Kahlbaum, der letzte männliche Nachkomme des Firmengründers, unverheiratet und kinderlos. Die Kahlbaum Werke wurden unter die Leitung des Testamentsvollstreckers Bannow gestellt. Dieser trat daher von seinem Posten als technischer und wissenschaftlicher Leiter des Betriebs zurück.

1912 gingen schließlich beide Teilbetriebe, die chemische Fabrik und die Spritfabrik, in den Besitz der Spritbank Aktiengesellschaft über. Die Spritbank war ein größerer Konzern der Alkoholherstellung, der ursprünglich aus der preußischen Provinz Posen (heute das polnische Poznan) stammte.

Während des Ersten Weltkriegs wurde im Jahr 1917 beschlossen, das von der Bayer AG entwickelte giftige Senfgas in Granaten als Kampfmittel einzusetzen. Als Abfüllbetrieb für die Senfgasgranaten wurde die Chemische Fabrik C.A.F. Kahlbaum gewählt. Es entstanden die entsprechenden Abfüllhallen auf dem Adlershofer Betriebsgelände. Etwa 2800 Beschäftigte wurden in diesem Produktionsbereich eingesetzt.

Am 22. Mai 1917 kam es vermutlich durch Sabotage zu einem gewaltigen Brand- und Explosionsunglück. Nachdem nach dem Schichtwechsel am Nachmittag ein Feuer ausgebrochen war, explodierten nach und nach die 9000 gelagerten Granaten und der Sprengstoff eines Pulvermagazins. Die Brandbekämpfung durch mehr als 30 Feuerwehren aus Berlin, Adlershof und vielen Umlandgemeinden dauerte 28 Stunden. Die Adlershofer und Johan-

nisthaler Bevölkerung musste sicherheitshalber ihre Ortschaften für mehrere Stunden verlassen. Erstaunlicherweise war kein Personenschaden zu verzeichnen. Die zerstörten Hallen wurden innerhalb von vier Wochen wieder aufgebaut und die Produktion von Giftgasgranaten wurde wieder aufgenommen.

Nach dem verlorenen Ersten Weltkrieg erfolgten große Umwälzungen in der deutschen Industrie. Das traf auch die alten Kahlbaumbetriebe. 1920 musste die Spritfabrik Kahlbaum an die staatliche Reichsmonopolverwaltung für Branntwein verkauft werden. Die chemische Fabrik wurde von der Spritbank AG, die jetzt nach Umstrukturierungen unter der Bezeichnung Ostwerke AG firmierte, vorerst weiter betrieben. 1922 wurde sie dann aber von den Oberschlesischen Kokswerken und Chemische Fabriken AG erworben. Dieser Konzern aus dem »Oberschlesischen Ruhrgebiet« hatte im gleichen Jahr auch schon Schering aufgekauft.

1925 arbeiteten in der Chemischen Fabrik Kahlbaum 800 Mitarbeiter, die mehrere Tausend Erzeugnisse herstellten. 1927 wurden die Kahlbaum AG und die etwa viermal so große Schering AG unter dem Dach der Kokswerke zur Schering-Kahlbaum AG fusioniert. Hier schien nun die Geschichte der C.A.F. Kahlbaum Chemische Fabrik zu enden, da sie jetzt Teil der Firmengeschichte von Schering wurde. Das Erbe der Kahlbaums lebt aber in der heutigen Berlin Chemie AG auf einem Teil des Adlershofer Standorts weiter.

In der Phase der Zugehörigkeit zu Schering ab 1927 erfolgte eine beträchtliche Erweiterung des Adlershofer Teilwerkes. Verschiedene Produktionen anderer Schering-Standorte wurde hierhin verlagert. Werkleiter in Adlershof war Fritz Wilcke (1875-1945), der schon seit 1901 als Chemiker bei Kahlbaum beschäftigt und seit 1910 Leiter der chemischen Betriebe war. Seit 1937 firmierte man nur noch als Schering AG, Werk Adlershof.

^ *Hauptgebäude der Berlin Chemie AG am Glienicker Weg 125-127 in Berlin-Adlershof*

Trotzdem wurden die Laborchemikalien weiterhin unter dem Namen Kahlbaum Präparate vertrieben.

Nach dem Ende des Zweiten Weltkriegs erfolgte die Wiederaufnahme der Produktion in der Adlershofer Schering AG im Oktober 1945. Der Adlershofer Betriebsteil gehörte noch formell zur West-Berliner Schering AG, wurde jedoch wie Staatseigentum verwaltet. 1948 erfolgte endgültig die Enteignung, und der Betrieb wurde in einen sogenannten volkseigenen Betrieb (VEB) umgewandelt. Die Bezeichnung war vom 2. Juli 1948 bis 31. Dezember 1956 VEB Schering Berlin. Ab 1. Januar 1957 verschwand der Name Schering und der Betrieb hieß von nun an VEB Berlin-Chemie.

Die Firma VEB Berlin-Chemie führte das alte Produktionsprogramm des Werkes Adlershof der Schering AG fort und entwickelte es weiter. Produkte waren neben Medikamenten auch Pflanzenschutzmittel (man sprach von Schädlingsbekämpfung und Unkrautvernichtung) und Chemikalien. Die spätere sehr populäre Ministerin für Arbeit, Soziales, Gesundheit und Frauen in Brandenburg, die Biologin Regine Hildebrand (1941-2001), arbeitete von 1964 bis 1978 in der Pharmakologischen Abteilung des VEB Berlin-Chemie. Da bei Berlin-Chemie auch die »Pille« hergestellt wurde und im benachbarten Bärensiegel alkoholische Getränke (Der Werbespruch lautete: »Der Bär der Frohsinn bringt«), dichtete der Volksmund: »Die Liebe und der Suff, die kommen aus Adlershuff«. 1989 waren bei Berlin-Chemie etwa 2700 Mitarbeiter beschäftigt. Im Gegensatz zu anderen Ost-Berliner Chemiebetrieben wurde bei Berlin-Chemie die Umstellung von veralteter sozialistischer Planwirtschaft auf die moderne Marktwirtschaft erfolgreich bewältigt. Entscheidend dafür war die Konzentration auf das Pharmageschäft und die Übernahme der unternehmerischen Leitung durch die italienische Menarini-Gruppe im Jahr 1992. Allerdings musste die Produktion erst mal nach West-Berlin ins neue Feststoffwerk Britz verlagert werden, weil in den alten Hallen in Adlershof eine Fertigung nach internationalen Standards anfangs unmöglich erschien. 1993 wurde der Geschäftsbereich Chemie endgültig aufgelöst. In diesem Jahr war die Mitarbeiterzahl seit dem Mauerfall bis auf 1000 gesunken. 2012 sind wieder mehr als 4300 Menschen in dem Unternehmen beschäftigt, wobei allerdings der Bereich Marketing und Vertrieb einen ganz anderen Stellenwert als in früheren Zeiten hat. Bekannte Produkte von Berlin-Chemie sind zum Beispiel das Schmerzmittel Titralgan, die Bromhexin-Hustentropfen und der Süßstoff Zückli.

CHEMISCHE FABRIKEN KUNHEIM – KALI CHEMIE

Die Chemische Fabrik Kunheim war ursprünglich eine gemeinsame Gründung des Bankiers Behrend und des Kaufmanns Kunheim. Die Konzession zur Gründung der Fabrik hatte Behrend am 18. Mai 1825 beantragt. Daher wurde das Unternehmen anfangs auch als Behrend'sche Fabrik bezeichnet. Die Geschäftsräume befanden sich in Kunheims Haus am Molkenmarkt 6 im Zentrum des alten Berlins. Bei der Einrichtung der Fabrik und der Planung der Produktion wurden die beiden Gründer von Hermbstädt beraten. Dieser war Professor für Chemie an der Berliner Universität und besonders beschlagen in chemischer Technologie. 1826 nahm die chemische Fabrik der Herren Behrend und Kunheim ihren Betrieb auf. Schon nach wenigen Jahren, 1829, schied Behrend aus dem Unternehmen aus und Kunheim betrieb es nun als alleiniger Inhaber weiter.

Die ersten Produkte waren Soda, Kali, Salmiak, Holzessig, Tierkohle, Bleiweiß und Bleizucker. 1829 wurde die Fabrik von Kunheim aktenkundig, als Nachbarn des Betriebes eine Beschwerde mit 70 Unterschriften an die Behörden schickten. Sie beschwerten sich über Gestank und Qualm, die durch Knochenbrennen und Teerkochen entstehen würden und hunderte Meter weit die Anwohner belästigten. Kunheim reagierte sofort und verteilte die Produktion auf vier verschiedene, allerdings weiterhin innerstädtisch gelegene Grundstücke. So wurden nun in der Köpenicker Straße u.a. Holzessig, Essigsäure und Produkte der Knochenbrennerei und Seife hergestellt. Weitere Fabrikationsstätten von Kunheim sind um 1830 in der Neuen Köpenicker Straße 30 (36) und in der Lindenstraße 75 sowie in der Koch-

straße 19 zu finden. Firmensitz der chemischen Fabrik von S.H. Kunheim in Berlin war Lindenstraße 75.

Diese zersplitterte Produktion war wenig zielführend. Daher versuchten die Kunheims ab 1832, die Produktionen auf einem Standort außerhalb der Stadt zusammenzuführen. Letztendlich wurde dann die gesamte Produktion auf den Kreuzberg, Bergmannstraße 2 (heute 26-38) verlegt. Hier entstand die erste größere Kunheimsche Fabrik, wobei die Produktion Schritt für Schritt aus den anderen Standorten dorthin verlagert wurde. Diese Fabrik bestand von 1834 bis 1885. Hauptprodukte waren Schwefelsäure, Bleizucker, Essigsäure, Chlorkalk, Glaubersalz, Kaliumchlorid und Eisenacetat. 1837 waren etwa 40 Mitarbeiter in dem Unternehmen beschäftigt. Louis Kunheim, Sohn des Firmengründers und studierter Chemiker, war ab etwa 1840 leitend im Unternehmen tätig. 1847 zog sich sein Vater ganz von den Geschäften zurück und Louis Kunheim wurde alleiniger Firmenchef. 1864 trat Louis' Sohn, der Chemiker Hugo Kunheim, in die Leitung der chemischen Fabrik ein.

Über die Jahrzehnte wuchsen sowohl die Fabrik als auch Berlin. In den 1870er-Jahren wurde das Fabrikgelände zu klein. Außerdem näherte sich die Wohnbebauung Kunheim's Chemischer Fabrik und es begann wieder Beschwerden der neuen Anwohnerschaft zu geben. Ein unerfreuliches »Wahrzeichen« der Gegend war das am Eingang der Fabrik befindliche »Rote Meer« von Rückständen der Sodaproduktion. Daher mussten die Kunheims über ein neues, weiter außerhalb der Stadt gelegenes Firmengelände nachdenken.

^ *Kunheims chemische Fabrik auf dem Kreuzberg, Bergmannstraße*

Sie fanden und kauften ein geeignetes Grundstück an der Spree in Niederschöneweide, heute südlich der Einmündung des 1906 fertiggestellten Britzer Verbindungskanals. Ab 1871 wurde hier Schritt für Schritt eine neue Chemische Fabrik Kunheim aufgebaut und die Produktion vom Kreuzberg hierhin verlagert. Das neue Werk wurde eine Zeit lang als Werk Kanne bezeichnet, weil es ursprünglich an der Mündung des Kannegrabens in Spree lag. Ab 1873 war Louis Kunheim, der 1878 starb, schwer krank, so dass sein Sohn Hugo die alleinige Firmenleitung zu übernehmen hatte.

Um 1880 war das Werk Kanne die Hauptfabrikationsstätte von Kunheim, und 1885 wurde schließlich die Produktion auf dem Kreuzberg eingestellt und die Fabrikgebäude wurden abgebrochen. Heute befindet sich hier das Wohnquartier südlich des Marheinekeplatzes, westlich des Dreifaltigkeitskirchhofes. Das Berliner Hauptkontor der Firma befand sich bis 1891 weiterhin in der Lindenstraße 75. Wichtigste Produkte von Werk Kanne in Niederschöneweide wurden zuerst Schwefelsäure und Ammoniak. Zur Ammoniakherstellung verarbeitete man das Gaswasser, ein Abfallprodukt der Gasanstalten Berlins und seiner Umlandgemeinden.

Neu in das Produktprogramm aufgenommen wurde die Produktion von flüssigem Kohlendioxid nach einem Patent von Wilhelm Raydt, welches von Kunheim erworben worden war.

^ *Chemische Fabrik Kunheim, Werk Kanne in Niederschöneweide, Schnellerstraße*

KAISERLICHES PATENTAMT.

AUSGEGEBEN DEN 24. APRIL 1884.

PATENTSCHRIFT

— № 26884 —

KLASSE 12: Chemische Apparate und Processe.

Dr. HUGO KUNHEIM in BERLIN
und HEINRICH ZIMMERMANN in WESSELING bei KÖLN a. Rh.

Verfahren zur Gewinnung von Ferrocyanverbindungen aus den ausgenutzten Reinigungsmassen der Gasfabriken oder anderen ferrocyanhaltigen Massen.

Patentirt im Deutschen Reiche vom 6. Juli 1883 ab.

Die bisherigen Methoden zur Gewinnung von Ferrocyanverbindungen aus den ausgenutzten Reinigungsmassen der Gasfabriken beruhen auf der Behandlung dieser Massen mit Kalkmilch oder alkalischen Laugen, welcher Operation eine Auslaugung mit Wasser behufs Gewinnung der löslichen Ammoniaksalze und in manchen Fällen die Extraction des in den Massen vorhandenen Schwefels mittelst Schwefelkohlenstoffes, schweren Theerölen oder anderen Lösungsmitteln vorherzugehen pflegt. Erfahrungsmäfsig ist die Ausbeute an Ferrocyanverbindungen, welche durch die mit oder ohne Erwärmung vorgenommene Behandlung der werden nun in lufttrockenem Zustande mit trockenem, pulverförmigem Aetzkalk, der entweder trocken gelöscht oder durch Zerkleinern von gebranntem Kalk hergestellt sein kann, innig vermischt, wobei schon für die Aufschliefsung der unlöslichen Ferrocyanverbindungen die denselben äquivalente Menge Aetzkalk genügt. Es ist wesentlich, dafs die Vermischung der Materialien möglichst innig und in lufttrockenem Zustande derselben erfolgt. Diese Mischung läfst sich zwar mit Handarbeit vornehmen, indefs ziehen wir maschinelle Hülfsmittel, als Desintegratoren, Mischtrommeln, Rührwerke, Walzwerke, vor.

Hauptkunde war der Bierausschank und die Herstellung von Mineralwasser. Aus dieser neuen Produktion entstand schon 1883 ein eigenes Unternehmen, die Aktiengesellschaft für Kohlensäure-Industrie Agefko, an der Kunheim noch bis 1924 eine Aktienmehrheit hatte, die dann aber verkauft wurde. Die Produktionsstätte war der Kunheimschen Fabrik direkt benachbart und existiert noch heute nach vielen Besitzerwechseln (in der DDR war es der Betrieb VEB Technische Gase TEGA) in der Schnellerstraße 6-13 als Teilbetrieb der US-amerikanischen Firma Praxair, einem Hersteller von technischen Gasen.

Gemeinsam mit seinem Betriebsleiter Heinrich Zimmermann (1846-1899) entwickelte Hugo Kunheim auch ein Verfahren, aus den Gasreinigungsmassen der Gasanstalten das sogenannte Gelbkali, ein Vorprodukt der Herstellung von Berliner Blau, zu gewinnen. Damit begann bei Kunheim die industrielle Herstellung von Pigmenten.

Nach und nach erwarb die Chemische Fabrik Kunheim auch einige Tochterunternehmen. Dazu zählten 1851 das Alaunwerk

^ *Patent von 1884 für Hugo Kunheim und Heinrich Zimmermann für ein Verfahren zur Gewinnung von Ferrocyanverbindungen aus den Gasreinigungsmassen der Gasanstalten*

in Freienwalde, 1870 eine Braunkohlegrube in der Niederlausitz, 1911 eine Schwefelsäurefabrik in Wildau und 1903 mit der Chemischen Fabrik Rheinau in Mannheim auch ein weiter entfernt von Berlin liegendes Unternehmen.

Das Hauptkontor, welches lange in der Lindenstraße befindlich war, wurde 1891 in die Dorotheenstraße 26 (heute Nr. 90) verlegt. Hier war ein noch heute stehendes neues Bürohaus gebaut worden. Das Grundstück, welches bis zum Reichstagufer reichte, wurde dort mit einem neuen Wohnhaus für Hugo Kunheim bebaut.

Als Hugo Kunheim 1897 starb, übernahm gemäß seinem Testament vorerst ein Kuratorium die Leitung des Unternehmens. Ab 1901 war dann der Chemiker Erich Kunheim, einer der beiden Söhne Hugo Kunheims, Inhaber der Firma. Auch unter seiner Leitung entwickelte sich die Firma positiv weiter und es kam zu einer weiteren Ausdehnung der Produktionsanlagen.

Nach Ende des Ersten Weltkriegs hatte das Unternehmen, so wie die meisten im geschlagenen Deutschland, aber mit wirtschaftlichen Problemen zu kämpfen. Als dann 1921 auch noch der Inhaber Erich Kunheim starb, wurde die Firma in eine Aktiengesellschaft umgewandelt. Die Aktien wurden von den Erben Erich Kunheims, seiner Witwe und seinen drei Kindern Hugo, Arnold und Erika übernommen, die aber keine aktive Rolle im

^ *Blick über die Markgrafenbrücke auf den VEB Kali Chemie, 1965*

Unternehmen mehr spielten. Erste Direktoren von Kunheim & Co Aktiengesellschaft wurden die schon länger im Unternehmen tätigen August Lange, ein Chemiker, und Carl Seydel, Kaufmann.

1923 wurde die Zentralverwaltung von Kunheim von der Dorotheenstraße in das nun zum Bürohaus umgebaute Haus Reichstagufer 10 verlegt. Die bisherigen Büroräume wurden vermietet, mussten aber schon 1925 im Zuge der Vergrößerung des Unternehmens wieder hinzugenommen werden.

1925 verschmolz nämlich die Fa. Kunheim mit einem Chemieunternehmen ähnlicher Größe, der Rhenania Verein Chemischer Fabriken AG aus Aachen zur Rhenania-Kunheim Verein Chemischer Fabriken AG mit Sitz in Berlin. Schon drei Jahre später wurde dieser neue Firmenverbund mit einem Unternehmen der Kalisalzbergbauindustrie fusioniert, den Kaliwerken Neu-Staßfurt Friedrichshall AG aus Sehnde bei Hannover. Es entstand die Kali Chemie AG mit Sitz in Berlin. Den Namen Kali Chemie sollte das Berliner Unternehmen nun bis zu seiner Auflösung 1992 tragen.

1932 übernahm die neue Kali Chemie AG mit den Farbwerken Heyl Beringer einen weiteren traditionsreichen Berliner Chemiebetrieb.

^ *Das noch heute existierende Kali-Haus wurde 1937 als neue Hauptverwaltung Kali-Chemie AG fertiggestellt.*

Der 1937 bezogene neue Sitz der neuen Hauptverwaltung der Kali Chemie, das Kali-Haus, existiert noch heute in der Schnellerstraße 1-5 in Niederschöneweide, steht aber leer. In den Zeiten der Kali-Chemie AG produzierte das Werk Kanne im Wesentlichen Schwefelsäure, Ammoniumsulfat, Berliner Blau, rotes Blutlaugensalz und Eisenoxidgelb.

Im Zweiten Weltkrieg wurde das Werk stark zerstört. Nach Kriegsende im Ostteil Berlins liegend, wurde das Werk Kanne der Kali Chemie AG in den VEB Kali-Chemie umgewandelt. Die Kali Chemie AG existierte nur noch im Westteil Deutschlands und hatte nun ihren Hauptsitz in Hannover. Heute ist sie Teil des belgischen Solvay-Konzerns.

Später war der VEB Kali Chemie Teil des Kombinates Lacke und Farben (Lacufa). Zur Lacufa gehörten 13 DDR-Betriebe mit insgesamt etwa 8000 Mitarbeitern. Der VEB Kali Chemie Berlin war der sogenannte Stammbetrieb, also eine Art Firmenzentrale und hatte etwa 400 Beschäftigte. Nach der Wende von 1989/90 wurde das Kombinat Lacufa in die Lacufa AG umgewandelt und 1992 von der hessischen Caparol übernommen. Ab 1993 erfolgte der Rückbau der industriellen Anlagen des ehemaligen Werkes Kanne in Niederschöneweide, begleitet von einer umfangreichen Sanierung des gesamten Geländes. Caparol nutzt heute nur einen kleinen Teil des Areals als Verwaltungsstandort und für Lagerhaltung und Verkauf. Auf dem größeren Teil befinden sich Gebrauchtwagenmärkte. Am Zickenwinkel an der Einmündung des Britzer Verbindungskanals in die Spree erinnert noch eine Abfallhalde an frühere Gepflogenheiten der Chemieindustrie.

^ *30 Meter hohe Abraumhalde der ehemaligen Kali Chemie an der Mündung des Britzer Verbindungskanals in die Spree in Niederschöneweide*

NITRITFABRIK KÖPENICK

Die spätere Nitritfabrik Köpenick wurde 1826 von dem Berliner Chemiefabrikanten C. F. Krüger (ca. 1781-1842) gegründet. Er verlegte einen Teil seiner erfolgreichen Berliner Schwefelsäurefabrik auf das Amtsfeld bei Köpenick, da es in Berlin Proteste der Anwohner und keine Möglichkeit zur Erweiterung gab. 1829 begann in Köpenick auch die Produktion von Natron (Natriumhydrogencarbonat), Salzsäure, Salpeter und Chlorkalk, einem Desinfektions- und Bleichmittel. In Krügers Fabrik arbeiteten etwa 30 bis 40 Arbeiter. Aber auch in Köpenick gab es wohl Ärger mit den Anwohnern. Krüger verkaufte die Köpenicker Fabrik schon 1839 an den Berliner Kaufmann Heinrich Ferdinand Mundt. Nach einem weiteren Besitzerwechsel übernahm 1850 der Engländer Richard Lomax den Betrieb. Er führte die Sodaproduktion nach dem Leblanc-Verfahren ein. Soda war ein wichtiges Produkt für die Textil- und Glasindustrie.

1871 wurde eine Aktiengesellschaft mit dem Namen Cöpenicker Chemische Fabrik AG gegründet. Diese übernahm die Fabrik von Lomax und produzierte weiterhin hauptsächlich Soda. Als das moderne, wesentlich kostengünstigere Solvay-Verfahren zur Sodaproduktion zunehmend in der Industrie verwendet wurde, war das Köpenicker Werk nicht mehr konkurrenzfähig und musste schließen.

1880 wurde die Fabrik von dem Chemiker Martin Goldschmidt (1843-1915) übernommen. Goldschmidt hatte Chemie studiert, in dem Fach auch promoviert und danach schon in Berlin einige Zeit die Firma M. Goldschmidt & R. Meyer Fabrik chemischer Produkte in der Gitschiner Straße 91 betrieben.

Er begann, in der Köpenicker Chemiefabrik ein Verfahren zur Herstellung von Natriumnitrit aus Salpeter und Natriumformiat umzusetzen. Natriumnitrit war eine wichtige Reagenz für die Farbenindustrie zur Herstellung von Azofarbstoffen. Aus der Cöpenicker Chemischen Fabrik wurde die Nitritfabrik Köpenick. Das Werk produzierte unter Goldschmidt außerdem Ameisensäure, Schwefelsäure, Salzsäure, Natriumkarbonat, Kaliumkarbonat und Kaliumpermanganat. 1883 ließ Goldschmidt den noch heute bestehenden Stichkanal von der Spree zur Fabrik anlegen.

Als sich Goldschmidt 1906 aus der Fabrik zurückzog, wurde wiederum eine Aktiengesellschaft gegründet, die Nitritfabrik Köpenick AG. Nitrit war zu der Zeit aber schon kein Produkt des Unternehmens mehr. Großaktionär wurde die Familie von Gwinner. Der Bankier Arthur von Gwinner (1856-1931) war von 1894 bis 1919 im Vorstand der Deutschen Bank. Mit neuem Kapital im Hintergrund erfolgte 1907 bis 1911 eine bauliche Erweiterung der Nitritfabrik. Die Produktpalette umfasste nun auch Gallussäure, Borax, Natriumperborat und Tannin. Ab 1910 wurde Histopin, ein Mittel zur lokalen Immunisierung der Haut gegen Eiter und Entzündungserreger, produziert. Die Fabrik nutzte ein Grundstück von 11 000 qm und hatte 60-80 Mitarbeiter. Hans von Gwinner (1887-1959), Sohn des Arthur von Gwinner, hatte Chemie studiert und 1912 bei Emil Fischer promoviert. Er führte nun neben anderen Aktivitäten die Nitritfabrik Köpenick.

^ *Aktie der Nitritfabrik Köpenick AG von 1923*

In den 20er-Jahren erfolgte nochmals eine Vergrößerung der Fabrik, die nun auch Ameisensäure, Weinsäure und Oxalsäure sowie medizinische Präparate produzierte. 1928 bestand die Belegschaft aus 150 Arbeitern.

Während des Zweiten Weltkriegs wurden viele Mitarbeiter zur Wehrmacht eingezogen. Daher wurden zur Produktion Zwangsarbeiter eingesetzt. 1942 wurden als wichtigste Produkte Ameisensäure, Oxalsäure, Weinsäure, Percarbonat, Histopin und Aluminiumhydroxid produziert. Durch Bombenangriffe gab es einige, allerdings überschaubare Zerstörungen. Wesentlich stärker litt die Nitritfabrik unter den Demontagen der sowjetischen Besatzungsmacht nach dem Ende des Krieges. Davon konnte sie sich nie wieder ganz erholen.

Nach 1945 wurde die Nitritfabrik, wie im Ostteil Berlins üblich, erst beschlagnahmt und unter Sequester gestellt und nach der endgültigen Enteignung 1950 zum VEB Nitritfabrik Köpenick umgewandelt. Hauptprodukte waren nun Histopin, Aluminiumhydroxid, Reisstärke und solche Produkte wie Fußbäder und Waschmittel.

Hans von Gwinner hatte nach der Enteignung 1949 seine Firma in Bayern wieder aufgebaut. Die Nitritfabrik Feldkirchen bei München, später von seinem Sohn Wilhelm von Gwinner geführt, hatte eine ähnliche Produktpalette wie das Köpenicker Werk. Aufgrund von Streitigkeiten, welche von beiden Firmen den Namen Nitritfabrik führen dürfte, wurde 1963 das Köpenicker Werk in VEB Chemische Werke Köpenick umbenannt. Ein Jahr später erfolgte aber schon die offizielle Schließung. Das Betriebsgelände wurde Sitz eines Betriebes des VEB Baukombinat Berlin. Da es allerdings nicht wie geplant gelang, alle Produktionen der abgewickelten Nitritfabrik in andere Chemiebetriebe zu verlagern, wurde noch bis 1990 eine chemische Restproduktion auf dem Gelände aufrechterhalten. Man firmierte unter VEB Säureschutz Berlin-Altglienicke, Werk II. Nach 1995 entstand auf dem Grundstück der ehemaligen Nitritfabrik in der Wendenschlossstraße 67-81 der Wohnpark Wendenschloss. Heute steht von dem alten Chemiebetrieb nur noch das ehemalige Direktorenwohnhaus in der Wendenschlossstraße 64-66.

Ein anderes bis 2005 sichtbares Überbleibsel des Betriebs war der sogenannte Schwefelberg, die etwa 17 m hohe Abraumhalde der einst benachbarten Fabrik. Dieser Berg entstand durch das Abkippen der Produktionsabfälle des Werkes während

des 19. Jahrhunderts. Durch die schwefelhaltigen Rückstände der Sodaproduktion bekam der Hügel eine gelbliche Färbung und verbreitete üble Gerüche. In der DDR wurde der Hügel zum Erholungsgebiet umgestaltet. Da auf den Chemieabfällen keine Pflanzen gedeihen wollten, trug man Kulturboden auf. 160 Bäume wurden gepflanzt. Der Schwefelberg wurde 2005 abgetragen. Auf dem Gelände steht heute ein Verbrauchermarkt. Zum Teil ist es noch ungenutzt.

^ *Ansicht des Firmengeländes der Nitritfabrik Köpenick AG ca. 1937*

DIE BERLINER GASANSTALTEN

Das Stadtgas, der Vorläufer des heute verwendeten Erdgases, wurde 170 Jahre lang in Berlin hergestellt. Die Produktion des Stadtgases erfolgte aus Kohle in den Gasanstalten, später auch Gaswerke genannt. Bei der Stadtgasherstellung wurde die Kohle ursprünglich mit dem Verfahren der sogenannten trockenen Destillation unter hohen Temperaturen entgast. Die dabei entstehende brennbare Gasmischung besteht vor allem aus Wasserstoff, Methan und Kohlenmonoxid. Später hat man bei moderneren Gaserzeugungsverfahren auch einen Teil der Kohle unter kontrollierten Bedingungen partiell verbrannt und damit zusätzliches Stadtgas erzeugt. Neben Stadtgas entstehen in den Gasanstalten auch Koks und Steinkohlenteer. Das erzeugte Stadtgas musste vor der Verwendung noch von giftigen Stoffen, wie Ammoniak, Kohlendioxid oder Cyanwasserstoff gereinigt werden. Lange Zeit waren im Berliner Stadtbild die Gasanstalten mit ihren großen Gasspeichern, den Gasometern, typische Landmarken. Insgesamt gab es im Stadtgebiet 19 Gasanstalten und 119 Gasometer. Nur wenige sind im heutigen Berlin erhalten geblieben.

Die Stadtgaserzeugung aus Kohle war zuerst in England zur technischen Reife geführt worden. Als man in Berlin eine eigene Stadtgasproduktion zur Gasversorgung der Straßenbeleuchtung plante, trat man daher mit englischen Unternehmen in Kontakt. Im April 1825 schlossen das preußische Ministerium des Innern und der Polizeipräsident von Berlin mit der Londoner Imperial Continental Gas Association ICGA einen Vertrag über die Straßenbeleuchtung von Berlin ab. Am 26. April 1825 wurde

der Grundstein für die erste englische Gasanstalt in Berlin gelegt. Die Pläne dafür wurden in London erarbeitet, und auch das meiste Material zum Aufbau kam aus England. Diese Gasanstalt wurde am Hellweg vor dem Halleschen Tor, heute Gitschiner Straße/Ecke Prinzenstraße errichtet. Am 19. September 1826 wurde dann dort erstmals Stadtgas produziert und zur Versorgung von 26 Laternen Unter den Linden verwendet. Diese erste Berliner Gasanstalt wurde 1922 geschlossen. Bis auf wenige Reste ist sie verschwunden. Auf dem Grundstück befindet sich heute das Prinzenbad.

Die ICGA versorgte Berlin von 1826 bis 1916 mit Stadtgas. Ab 1847 gab es mit der Städtischen Gasanstalt Berlin, der späteren GASAG allerdings eine starke Konkurrenz. Die erste Städtische Gasanstalt entstand direkt neben der ersten englischen Gasanstalt. Heute befindet sich an dieser Stelle der Böcklerpark. Die englische ICGA, die inzwischen mehrere Gaswerke betrieb, wurde während des Ersten Weltkriegs als Feindbesitz enteignet.

Stadtgas wurde in der Folge nicht nur zu Beleuchtungszwecken, sondern auch zum Heizen und für Gasherde eingesetzt. In Ost-Berlin wurde das letzte Gaswerk 1985 geschlossen und die Gasversorgung auf russisches Erdgas umgestellt. In West-Berlin blieb man noch länger beim Stadtgas, um eine autarke Gasversorgung sicherstellen zu können. Erst nach der deutschen Wiedervereinigung konnte man auch hier an die vollständige Umstellung auf Erdgas gehen.

^ *Die erste Englische Gasanstalt in Berlin zwischen Landwehrkanal und Gitschiner Straße im Jahr 1835*

Im Mai 1996 wurde in Berlin-Mariendorf das letzte Berliner Gaswerk stillgelegt und das Stadtgas endgültig vom Erdgas abgelöst. Eine Epoche ging damit zu Ende. Auf dem Gelände des ehemaligen Gaswerkes Mariendorf wurde 2011 die größte Photovoltaik-Anlage Berlins eröffnet.

Die meisten Gaswerke wurden abgerissen und an ihrer Stelle andere Gebäude errichtet. Teile mancher Gaswerke haben sich aber erhalten und stehen unter Denkmalschutz. Das Prominenteste dieser Denkmale ist das Gasometer Schöneberg, wo Günther Jauch seit 2011 einen Polit-Talk veranstaltet. Sehr bekannt ist auch das Gasometer Fichtestraße, welches im Zweiten Weltkrieg zum Luftschutzbunker umgebaut wurde und heute Loftwohnungen beherbergt.

^ *Das Gasometer Schöneberg auf einem Foto aus dem Jahr 2005. Es wurde 1908 bis 1910 erbaut, 1995 außer Betrieb genommen und steht unter Denkmalschutz.*

FARBENFABRIK HEYL

Die Berliner Familie Heyl ist seit fast 300 Jahren als Unternehmerfamilie in der Stadt aktiv. In den Handel und die Herstellung von Malerfarben, Gold- und Lackiermaterialien ging die Familie erstmals 1765, als Johann Friedrich Heyl (1741-1789) die Farbengroßhandlung J.F. Heyl & Cie. in der Leipziger Straße gründete. 1833 wurde von seinem Enkel Ernst Eduard Heyl (1797-1871) am Charlottenburger Salzufer eine Fabrik zur Herstellung von Farben gegründet. Damit wurde die industrielle Produktion von Farbstoffen und Pigmenten aufgenommen. Zu den Produkten gehörten neben vielen anderen Bleiweiß, Mennige (ein rotes Bleioxid), Anilinschwarz und das weiße Bariumsulfat. Die beiden Söhne Ernst Eduards führten die Firma unter der Bezeichnung Gebr. Heyl & Cie weiter. Später wurde sie in eine Aktiengesellschaft umgewandelt. Diese Gebr. Heyl & Co. AG Lack- und Farbenfabrik hatte 1895 ca. 200 Mitarbeiter und produzierte Farben aller Art für Tapeten, Kunst- und Wandmalerei, Buntpapier, Bunt-, Buch- und Steindruck. Sie befand sich am Landwehrkanal, Salzufer 8 und zog sich von dort bis zum Ufer der Spree. Am Salzufer wohnte die Familie Heyl in einer Villa.

Einige Jahre nach der Gründung der Heylschen Fabrik entstand auf dem gegenüberliegenden Ufer des Landwehrkanals eine zweite chemische Farbenfabrik. Der Gründer war der Apotheker und Chemiker Christian August Beringer (1818-1881), gebürtig aus dem württembergischen Waiblingen. Er kam 1850 nach Berlin, wurde Betriebsleiter in der Heylschen Farbenfabrik, gründete aber schon 1852 seine eigene Firma, die A. Beringer GmbH zur Herstellung von Farben und Papierhilfsmitteln.

Zur Verwirklichung dieses Vorhabens mussten zahlreiche Widerstände der Nachbarn überwunden werden, die eine gesundheitliche Beeinträchtigung fürchteten. Die Produktion konnte deshalb nur eingeschränkt erfolgen. Die 1853 beantragte Produktionserweiterung für die Farbenherstellung auf Arsenbasis wurde verboten, so dass in andere Bereiche expandiert werden musste. Zum Produktbereich gehörten Chromfarben und auch Bariumsulfat. Nach dem Tod des Firmengründers übernahm sein Sohn Emil Beringer (1853-1920) die Fabrik, die 1898 etwa 170 Mitarbeiter hatte und deren Produktionsprofil dem der Heylschen Fabrik glich. Die Adresse war Sophienstraße 18-22. Die Sophienstraße existiert heute nicht mehr, die Adresse des Grundstücks ist jetzt Einsteinufer 65-69. Auch die Beringers wohnten in einer fabriknahen Villa am Landwehrkanal.

Eine bemerkenswerte Persönlichkeit im Zusammenhang mit der Farbenfabrik Heyl war Hedwig Heyl (1850-1934), geborene Crüsemann, die Frau des Georg Heyl (1840-1889). Sie arbeitete nach dessen Tod nicht nur selbst aktiv in der Führung des Unternehmens mit, sondern war auch eine äußerst engagierte Frauenrechtlerin und Gründerin von sozialen Einrichtungen. So rief sie einen Kindergarten für Mitarbeiterkinder der Fabrik ins Leben. Damals eine ganz neuartige und fortschrittliche Leistung. Sie gründete Koch- und Haushaltsschulen für Frauen und organisierte 1904 einen Frauenkongress in Berlin. Wegen ihrer rassistischen und gegenüber dem Nationalsozialismus sehr positiven Äußerungen wird sie heute aber eher kritisch gesehen. Hedwigs Sohn Otto M.C. Heyl (1880-1931) war der letzte Firmeninhaber aus der Familie Heyl. Er starb 1931 bei einem Autounfall. Zu diesem Zeitpunkt gehörte die Farbenfabrik aber schon zur Kali Chemie.

1926 war es zu erneuten Klagen gegen die Firma Beringer wegen Rauchbelästigung gekommen. Da die Klagen erfolgreich verliefen, organisierte man jetzt den Zusammenschluss der Farbenfabriken von Heyl und Beringer zur Heyl-Beringer Farbenfabriken AG. Die Beringerproduktion wurde aufgegeben und in die Heylsche Fabrik verlagert. Auf dem Beringer-Gelände befinden sich heute die Institutsgebäude für Funk- und Fernmeldetechnik der Technischen Universität Berlin.

Aber trotz des Zusammenschlusses gerieten die beiden alteingesessenen Unternehmen während der Weltwirtschaftskrise in Schwierigkeiten. 1930 musste Insolvenz beantragt werden.

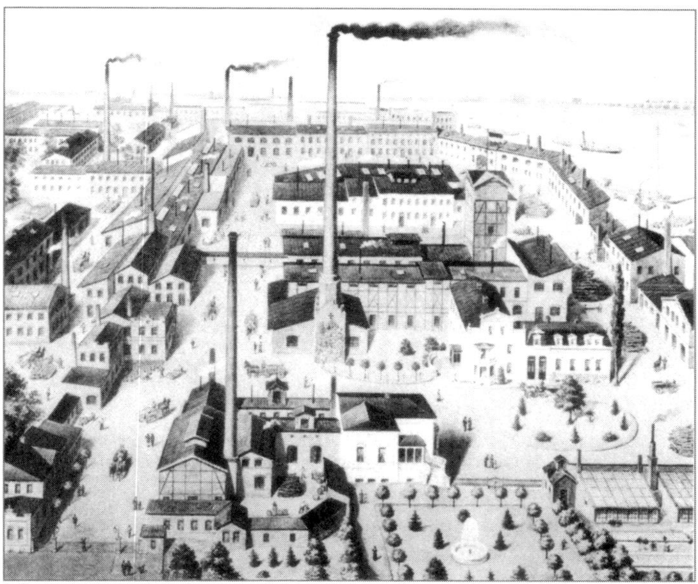

Die Kali-Chemie AG kaufte dann die Berliner Farbenproduktion von Heyl-Beringer aus der Insolvenzmasse. Die vorherige Heylsche Fabrik wurde nun als Kali Chemie AG Abt. Farbenfabriken Berlin-Charlottenburg am Salzufer weiter betrieben. 1962 wurde die Produktion eingestellt und das Gelände an das Land Berlin verkauft. Somit war die Heylsche Farbenfabrik damit endgültig aus Berlin verschwunden. Heute befindet sich auf dem entsprechenden Grundstück ein modernes Büro- und Geschäftshaus am Salzufer. Der Bereich an der Spree liegt noch brach.

Dagegen ist die 1926 von Werner Heyl (1891-1974) gegründete Heyl Chemisch-pharmazeutische Fabrik in der Goerzallee 253 in Zehlendorf bis heute mit großem Erfolg aktiv. Unter anderem ist die Firma auch Hersteller von Berliner Blau für eine medizinische Anwendung: als Antidot für Vergiftungen mit dem hochtoxischen Thallium oder radioaktivem Cäsium.

^ *Farbenfabrik Heyl in Charlottenburg zwischen Landwehrkanal (Salzufer) und Spree im Jahr 1883*

AGFA – ACETA

Der Name Agfa, über Jahrzehnte als einer der wichtigsten Markennamen für Produkte der Fotografie bekannt, entstand ursprünglich als Abkürzung für Aktiengesellschaft für Anilinfabrikation. Die Agfa wird heute kaum noch mit Berlin in Verbindung gebracht, wurde jedoch in unserer Stadt an zwei Standorten gegründet.

Erste Vorläuferfirma war die 1850 vor den damaligen Toren Berlins am Wiesenufer in Treptow gegründete Chemische Fabrik Dr. Jordan. Gründer war Max August Jordan (1818-1892), ein Berliner Chemiker und Apotheker, der aus einer südfranzösischen Hugenottenfamilie stammte. Jordans Chemische Fabrik spezialisierte sich auf die Farbenproduktion, zum Beispiel Berliner Blau und Zwischenprodukte zur Berliner Blau-Herstellung, wie Blutlaugensalz. Ab 1863 begann Jordan auch mit der Herstellung von Anilinfarben, zum Beispiel von Anilinblau, Methylviolett und Fuchsin.

Die eigentlichen Gründer der Agfa aber waren Carl Alexander Martius und Paul Mendelssohn Bartholdy. Martius, 1838 geboren, und als Chemiker schon viel herumgekommen, hatte in seiner Zeit als Assistent bei Hofmann an der Berliner Universität den drei Jahre jüngeren Paul Mendelssohn Bartholdy kennen gelernt. Beide beschlossen, zusammen ein Unternehmen zu gründen, um ihre wissenschaftlichen Kenntnisse in die Praxis umzusetzen. Mendelssohn Bartholdy hatte dabei das familieneigene Berliner Bankhaus Mendelssohn im Hintergrund. Martius war später mit der Tochter eines der Eigentümer des Bankhauses Warschauer verheiratet. 1867 erfolgte die Gründung der Ge-

sellschaft für Anilinfabrikate am Rummelsburger Ufer der Spree gegenüber der Halbinsel Stralau. Sie stellte Vorprodukte der Teerfarbenindustrie her, wie zum Beispiel Anilin, und verkauften diese den Farbenherstellern.

1872 erwarben Martius und Mendelssohn die chemische Fabrik von Jordan in Treptow. Beide Werke, das in Rummelsburg und das in Treptow, wurden 1873 zur Actien-Gesellschaft für Anilin-Fabrikation zusammengeschlossen. Ab 1896 verwendete man dafür das Kürzel Agfa. Das Hauptkontor der Agfa wurde in der Treptower Fabrik eingerichtet. Die Farbenfabrik in Treptow genoss einen guten Ruf wegen der hohen Qualität des hergestellten Fuchsins, welches unter dem Namen Rubin vertrieben wurde. 1878 wurde die Agfa der erste Hersteller des Malachitgrüns, wobei hier die Patentrechte von dem Erfinder Oskar Döbner (1850-1907) erworben worden. Weitere bei der Agfa selbst erfundene und produzierte Farbstoffe waren zum Beispiel: Guineagrün, Chinolingelb, Brilliantcongo, Congorubin oder Chicagoblau.

Die Agfa war um 1880 ein äußerst erfolgreiches Unternehmen der Farbstoffproduktion. Rohmaterialien waren Erzeugnisse der Teerdestillation. Diese wurden im Rummelsburger Werk zu Ausgangsstoffen für die Farbstoffherstellung weiterverarbeitet, während im Treptower Werk dann die fertigen Farbstoffe hergestellt wurden.

Schon 1880 starb Paul Mendelssohn Bartholdy nach schwerer Krankheit. Er wurde durch den Chemiker Franz Oppenheim (1852-1929) ersetzt. Oppenheim, seine Mutter war eine geborene

^ *Das Agfa-Werk in Treptow im Jahr 1877. Im Vordergrund der Flutgraben, im Hintergrund die Görlitzer Eisenbahn. Dieses Werk war die erweiterte ehemalige Chemische Fabrik Dr. Jordan von 1850.*

Mendelssohn, war sowohl ein Verwandter und als auch zweifacher Schwager von Paul Mendelssohn Bartholdy, da dieser nacheinander mit seinen Schwester Else und Enole verheiratet war. Martius führte nun gemeinsam mit Oppenheim das Unternehmen.

Der Einstieg in das später dominierende Fotogeschäft kam mehr zufällig zustande. Seit 1887 war im Labor der Agfa der in Nordfriesland geborene Chemiker Momme Andresen (1857-1951) beschäftigt. Er entwickelte für die Fotografie wichtige Fixiersalze, die die Agfa unter den Bezeichnungen Eikonogen und Rodinal in ihr Produktprogramm aufnahm. Diese erfolgreiche Produktlinie wurde stetig verbreitert und die fotochemische Kompetenz durch den Aufbau eines fotochemischen Labors ab 1892 vergrößert. Nacheinander begann die Agfa, Gelatine-Trockenplatten, Planfilme und schließlich fotografische und Kinorollfilme herzustellen. 1893 waren 780 Mitarbeiter in den beiden Werken in Rummelsburg und Treptow beschäftigt. Aus Platzmangel und wegen hoher Lohnkosten in Berlin wurde 1896 in Wolfen eine Farbenfabrik der Agfa eröffnet. 1909 folgte die Filmfabrik Wolfen. Diese Ortschaft, damals in der preußischen Provinz Sachsen (heute Sachsen-Anhalt) gelegen, wurde damit zum wichtigsten Standort der Firma. Die Agfa wurde nach der US-amerikanischen Kodak zum zweitgrößten Hersteller für Produkte der Fotografie weltweit. 1909 begannen Entwicklungsarbeiten zur Farbfotografie.

Nachdem der Firmengründer C. A. Martius 1896 in den Aufsichtsrat der Agfa gewechselt war, wurde Franz Oppenheim die führende Persönlichkeit des Unternehmens.

^ *Das Agfa-Werk in Rummelsburg im Jahr 1877. Das Werk war 1867 von Carl Alexander Martius und Paul Mendelssohn-Bartholdy gegründet worden.*

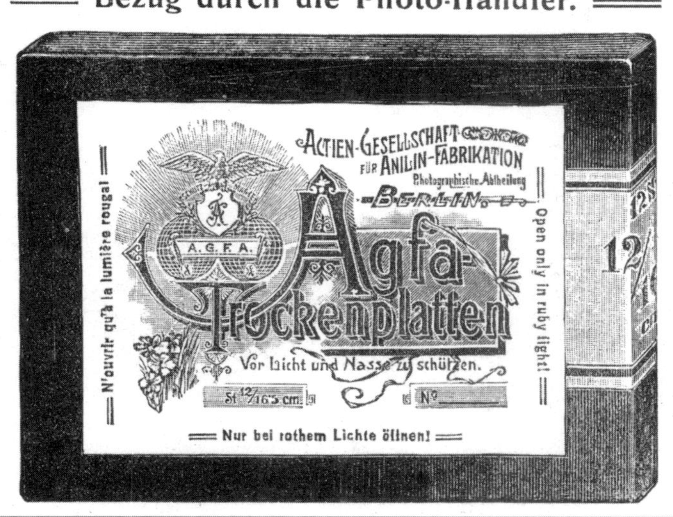

Trotz der Erweiterung der Produktion in Wolfen waren auch die Berliner Werke weiter gewachsen. Sie beschäftigten 1905 fast 2000 Mitarbeiter.

Wie auch bei Kahlbaum wurden in den Berliner Agfa-Betrieben während des Ersten Weltkriegs ebenfalls Giftgase in Stahlflaschen abgefüllt.

Nach dem verlorenen Weltkrieg geriet die deutsche Industrie aufgrund des Verlustes ausländischer Absatzmärkte in eine große Krise. Ein Weg, den Problemen zu begegnen, bestand in Konzentrationsprozessen der Industrie. Die deutschen Chemieunternehmen, die sich vorrangig mit der Farbenproduktion beschäftigten, schlossen sich 1925 zur IG Farbenindustrie AG zusammen. Auch die Agfa ging mit über 10 500 Mitarbeitern in diesem später berüchtigten und nach dem Ende des Zweiten Weltkriegs zerschlagenen Superkonzern auf, zu dem unter anderem die chemischen Großbetriebe BASF mit Sitz in Ludwigshafen, Bayer aus Leverkusen und Hoechst aus Frankfurt am Main gehörten. Die Zentrale der IG Farben entstand ebenfalls in Frankfurt. Die Agfa-Werke wurden zur Gruppe III der IG Farben. Hier wurden sämtliche Aktivitäten bezüglich Fotografie und Film gebündelt. Die Farbenproduktion gehörte endgültig nicht mehr zur Agfa. Ab 1933 verblieben im Treptower Agfa-Werk Lohmühlenstraße 65-67 lediglich die Schmalfilm-Kopieranstalt, die Agfa-Photo-Entwick-

^ *Verpackung für AGFA Glasplatten von 1880*

lungsanstalt und der Agfa-Vertrieb mit Lager und Verkauf. Andere Produktionen, die Zentrale und die Entwicklungsabteilung waren nach Wolfen verlagert worden. Ab 1934 zog die Waffenfabrik Treptow in die freigewordenen Räumlichkeiten ein.

Um in die Kunstseideherstellung einzusteigen, gründete die IG Farben 1925 zusammen mit der Glanzstoff-Fabrik AG die Aceta GmbH. Als Sitz wurde das alte Agfa-Gelände in der Hauptstraße 13 im Lichtenberger Ortsteil Rummelsburg auserkoren. Hier wurde mit der Kunstseideproduktion auf der Basis von Celluloseacetat begonnen. Celluloseacetat war auch das Trägermaterial für Rollfilme, daher die Kompetenz der Agfa für dieses Feld. 1930 verkaufte die Glanzstoff-Fabrik ihren Anteil an der Aceta an die IG Farben. Das wissenschaftliche Labor der Aceta wurde von 1926 bis 1945 von Paul Schlack geleitet. In diesem Labor wurde am 19. Januar 1938 das Perlon, eine Polyamidkunstfaser, erfunden und dann auch produziert.

^ *Und was ist eigentlich Aceta-Kunstseide? Informationsschrift der I.G. Farbenindustrie AG, Abteilung Aceta-Verkauf für Kunstseide aus Celluloseacetat, hergestellt in Berlin.*

Die Kriegszerstörungen im Berliner IG Farben-Werk Aceta blieben vergleichsweise gering. Das Rummelsburger Werk wurde unter der Bezeichnung IG Farbenindustrie Aktiengesellschaft, Werk Aceta in Auflösung weitergeführt. 1951 erhielt es den Namen VEB Kunststoffwerk Aceta. Das Firmensymbol ist noch heute an den Außenwänden zu erkennen. Nach Demontagen benötigte der Restbetrieb VEB Aceta nur noch einen Teil des Betriebsgeländes. Es zogen daher zu Zeiten der DDR Teilbetriebe des VEB Elektro-Apparate Werke EAW und der VEB Gummiwerke auf das Gelände. Bis 1969 produzierte der VEB Aceta vor allem Angeldraht, Weidezaun, technische Drähte und Siebe auf Perlon-Basis. Dann wurde die Produktion nach außerhalb Berlins verlagert.

Einige Gebäudeteile des alten Acetabetriebes der Agfa sind heute Bestandteil des Gewerbeparkes Klingenberg in der Hauptstraße 9-13 in Lichtenberg. Sie stehen unter Denkmalschutz.

Im ehemaligen Agfa-Firmenkomplex in Treptow war zu DDR-Zeiten der VEB Steremat, ein Betrieb der Automatisierungsgeräte und Rationalisierungsmittel für die Elektronik- und Elektroindustrie herstellte, ansässig. Auch dieses ehemalige Agfa-Gelände wird als Bouché Gewerbepark heute weiterhin gewerblich genutzt. Die dort entlangführende Jordanstraße erinnert an M. A. Jordan, der hier die erste Chemiefabrikation installierte.

^ *Das Firmensymbol des VEB Kunststoffwerk Aceta ist noch heute am Gebäude an der Straßenfront zur Hauptstraße gut zu erkennen.*

SCHERING AG

In einem Schreiben vom 23. Oktober 1871 informierte Ernst Schering seine Kunden und Geschäftspartner über die Gründung der Chemischen Fabrik auf Actien (vorm. E. Schering). Dieser Tag gilt als das Gründungsdatum des späteren pharmazeutischen Großunternehmens Schering. Ernst Schering hatte allerdings schon seit 1855 in seiner 1851 gegründeten Apotheke in der Chausseestraße eine Fabrik für chemische und pharmazeutische Produkte betrieben. Zur Erweiterung der Fabrik war 1858 ein Grundstück an der Müllerstraße 171 im Wedding gekauft worden, auf dem ab 1864 die chemische Fabrik E. Schering Fabrikationsanlagen errichtete. Erste dort hergestellte Produkte waren unter anderem Chloralhydrat, das erste synthetisch hergestellte Schlafmittel, und Chloroform, ein Narkosemittel. Während des deutsch-französischen Krieges von 1870/71 hatte Schering die Arzneimittelversorgung mehrerer Armeekorps übertragen bekommen. Dadurch wurde eine starke Ausweitung der Produktion erreicht. Zu dieser Zeit hatte das Unternehmen 64 Mitarbeiter. In der dem Krieg folgenden Gründerzeit erfolgte auch die Umwandlung zur Aktiengesellschaft. Das dadurch eingenommene Kapital von 500 000 Talern erlaubte den weiteren Ausbau des Werkes Müllerstraße. Treibende Kraft bei der Gründung der Aktiengesellschaft war Scherings Freund Julius Holtz (1836-1911). Holtz stammte wie Schering aus Prenzlau, war Apotheker geworden und besaß seit 1861 die Charlottenburger Hofapotheke. Diese verkaufte er 1871 und beteiligte sich mit dem Verkaufserlös an der Chemischen Fabrik auf Actien (vorm. E. Schering). Holtz wurde außerdem Mitglied des Aufsichtsrats der Firma. 1874 trat Holtz

neben Ernst Schering in den Vorstand der Chemischen Fabrik auf Actien ein. Schering war nun für den technischen, Holtz für den kaufmännischen Teil zuständig. Zu diesem Zeitpunkt war die Blase der Gründerzeit schon durch eine schwere Krise, den Gründerkrach, abgelöst worden. Erst ab 1875 erholte sich die Wirtschaft wieder. Auch die Firma Schering kam auf einen Wachstumskurs zurück. 1879 hatte sie 200 Mitarbeiter. In diesem Jahr erfolgte die Eröffnung des Charlottenburger Zweigwerkes am Tegeler Weg.

1882 schied Unternehmensgründer Ernst Schering aus dem Vorstand der Firma aus und wechselte in den Aufsichtsrat. Jetzt führte Holtz das Unternehmen zusammen mit dem aus Andernach neu als technischen Leiter berufenen Hermann Finzelberg (1847-1922). Finzelberg war ebenfalls Apotheker. Gelernt hatte er bei Ernst Schering in der Grünen Apotheke. 1889 wurde das erste wissenschaftliche Forschungslaboratorium der Firma Schering gegründet und damit die Forschung nach neuen Produkten professionalisiert. Im gleichen Jahr starb Ernst Schering. 1890 war das neue repräsentative Verwaltungsgebäude in der Müllerstraße, das sogenannte Rote Schloss fertiggestellt.

Ein recht erfolgreiches Produkt von Schering wurde das 1890 eingeführte Piperazin, die erste pharmazeutische Spezialität der Firma. Eigentlich hatte man ein potenzsteigerndes Mittel, wohl dem heutigen Viagra vergleichbar, entwickeln wollen. Man sprach damals von einem »Verjüngungsmittel für ältere Herren«. Tatsächlich hatte Piperazin nicht die gewünschte Wirkung, wurde aber zu einem Mittel gegen Gicht.

^ *Das Werk der der Chemischen Fabrik auf Actien (vorm. E. Schering) in der Müllerstraße im Wedding 1874*

1895 wurde Urotropin als Mittel zur allgemeinen inneren Desinfizierung auf den Markt gebracht. Aber nicht nur mit pharmazeutischen Produkten war die Firma Schering erfolgreich. Auch die Herstellung von synthetischem Kampfer als Weichmacher für den frühen Kunststoff Celluloid wurde ein wichtiges Produkt. So, wie auch heute noch viele Kunststoffe, benötigte auch Cellulosenitrat einen Weichmacher, um es ausreichend gebrauchsfähig zu machen. Celluloid war die Mischung aus Cellulosenitrat mit etwa 30% Kampfer. Letzterer wurde als Naturprodukt aus dem japanischen Kampferbaum gewonnen. Mit der Zunahme des Bedarfs reichte die natürlich zu produzierende Menge Kampfer nicht mehr aus. Schering witterte ein Geschäft und entwickelte ein Verfahren zur Herstellung von Kampfer aus Terpentinöl, einem Produkt aus Kiefernharz. 1902 wurde von Schering künstlicher Kampfer auf den Markt gebracht. In den 1920er-Jahren trug er immerhin ein Drittel zum Umsatz des Unternehmens bei. Ein Nachteil des Celluloids war seine hohe Brennbarkeit. Man versuchte daher, einen weniger brandgefährlichen Kunststoff zu entwickeln. Das gelang auch mit dem Celluloseacetat, dessen großtechnische Produktion bei Schering 1936 begann.

1895, die Firma hatte jetzt 623 Beschäftigte, wurde auch eine Fotografische Abteilung gegründet. 1901 stieg Schering in den Bereich der Galvanochemikalien ein. Die ab 1905 produzierten

^ *Das »Rote Schloss«, ein markanter Backsteinbau, war das 1890 bezogene neue repräsentative Verwaltungsgebäude in der Müllerstraße-*

Trisalyte waren Chemikalienmischungen, die es dem Galvanotechnischen Betrieb erlaubten, seine wässrigen Bäder zur galvanischen Metallabscheidung durch einfache Auflösung der Trisalytprodukte anzusetzen. Bis 1910 war die Mitarbeiterzahl auf 900 angestiegen. Ein immer größerer Teil der Produkte wurde ins Ausland exportiert. Aber man begann auch, direkt im Ausland zu investieren. 1905 ging das erste russische Werk in Betrieb, 1907 folgte das zweite. Allerdings gingen sie mit Beginn des Ersten Weltkriegs, das Russische Reich war Kriegsgegner des Deutschen Reiches, verloren. Das betraf auch die meisten anderen lukrativen Auslandsmärkte. Der Umsatzverlust durch das verlorene Auslandsgeschäft wurde durch typische Kriegsprodukte, Gasmaskeneinsätze und Abfüllung von Giftgas, ersetzt. Nach dem Ersten Weltkrieg organisierte Schering das Exportgeschäft auf breiter Basis in der ganzen Welt neu. Über die Hälfte der Schering-Produkte wurde ins Ausland exportiert.

1920 kamen Pflanzenschutzmittel als neue Produktgruppe hinzu. 1928 wurde das arsenhaltige Präparat Meritol aus Flugzeugen über sächsischen Wäldern ausgebracht, um den Nonnenbefall zu bekämpfen, was auch gelang. Die stark insektizide Wirkung von DDT wurde 1939 von einem Schweizer Chemiker der Basler J. R. Geigy AG entdeckt. Dafür gab es 1948 den Nobelpreis für Medizin. In Deutschland war die Berliner Schering AG 1943 der erste Lizenznehmer von Geigy und Produzent von DDT,

^ *Kampfer, hier verschiedene Verpackungen, war ab 1903 für Jahrzehnte eines der wichtigsten Produkte.*

welches im Adlershofer Werk hergestellt wurde. Noch während des Zweiten Weltkriegs wurde es in Deutschland gegen den Kartoffelkäfer eingesetzt.

Im August 1922 wurde die Aktienmehrheit der Chemischen Fabrik auf Actien (vorm. E. Schering) von der Oberschlesischen Kokswerke & Chemische Fabriken AG, kurz Oberkoks, übernommen. Oberkoks, ein aus dem Oberschlesischen Kohlenpott stammendes Unternehmen der Steinkohlenindustrie, hatte im gleichen Jahr auch den Berliner Konkurrenten von Schering, die C. A. F. Kahlbaum GmbH übernommen. 1927 wurden die Oberkoks-Tochterfirmen zur Schering-Kahlbaum AG verschmolzen. 1937 wurden die beiden Firmen Oberkoks und Schering-Kahlbaum endgültig zusammengelegt. Das Konglomerat hieß dann Schering AG. Zum Schutz vor einer Übernahme wurde eine Stimmrechtsbeschränkung für Großaktionäre eingeführt.

Die chemischen Betriebe der neuen Schering AG hatten in Berlin jetzt die Standorte Müllerstraße und Tegeler Weg (die alte Schering), Adlershof (ehemals Kahlbaum), Spindlersfeld (ehemals W. Spindler AG) und Charlottenburg, Salzufer 16 (ehemals Pfeilring, davor Jaffé und Darmstädter). In der Folge wurde insbesondere das Werk Adlershof ausgebaut.

1923 begann bei Schering die Forschung an Sexualhormonen, ein Gebiet, welches später reiche Früchte tragen sollte. Schering brachte nämlich 1961 mit Anovlar als zweites Unternehmen weltweit eine Antibabypille heraus und blieb dann dauerhaft führend auf diesem Gebiet.

^ *Meritol, ein insektentötendes Fraßgift, war ein frühes Pflanzenschutzmittel zur Schädlingsbekämpfung auf Arsenbasis. Später wurden arsenfreie Mittel entwickelt.*

Reichsmark 100,–

SCHERING
AKTIENGESELLSCHAFT ZU BERLIN

100 Reichsmark AKTIE №81346
über
HUNDERT REICHSMARK

Der Inhaber dieser Aktie ist bei der SCHERING AKTIENGESELLSCHAFT nach Maßgabe der Satzung als Aktionär beteiligt.

BERLIN, im Juli 1938.

SCHERING AKTIENGESELLSCHAFT

Eingetragen Blatt 814 des Aktienbuchs.

Die sich ändernden Rahmenbedingungen in der Zeit des Nationalsozialismus betrafen auch die Geschäftspolitik von Schering. So mussten die sogenannten nichtarischen Führungspersonen entfernt werden. In vielen Fällen gelang es aber, sie in Tochtergesellschaften im Ausland unterzubringen. Von Sommer 1933 bis zu seiner Ermordung im Juni 1934 war Gregor Strasser, im bürgerlichen Beruf Apotheker, ein 1932 entmachteter Konkurrent Adolf Hitlers in der NSDAP, Vorstandsmitglied der Schering-Kahlbaum AG.

In der Bombennacht vom 22. zum 23. November 1943 wurden das Gebäude der Hauptverwaltung und das Warenlager des Stammwerkes in Berlin-Wedding fast völlig zerstört. Während der Eroberung Berlins durch die sowjetische Armee lag das Schering-Werk Müllerstraße zeitweise in der Hauptkampflinie und erlitt zusätzliche Schäden.

Nach dem Krieg hatte die Schering AG die meisten Betriebsteile verloren. Dazu gehörte die Kohleindustrie im nun polnischen Oberschlesien, Werke in Ostdeutschland (Eberswalde) und Ost-Berlin (Adlershof und Spindlersfeld) und viele Betriebe im Ausland. So wurde 1942 die Schering Niederlassung in den USA enteignet und 1952 privatisiert. Diese Schering Corporation, ab 1971 Schering-Plough wurde zu einem pharmazeutischen Großunternehmen mit 55 000 Beschäftigten, 2009 aber von einem anderen US-Pharmakonzern übernommen.

^ *Aktie der Schering AG aus dem Jahr 1938. 1937 war aus der Schering-Kahlbaum AG und ihrer Mutterfirma, der schlesischen Oberkoks AG, die Schering AG geründet worden.*

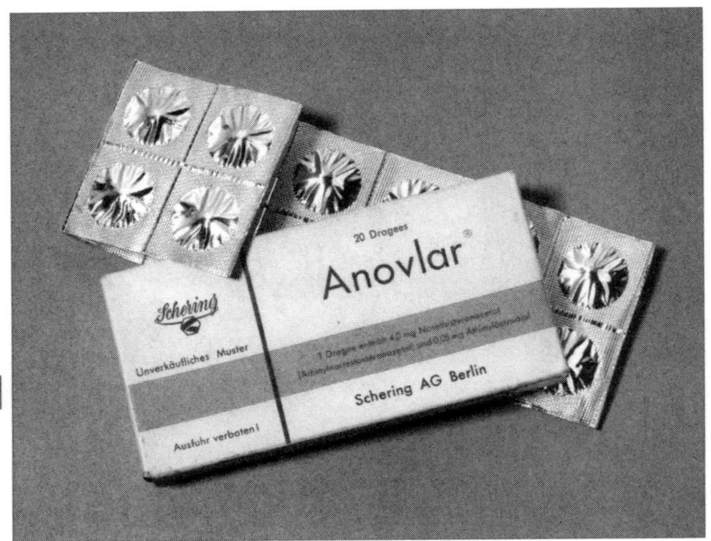

Trotzdem gelang der in West-Berlin verbleibenden Schering AG ein beeindruckender Wiederaufstieg. So stieg die Mitarbeiterzahl von knapp 2000 im Jahr 1950 auf 8600 im Jahr 1970. Verantwortlich dafür war ganz entscheidend auch der Chemiker Reinhard Clerc (1895-1971), schon seit 1922 bei Schering und von 1940 bis 1964 im Vorstand, danach bis 1969 im Aufsichtsrat. In den 1970er-Jahren entstanden die heute die Silhouette des Standortes Müllerstraße dominierenden Gebäude mit dem 16-geschossigen Schering-Hochhaus.

Schering war um 1980 zu einem diversifizierten Chemiekonzern mit den Sparten Pharma, Galvanotechnik, Pflanzenschutz und Industriechemikalien mit insgesamt 12 600 Mitarbeitern geworden. Unter der Leitung des Italieners Giuseppe Vita (geboren 1935) wurde Schering in der nächsten Phase der Unternehmensgeschichte zu einem reinen Pharmaunternehmen umgewandelt. Der aus Sizilien stammende Mediziner Vita war von 1989 bis 2001 Vorstandsvorsitzender, dann bis 2006 Aufsichtsratsvorsitzender. Schering veräußerte nach und nach alle nicht zum Pharmabereich gehörenden Chemieaktivitäten.

Dazu wurde 1993 auch die seit 1901 erfolgreich betriebene Sparte Galvanotechnik an ein französisches Mineralölunternehmen verkauft. Unter dem Namen Atotech ist sie heute als Tochterfirma des Total-Konzerns mit weltweit rund 3300 Mitarbei-

^ *Anovlar war 1961 die erste Antibabypille von Schering und die zweite weltweit.*

tern der global bedeutendste Zulieferer für die Galvanotechnik mit Sitz in der Erasmusstraße 20 in Berlin-Moabit.

Die Pflanzenschutzsparte von Schering wurde 1994 mit der von Höchst in ein neues gemeinsames Unternehmen namens Agrevo mit Sitz in Berlin-Reinickendorf, Miraustraße 54 eingebracht. Nach mehreren Strategiewechseln kam das Unternehmen zur Bayer AG. Der Berliner Standort wurde 1999 geschlossen.

Der Schering-Standort Charlottenburg, Tegeler Weg wurde ebenfalls aufgegeben. Dort befindet sich heute der Biotech-Park Charlottenburg. Nach der Umstrukturierung war Schering 2005 ein selbständiges, börsennotiertes Pharmaunternehmen mit mehr als 24 000 Mitarbeitern in 160 Tochtergesellschaften weltweit und mit ca. 5,3 Mrd. Euro Umsatz. Wichtigste Umsatzträger waren die Antibabypille Yasmin und das Multiple-Sklerose-Präparat Betaferon.

Über 60 Jahre nach der Einführung hatten die Schering-Aktionäre 1998 die Stimmrechtsbeschränkung für Großaktionäre abgeschafft. Das sollte sich rächen. 2006 kam es zu einem Bieterwettbewerb zwischen zwei deutschen Pharma- und Chemieunternehmen, Merck und Bayer. Am Ende nahmen die Schering-Aktionäre das höhere Bayer-Angebot an. Aus Schering wurde ein Teil des Pharmabereichs des Bayer-Konzerns.

^ *Das zerstörte Hauptgebäude der Schering AG nach dem Zweiten Weltkrieg 1945*

Bis 2011 hieß dieser wichtige Unternehmensteil Bayer Schering Pharma AG. Seitdem nennt sich der Unternehmensteil mit Sitz in der Müllerstraße im Wedding Bayer HealthCare Pharmaceuticals. Er hat weltweit etwa 37 000 Mitarbeiter und einen Umsatz von 10 Milliarden Euro.

^ *Die in den 1970er-Jahren erbaute ehemalige Hauptverwaltung der Schering AG in Berlin-Wedding. Stolz prangt heute das Bayer-Kreuz am Schering-Hochhaus.*

CHEMISCHE FABRIK GRÜNAU

Auch im malerischen Berliner Ortsteil Grünau existierten am Ufer der Dahme an der Regattastraße von etwa 1875 bis 1992 chemisch-pharmazeutische Fabrikationsstätten. Über die gut 100 Jahre ihrer Existenz wechselten Name, Besitzer und Produktpalette. Ursprünglich hatten sich hier mehrere chemische Produktionsbetriebe angesiedelt. Dazu gehörten Balzer & Co und Landshoff & Meyer, die sich 1900 zur Chemischen Fabrik Landshoff & Meyer AG zusammenschlossen. Balzer & Co, 1888 vom Pankower Apotheker Karl Balzer und seinem Compagnon Ludwig Michaelis gegründet, produzierte Chemikalien wie Borax, Borsäure, Natriumjodid, Kaliumjodid sowie Kaliumhydroxid und Natriumhydroxid. Balzer & Co hatte 1888 20 und 1900 etwa 110 Mitarbeiter. Landshoff & Meyer, 1884 mit zwölf Arbeitskräften gestartet, stellten organische Vorprodukte der Farbenfabrikation her. Naphtol und Naphtylamin waren die Hauptprodukte, Naphtalin, Thiosulfat und schweflige Säure Nebenprodukte. Nach und nach übernahmen Landshoff & Meyer alle kleineren chemischen Betriebe am Standort. Die beiden Gründer Ludwig Landshoff (1854-1926) und Paul Joachim Meyer (1853-1918) hatten in Berlin bei August Wilhelm Hofmann Chemie studiert und auch promoviert, Landshoff 1878 über die Methylderivate und die Homologen des Naphthylamins und Meyer ein Jahr früher über Glycocoll und seine Derivate.

Schrittweise wurden weitere Produkte in das Produktionsprogramm aufgenommen oder kamen durch Übernahme benachbarter Firmen hinzu. So begann man ab 1906 mit der Her-

^ *Aktie der Chemischen Fabrik Grünau Landshoff & Meyer AG aus dem Jahr 1929*

stellung von Natriumperborat, 1908 kamen Wasserstoffperoxid, 1911 Ameisensäure sowie deren Salze hinzu.

1908 kam es bei Landshoff & Meyer zu einem spektakulären Brandunfall. Nachdem sich in einem Lagerschuppen große Mengen Naphtalin entzündet hatten, ergoss sich die brennende Masse in die Dahme und schwamm weiter brennend in Richtung Altstadt Köpenick. Der Feuerwehr gelang es, die Gebäude in der Nähe des Brandherdes zu schützen. Letztendlich waren glücklicherweise nach dem Abbrennen des auf der Dahme schwimmenden Naphtalins nur die Lagerhalle und die dort gelagerten Vorräte vernichtet. Weitere Schäden gab es nicht.

Während des Ersten Weltkriegs begann man mit der Produktion von Waschmitteln aus Eiweißabbauprodukten, hauptsächlich für die Textilindustrie. Ausgangsstoff waren Lederabfälle. Es kamen auch Chemikalien für die Bauindustrie, wie Betondichtungsmittel hinzu.

1917 wurde ein Verfahren zur Herstellung von Perborat durch Elektrolyse erarbeitet. Da das wesentlich größere Chemieunter-

nehmen Degussa aus Frankfurt am Main auch an einem solchen Verfahren geforscht hatte und nun ins Hintertreffen geraten war, kam es zu einem näheren Kontakt zwischen beiden Unternehmen. 1921 übernahm die Degussa schließlich eine Mehrheitsbeteiligung an der Chemischen Fabrik Grünau AG.

Neben dem Mehrheitsaktionär Degussa, hielt die jüdische Gründerfamilie Meyer in den 1930er-Jahren immer noch 12% der Anteile der Chemischen Fabrik Grünau. Außerdem waren die Enkel des Gründers Viktor und Theo Meyer Vorstände und ihr Vater Paul Meyer war im Aufsichtsrat des Unternehmens. Im Rahmen der Arisierungspolitik während der nationalsozialistischen Herrschaft geriet die Degussa 1937 unter Druck, ihre jüdischen Teilhaber aus dem Unternehmen zu drängen. 1938 verließen die Meyers das Unternehmen und verkauften ihre Aktien an die Degussa. 1939 hatte die Chemische Fabrik Grünau etwa 270 Mitarbeiter, und die Fläche des genutzten Firmengrundstücks betrug 100 000 qm.

Die Degussa war auch am deutschen Uranprojekt während des Zweiten Weltkriegs beteiligt. Ihre Aufgabe bestand in der Herstellung reinen Urans. Die zweite Uranreduktionsanlage der Degussa wurde ab 1942 in der Chemischen Fabrik Grünau errichtet. 1944 wurde hier die Produktion aufgenommen. Damit im Zusammenhang stand vielleicht auch der gezielte Luftangriff auf die Chemische Fabrik Grünau am 27. Januar 1944, bei der etwa 60% des Werkes zerstört wurden.

^ *Chemische Fabrik Grünau im Jahr 1939 vom gegenüberliegenden Dahme-Ufer aus gesehen: sieben mächtige Schornsteine sowie langgestreckte Fabrikations- und Lagerhallen prägen das Bild.*

Nach dem Zweiten Weltkrieg gab es auch in der Chemischen Fabrik Grünau, wie in vielen im sowjetischen Zugriffsbereich liegenden Industriebetrieben, umfangreiche Demontagen von technischen Einrichtungen. Trotzdem erfolgte schon am 18. Juni 1945 die provisorische Wiederaufnahme der Produktion. Die bisherige Aktiengesellschaft wurde unter Treuhandverwaltung gestellt und 1947 endgültig enteignet. Manche der alten Mitarbeiter verließen die sowjetische Besatzungszone und gingen nach Westen. Ab 1949 sprach man vom VEB Chemische Fabrik Grünau, später lautete die Bezeichnung VEB Chemisches Werk Berlin-Grünau.

Das Produktionsprofil der Vorkriegszeit wurde im Wesentlichen beibehalten und weiterentwickelt. Produkte waren Bauhilfsmittel, wie die Beschichtung »Silikat 66« oder Beton-Abbindeverzögerer, wie sie z.B. beim Bau des Berliner Fernsehturms eingesetzt wurden. Daneben wurde die Sparte der pharmazeutischen Produkte ausgebaut. Da die Pharmazieproduktion immer mehr zur tragenden Säule des Betriebes wurde, erfolgte 1967 die Eingliederung in den VEB Berlin-Chemie.

1995 wurde der Betrieb endgültig geschlossen. Die Abrissarbeiten begannen, und eine Sanierung des tiefenbelasteten Grundstücks folgte. Nach der im Jahr 2011 abgeschlossenen Sanierung des ehemaligen Betriebsgeländes erinnert jetzt nichts mehr an den vorher hier ansässigen Chemiebetrieb. In der Zukunft werden an diesem Standort wohl hochwertige Wohnanlagen entstehen.

Ende 1945 begann in Illertissen im bayrischen Schwaben der Aufbau einer alternativen Chemischen Fabrik Grünau GmbH, die auch wieder zur Degussa gehörte und 1986 vom Waschmittel- und Klebstoffkonzern Henkel übernommen wurde. Diese Firma, die zeitweise Grünau Illertissen GmbH hieß, wurde von Robert Hansen (1903-1993), einem aus Grünau nach Illertissen geflüchteten ehemaligen Mitarbeiter der Grünauer Chemiefabrik, wiedergegründet.

PERMUTIT AG

Die 69 Jahre in Berlin existierende Permutit AG war lange Zeit ein führender Betrieb zur Herstellung von Ionenaustauschern zur Wasserbehandlung und auch der weltweite Pionier auf diesem Gebiet. Die Firmengründung diente der wirtschaftlichen Ausnutzung der Entwicklungsarbeiten des Chemikers Robert Gans. Gans, der sich seit 1921 Ganssen nannte, war Leiter des Chemischen Laboratoriums der Preußischen Geologischen Landesanstalt in Berlin. Er untersuchte natürliche wasserhaltige Silikate, sogenannte Zeolithe, die die Alkali-Ionen Natrium oder Kalium gegen die Härtebildner Calcium oder Magnesium austauschen können. Dabei erkannte er, dass man diese Eigenschaft zur Herstellung enthärteten Wassers verwenden kann und entwickelte ein 1906 patentiertes Verfahren zur industriellen Herstellung dieser Zeolithe durch Zusammenschmelzen von Feldspat, Wasserglas und Soda. Der Einsatz solcher Ionenaustauscher zur Herstellung von »weichem« Wasser bedeutete eine Revolution für die Wasserbehandlung.

Gans hatte die Patente der J. D. Riedel Chemische Fabrik zur Auswertung überlassen. Diese gründete für das Feld der Ionenaustauscher im Juni 1912 mit der Permutit AG eine eigenständige Firma. In der ersten Zeit nach der Firmengründung befanden sich die Geschäftsräume der Permutit AG in dem der J. D. Riedel gehörigen Gebäudekomplex in der Gerichtsstraße. J. D. Riedel stellte auch bis Anfang der 1920er-Jahre die Ionenaustauscher für die Permutit AG her, die diese dann nur vertrieb. Etwa 1922 erwarb die Permutit das Eckhaus Luisenstraße 30/Ecke Schiffbauerdamm in Mitte, welches zur Firmenzentrale wurde und auch die

^ *Aktie der Permutit AG von 1917. Das Unternehmen war ursprünglich eine GmbH die zur J. D. Riedel AG gehörte, wurde aber 1912 zur selbstständigen Aktiengesellschaft.*

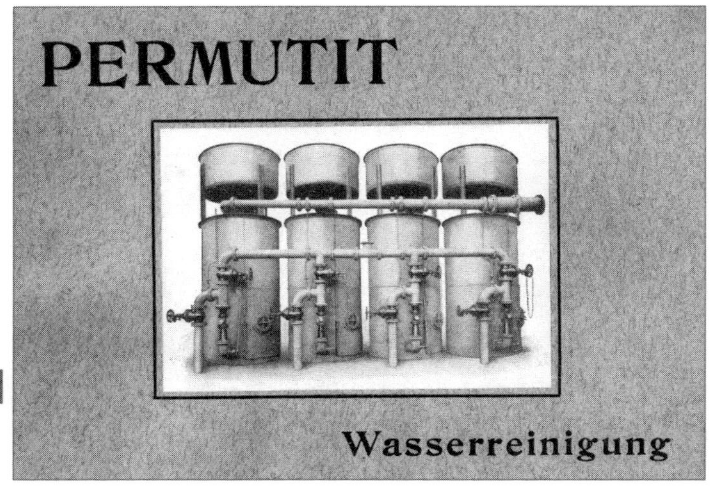

Forschungslabors erhielt. Eine eigene Produktion wurde im märkischen Rathenow installiert. Später ging man auch in den Anlagenbau und produzierte ebenfalls in Rathenow selbst Anlagen zur Wasserenthärtung auf Basis des Ionenaustauschs. 1925 bis 1939 arbeitete der aus einer prominenten Sozialistenfamilie stammende Otto Liebknecht als Chefchemiker für die Permutit.

Über längere Zeit war der jüdische Industrielle Walter Gerstel (1882-1934) Generaldirektor der Permutit AG und auch deren Großaktionär. 1932, nachdem er Vorsitzender des Direktoriums der Charlottenburger Wasserwerke geworden war, wechselte er in den Permutit-Aufsichtsrat und wurde dessen Vorsitzender. Schon kurz nach der Machtergreifung der Nationalsozialisten endete Gerstels Unternehmerkarriere. Er verlor seine Leitungsfunktionen und musste seine Firmenanteile unter Wert verkaufen. Im Mai 1934 nahm sich Gerstel in Garmisch-Partenkirchen das Leben.

Der Zweite Weltkrieg und seine Folgen bedeuteten eine tiefe Zäsur für die Permutit AG. Die Firmenzentrale wurde bei Bombenangriffen zerstört und lag, wie auch die Fabrikation, im sowjetisch besetzten Teil Deutschlands und wurde von den Kommunisten enteignet. Die Permutit AG musste im Westteil der Stadt völlig neu beginnen. Die neue Firmenzentrale entstand nach Zwischenstationen in Grunewald, Auguste-Viktoria-Straße 62 und eine Produktionsstätte für Wasserenthärtungsanlagen in Tempelhof. Die Herstellung der Ionenaustauscher erfolgte in einer neuen Produktionsanlage in Duisburg. Nach 1945 wurden

^ *Informationsschrift über Permutit-Wasserreinigungs-Verfahren für Enthärtung, Enteisenung und Entmanganung von 1911 von der Permutit-Filter-Co. GmbH, Tochterfirma von J. D. Riedel*

die natürlichen Zeolithe durch künstliche Ionenaustauscher auf Polystyrol-Basis ersetzt, da diese eine etwa 20-fach höhere Kapazität besitzen. Auch auf diesem Technologiefeld war die Firma Permutit einer der Pioniere.

Nachdem sie ihre Aktivitäten vollständig nach Duisburg verlagert hatte, stellte die Berliner Permutit AG 1981 ihre Geschäftstätigkeit ein. Die Aktivitäten der Firma wurde vom Wasserreinigungsspezialisten Hager und Elsässer übernommen. Der Name Permutit verschwand aus Berlin.

Da zur möglichst weitgehenden Verwertung der Patente von Gans ursprünglich weltweit Firmen mit dem Namen Permutit gegründet worden waren, lebte der Name Permutit aber weiter. Heute ist er ein wichtiges Markenzeichen des Siemens Bereiches Wassertechnologie.

^ *Die Permutit-Patente zur Wasserenthärtung mittels Ionenaustausch wurden weltweit vermarktet. Hier eine Permutit-Werbung aus England aus dem Jahr 1923.*

GLANZFILMFABRIK – KODAK – FOTOCHEMISCHE WERKE KÖPENICK

Neben der Rummelsburger Agfa war noch eine zweite Berliner Firma als Produzent von Filmen für Fotographie und Kino tätig: die Fotochemischen Werke Köpenick.

1923 wurde in Berlin-Köpenick zwischen Friedrichshagener Straße und Spree ein fotochemisches Werk unter der Bezeichnung Glanzfilm AG Köpenick gegründet. Das war ein Tochterunternehmen des Kunstseideproduzenten Vereinigte Glanzstoff-Fabriken AG aus Elberfeld (heute Ortsteil von Wuppertal). Da diese Firma über mehrere Jahre mit Verlust arbeitete, wurde sie 1927 an den US-amerikanischen Fotokonzern Kodak verkauft und agierte fortan als Kodak AG, Werk Köpenick. Hergestellt wurden Filme für die Schwarz-Weiß-Fotografie und Röntgenfilme sowie die dazu notwendigen chemischen Verarbeitungsmaterialien. Während des Zweiten Weltkriegs wurden die Köpenicker Kodakwerke 1941 als Feindvermögen beschlagnahmt. Auch nach

Kriegsende erhielten die Amerikaner ihr Werk nicht zurück, da es nun im sowjetischen Machtbereich lag. Es wurde noch einige Jahre unter der Bezeichnung Kodak AG Filmfabrik Köpenick in Verwaltung weitergeführt. Ab 1956 firmierte man dann unter der Bezeichnung VEB Fotochemische Werke Köpenick, kurz FCW. Es wurden Röntgenfilme, Schwarz-Weiß-Filme, Fotopapier und Fotochemikalien produziert.

Nach der deutschen Wiedervereinigung erhielt Kodak seine Köpenicker Filmfabrik 1992, 51 Jahre nach der Beschlagnahmung durch die Nationalsozialisten, zurück. Aber die Entwicklung der Digitaltechnik für Fotografie und Film führte schnell zur Schließung des Werkes mit Ausnahme einer kleinen Abteilung für Röntgenfilme (X-ray-Retina).

Zur Zeit entsteht auf dem ehemaligen Betriebsgelände der Fotochemischen Werke Köpenick in der Friedrichshagener Straße 9 eine Wohnanlage unter teilweiser Nutzung der Fabrikgebäude aus den 20er-Jahren. Vermarktet werden die Immobilien unter der Bezeichnung Glanzfilmfabrik, dem ersten Namen dieses alten Produktionsstandorts.

^ *Die älteren Backsteingebäude der Fotochemischen Werke Köpenick werden zu einer hochwertigen Wohnanlage am Ufer der Spree mit dem alten Namen Glanzfilmfabrik umgebaut.*

CHEMIKER-BIOGRAPHIEN

Die folgenden 50 Chemikerbiographien geben einen kleinen Einblick in die vielfältigen Lebenswege und Schicksale von mit der Stadt Berlin verbundenen Chemikern. Diese Lebensläufe spiegeln nicht zuletzt auch die wechselvolle Geschichte der Stadt wieder.

LEONHARD THURNEYSSER

Leonhard Thurneysser lebte und wirkte nur 13 Jahre in Berlin. Aber er hinterließ tiefe Spuren. Geboren wurde er im Juli 1531 in Basel. Sein Vater war Jacob Thurneysen (1507-1561), ein Schlosser und späterer Goldschmied. Die Mutter Ursula Brenner stammte aus Zürich.

Leonhard Thurneysser lernte den Beruf des Goldschmieds und kam dadurch zur Beschäftigung mit Metallurgie, Chemie und Alchemie. Zeitweise war Thurneysser Gehilfe des Arztes Johann Huber, für den er Kräuter sammelte und Arzneien herstellte. Aufgrund einer Betrugsaffäre mit Geldverleihern – er hatte eine vergoldete Bleistange als massives Gold verkauft –, musste er schon im Alter von 17 Jahren aus seiner Heimatstadt Basel fliehen. Er führte nun ein ruheloses Wanderleben, wodurch er unter anderem nach Frankreich, England, Spanien und Nordafrika kam. 1555 heiratete er eine wohlhabende Witwe, und nach der schnell erfolgten Scheidung folgte schon 1556 die zweite Hochzeit. Thurneysser arbeitete als Goldschmied in Konstanz und später in Bergwerken in Tirol als Metallurg, war aber auch als Arzt und Alchemist tätig.

Die Suche nach einem geeigneten Buchdrucker für das von ihm verfasste Buch über die deutschen Gewässer führte ihn im Winter 1570/1 in die Mark Brandenburg, in die Universitätsstadt Frankfurt. Hier traf er mit dem neuen Kurfürsten Johann Georg (1525-1598) zusammen, der gerade an die Regierung gekommen war und sich in Frankfurt huldigen lassen wollte. Johann Georg war von dem weitgereisten und gelehrten Thurneysser schwer beeindruckt. Als dieser auch noch die erkrankte Kurfürstin Sa-

^ *Der aus Basel stammende Leonhard Thurneysser war der erste bedeutende Alchemist, den es nach Berlin verschlagen hatte.*

bina (1529-1575) behandelte und diese wieder gesund wurde, nahm der Kurfürst Thurneysser in seine Dienste. Er wurde zum hochbezahlten Leibarzt und erhielt Wohnung und Arbeitsräume in einigen Gebäuden des ehemaligen Grauen Klosters in Berlin.

Thurneysser konnte nun, in der Gunst des Kurfürsten stehend, seine Arbeits- und Schaffenskraft voll entfalten. Er richtete eine eigene Druckerei ein, die die anderen brandenburgischen Druckereien schnell an Leistungsfähigkeit und Qualität übertraf. Thurneysser schrieb verschiedene Bücher aber auch Almanache und Kalender, daneben druckte er auch Bücher zahlreicher anderer Autoren. Thurneysser verdiente aber auch viel Geld mit astrologischen Voraussagen sowie der Herstellung und dem Vertrieb von Talismanen.

Als Chemiker stellte er in seinem Labor im Grauen Kloster zahlreiche vermeintliche Arzneien her, so zum Beispiel Gold- oder Smaragdtinkturen, Perlen- und Rubinpulver aber auch Essenzen aus Wurzeln oder anderen Pflanzenteilen. Außerdem analysierte er Proben verschiedenster Art, zum Beispiel Erzproben auf ihren Gehalt an Metallen. Solche Proben wurden ihm auch aus weit entfernten Landesteilen zugeschickt. Etwas skurril muten heute seine Urinanalysen an. Er bot nämlich Kranken, auch weit entfernt wohnenden an, ihre Urinproben zu analysieren. Nach der Abdestillation flüchtigerer Bestandteile des Urins wollte er aus den Rückständen die Krankheitsursache erkennen. Das wurde für ihn auch ein einträgliches Geschäft, da er sich nicht nur die Urinanalysen gut bezahlen ließ, sondern den Kranken danach auch noch seine nicht gerade billigen Arzneien verkaufte.

Thurneysser half mit seinen Erfahrungen und Kenntnissen in der Mark Brandenburg beim Aufbau oder der Verbesserung solcher Gewerbezweige, wie der Glas- und Alaunproduktion. Er wurde für seine chemisch-alchemistischen Kenntnisse so bekannt, dass viele Fürsten und Städte ihre Apotheker, Laboranten und Chemiker zu ihm schickten, die gegen Entgelt seine Methoden lernen sollten.

Thurneysser jetzt hochgeachtet und sehr wohlhabend, setzte seine reichlich fließenden Geldmittel zum Aufbau einer Bibliothek und eines Naturalienkabinettes ein. Außerdem legte er einen Silberschatz an und bezahlte die Schulden seines in Basel lebenden Bruders Alexander. Sein Aufstieg schien kein Ende zu nehmen. Doch mit dem Tod seiner zweiten Frau Anne Huettlin begann schon 1575 der langsame Abstieg.

1577 erlitt Thurneysser einen Schlaganfall, von dem er sich nur schwer erholte. Er verkaufte nun die Druckerei und bereitete sich vor, in seine Heimat Basel zurückzukehren. Bei zwei Reisen nach Basel klärte er dort seine Angelegenheiten aus dem alten Betrugsfall, kaufte mehrere Grundstücke, ein stattliches Haus und brachte einen Großteil seiner Sammlungen und Besitztümer aus Berlin hierher. Sein Schicksal wendete sich endgültig zum Schlechten, als er sich entschloss, nochmals zu heiraten. Auf seiner zweiten Baselreise 1780 heiratete er die 20 Jahre jüngere Marina Herbrott, die er vorher noch nicht gesehen hatte. Es kam sofort zu Streitigkeiten. Thurneysser musste aber zurück nach Berlin. Erst 1782 kam seine neue Frau nach. Aufgrund von erneuten Streitigkeiten schickte Thurneysser sie nach nur drei Wochen zurück nach Basel. Bei dem dort folgenden Gerichtsverfahren gegen Thurneysser wegen Verstoßung seiner Frau, verlor er seine gesamten Besitztümer, die seiner Frau zugesprochen wurden.

Auch in Berlin kam er jetzt zunehmend unter Druck. Über die Jahre hatte er sich zahlreiche Neider und Feinde geschaffen, die nun, wo sein Stern im Sinken war, ihn als Scharlatan und Betrüger verleumdeten. Er wollte daher aus den Diensten des Kurfürsten entlassen werden und Berlin verlassen. Da dieser nicht damit einverstanden war, floh Thurneysser im Jahr 1584 mit Pferd und Wagen, seine letzte Habe mitnehmend aus Berlin. Diese Flucht erregte viel Aufsehen in der gelehrten Welt. Über Prag und Rom, wo er noch einmal die alchemistische Goldmacherei betrieb, kam er nach Köln. Hier starb er schließlich einsam und verarmt am 8. Juli 1596 in einem Kloster.

JOHANN KUNCKEL

Kunckel, berühmt als Erfinder und Produzent des Rubinglases, steht am Übergang von der Alchemie zur modernen Chemie. Er führte selbst noch jahrelang Transmutationsversuche durch, warnte jedoch später vor derartigen Unternehmungen.

Geboren wurde Johann Kunckel wahrscheinlich 1634 in Plön in Holstein. Seine Vorfahren väterlicherseits stammten aus Hessen und waren dort im Glasmachergewerbe tätig. 1574 kam Johann Kunckels Urgroßvater Franz Kunckel aus Hessen nach Holstein, um hier eine Glashütte zu gründen. Die Familie blieb dann in Deutschlands Norden. Johann Kunckels Vater, der Glasmacher Jürgen Kunckel, war seit 1630 in zweiter Ehe mit Judith Wortmann (1608-1634) verheiratet. Johann Kunckel war das dritte Kind aus dieser Ehe.

Kunckel lernte bei seinem Vater das Glasmacherhandwerk und später wahrscheinlich in Hamburg die Apothekerkunst. Ab 1658 finden wir Kunckel in seiner ersten bekannten Anstellung als Kammerdiener und Chymicus der Herzöge von Sachsen-Lauenburg auf Schloss Neuhaus, was nichts anderes bedeutet, als dass er der Hofalchemist der Herzöge war. 1662 heiratete er die Hamburgerin Susanna Maria Hilcken. 1663 bemühte sich Kunckel in Eckernförde um die Übernahme einer Apotheke, was aber nicht gelang, wahrscheinlich weil er das nötige Kapital nicht aufbringen konnte. Bis 1665 war er weiter Hofalchemist in Neuhaus.

1667 trat Kunckel in die Dienste des Kurfürsten Johann Georg II. von Sachsen (1613-1680) und ging nach Dresden. Hier wurde er, wieder mit dem Titel Kammerdiener und Chymicus ausgestattet, Direktor des Fürstlichen Laboratoriums und hatte

^ *Porträt von Johann Kunckel aus seinem Hauptwerk Die vollständige Glasmacherkunst*

die Aufgabe, Goldmacherrezepte früherer Alchemisten nachzustellen. Natürlich gelang es ihm nicht, aus unedlen Metallen Gold herzustellen. Durch Intrigen, angezettelt von Angehörigen des Hofstaates und einem seiner Laboranten, in Schwierigkeiten geraten, wurde seine Tätigkeit 1669 von Dresden nach Annaburg verlagert. Auch hier befand sich ein kurfürstliches Schloss mit Laboratorium. In diesem Labor arbeitete Kunckel nun bis 1676. Einer seiner Brüder Bernhard Kunckel war Laborant bei ihm. Die dauernde Erfolglosigkeit seiner Versuche, Gold herzustellen, führte dazu, dass er kein Gehalt mehr ausbezahlt bekam. Auf seine Beschwerden bekam er als Antwort: »Kann er Gold machen, so bedarf er keines Geldes, kann er solches nicht, warum sollte man ihm Geld geben?« Daher ging er 1676 noch als (unregelmäßig bezahlter) Angestellter des sächsischen Kurfürsten nach Wittenberg und begann, an der dortigen Universität chemische Vorlesungen zu halten. Etwa gleichzeitig startete er seine Publikationstätigkeit mit Büchern zu chemischen Fragestellungen.

In dieser Zeit wurde die Entdeckung des im Dunkeln leuchtenden Phosphors durch den Hamburger Alchemisten Brand bekannt. Kunckel war brennend daran interessiert, hinter das Geheimnis der Herstellung dieses unter Lichtaussendung mit Luftsauerstoff reagierenden neuen Stoffes zu kommen. Er reiste deshalb auch nach Hamburg, erfuhr aber nur, dass der Phosphor aus Urin hergestellt wurde. Es gelang ihm dann selber in aufwändigen Versuchen, ein eigenes Herstellungsverfahren für

^ *Der Kunckelstein am Ostufer der Pfaueninsel erinnert an Kunckels Labor, welches auf der Kunckelwiese unter der uralten Kunckeleiche stand.*

Phosphor aus Urin zu finden. Das wurde von ihm schnell auch publiziert und er war von nun an eine Zeit lang als vermeintlicher Erfinder des Phosphors berühmt.

Ähnlich wie beim Phosphor, entwickelte sich auch die Geschichte der Kunckelschen Nacherfindung des Balduinschen Leuchtsteines. Der Amtmann und Alchemist Balduin aus dem sächsischen Großenhain hatte eine im Dunkeln leuchtende Verbindung hergestellt. Hier beruhte der Effekt auf der Phosphoreszenz (dem Nachleuchten) vorher von der Sonne bestrahlter Stoffe. Kunckel besuchte Balduin und konnte im Gespräch immerhin soviel erfahren, dass ihm später selbst die Herstellung dieser Substanz gelang. Durch die Herstellung und den Verkauf des Phosphors und des Leuchtsteins schuf sich Kunckel ein zusätzliches Einkommen.

1678 wurde Kunckel vom brandenburgischen Herrscher Kurfürst Friedrich Wilhelm, dem Großen Kurfürsten, unter Vertrag genommen und siedelte nach Berlin über. Zum dritten Mal war er Kammerdiener und Chymicus eines Fürsten. Allerdings bestand seine Aufgabe in Berlin nicht mehr darin, Gold herzustellen, sondern er sollte die brandenburgische Wirtschaft mit seinem technologischen Wissen unterstützen und den Kurfürsten, der auch mal gerne im Alchemistenlabor arbeitete, sowohl unterhalten als auch beraten. So konnte Kunckel, da er alle Tricks kannte, auch betrügerische Goldkocher entlarven. Als erfahrener Glasmacher half er, die Qualität der Produkte der Brandenburger Glashütten zu verbessern. 1679 pachtete Kunckel selbst eine Glashütte in Drewitz und betrieb sie bis 1692. Kunckel gelang es 1688, das an sich bekannte Verfahren zur Herstellung von Goldrubinglas soweit zu perfektionieren, dass er solche Gläser als erster manufakturmäßig in größerer Menge herstellen konnte. Eine Zeit lang, bis das Verfahren auch andere beherrschten, konnte er so viel Geld verdienen.

In Berlin wohnte Kunckel in der Klosterstraße. Sein Haus, welches ihm der Kurfürst 1681 geschenkt hatte, stand auf dem Grundstück, wo heute die Parochialkirche befindlich ist. 1679 erschien Kunckels wissenschaftliches Hauptwerk Ars Vitraria oder Die vollständige Glasmacherkunst, das auf der Übersetzung und kritischen Kommentierung einer älteren Schrift des Italieners Neri basierte.

Als 1680 Kunckels Frau Susanna Maria starb, ging er im gleichen Jahr eine zweite Ehe mit Anna de Nevin ein. Insgesamt hatte Kunckel mindestens elf Kinder, fünf aus erster und sechs aus zweiter Ehe, von denen ihn aber wohl nur vier überlebten.

Kunckel, der beim Kurfürsten nach wie in großer Gunst stand, erhielt 1685 den Pfauenwerder, die heutige Pfaueninsel geschenkt. Dazu gehörten auch der Sandwerder (heute Schwanenwerder) und Grundbesitz in Kladow. Kunckel war jetzt ein äußerst wohlhabender Mann mit großem Grundbesitz und hohen Einkünften. Auf dem Pfauenwerder wurde auch ein Labor errichtet. Der Ort war gewählt worden, weil auf dem Pfauenwerder abgeschieden und weitgehend unbeobachtet experimentiert und gearbeitet werden konnte. 1685 wurde Kunckels Sohn Christian Albrecht Verwalter der kurfürstlichen Kunstkammer.

Mit dem Tod des Großen Kurfürsten, 1688, wendete sich das Schicksal des Günstlings Johann Kunckel zum Schlechten. Seine bisher machtlosen Neider und Feinde hatten nun beim neuen Kurfürsten Friedrich III. leichtes Spiel. Kunckel wurde vorgeworfen, große Summen von Staatsgeldern veruntreut zu haben, und er entging nur knapp, gegen Zahlung einer hohen Summe, einem Gerichtsverfahren. Das Geld konnte er nur aufbringen, indem er 1691 sein Berliner Haus verkaufte und zusätzlich Schulden machte. 1689 war schon sein Labor auf der Pfaueninsel aufgrund von Brandstiftung abgebrannt, 1692 verlor er seinen Pachtvertrag für die Drewitzer Glashütte. Sein Sohn Christian Albrecht wurde als Verwalter der Kunstkammer entlassen.

Kurzzeitig schien Johann Kunckel noch einmal auf die Erfolgsspur zurückzufinden. Er wurde 1693 nach Schweden berufen und sollte seine chemischen Kenntnisse im dortigen Bergbau, wahrscheinlich bei der Verbesserung der Kupferverhüttung einbringen. Kunckel wurde sogar zum schwedischen Bergrat ernannt und in den Adelsstand erhoben. Er nannte sich fortan Johann Kunckel von Löwenstern. Aber das schwedische Zwischenspiel, das bis 1696 dauerte, war ein kompletter Misserfolg, technologisch und finanziell.

Als in Berlin 1701 der Apothekerlehrling Böttger als vermeintlicher Goldmacher Aufsehen erregte, witterte Kunckel noch einmal wie vor über 20 Jahren bei den Leuchtsubstanzen Morgenluft. Er sprach mit Böttger und versuchte wohl, dessen angebliche Goldherstellung nachzuvollziehen, natürlich erfolglos. Kunckel starb am 20. März 1703 auf dem Gut Dreißighufen bei Bernau nördlich von Berlin, wo er seit 1694 wohnte.

GEORG ERNST STAHL

Georg Ernst Stahl ist eine der bedeutendsten Persönlichkeiten in der Geschichte der Chemie. Er schuf um 1700 mit der Phlogistontheorie die erste wissenschaftliche Theorie, die versuchte chemische Vorgänge umfassend zu erklären.

Geboren wurde Georg Ernst Stahl im Oktober 1659 im fränkischen Ansbach, damals Residenzstadt des von einer Nebenlinie der brandenburgischen Hohenzollern regierten Fürstentums Ansbach. Sein Vater Johann Lorenz Stahl (1620-1698) war Theologe und im Staats- bzw. Kirchendienst tätig. Die Mutter Maria Sophia Stahl, geborene Meelführer (1635-1680) war die Tochter eines Ansbacher Diakons. Zum Bildungsbürgertum der Stadt gehörend, besuchte der junge Stahl das Gymnasium und interessierte sich früh für die Naturwissenschaften, insbesondere für die Chemie. 1679, im Alter von 20 Jahren, also für die damalige Zeit recht spät, begann er ein Medizinstudium an der Universität Jena, welches er 1684 mit einer Doktorarbeit abschloss. Georg Ernst Stahl war jetzt Arzt. Das war von nun an auch seine Haupttätigkeit.

Vorerst blieb Stahl an der Universität in Jena und hielt als Privatdozent Vorlesungen zur Medizin und auch schon zur Chemie. 1687 berief ihn Herzog Johann Ernst III. von Sachsen-Weimar (1664-1707), zu dessen Herrschaftsbereich Jena gehörte, zu seinem Leibarzt. Stahl blieb gleichzeitig weiter an der Universität Jena tätig. Diese Phase, in der sich Stahl intensiv auch experimentell mit der Chemie beschäftigte, dauert bis 1694. In diesem Jahr wurde er als zweiter Professor für Medizin an die neugegründete Universität Halle berufen.

^ *Der Begründer der Phlogistontheorie Georg Ernst Stahl lebte von 1715 bis 1734 als Erster Königlicher Leibarzt des Soldatenkönigs in Berlin.*

Stahl verließ Thüringen und zog nach Halle, wo er nun bis 1715 lebte und wirkte. 1694 heiratete Stahl hier seine erste Frau Catharina Margaretha Miculci (1668-1696) aus Zerbst. Nachdem diese schon zwei Jahre später gestorben war, heiratete Stahl sieben Jahre später ein zweites Mal. Auch seine zweite Frau Barbara Eleonore Tentzel (1686-1706) aus Halle starb bald nach der Hochzeit. 1711 folgte die dritte Ehe mit der auch aus Halle stammenden Regina Elisabeth Wegener (1683-1730). Diese Ehe dauerte dann immerhin 19 Jahre. Dann starb auch seine dritte Frau. Aufgrund solcher Schicksalsschläge, auch mehrere Kinder starben früh, galt Stahl als menschenfeindlich, abweisend und hochmütig. Sein Ruf als Gelehrter war aber hervorragend, die Zahl seiner Schüler groß.

GEORGII ERNESTI
STAHLII,
Experimenta, Obſervationes,
Animadverſiones,
CCC Numero,
CHYMICAE
ET
PHYSICAE,
Qualium alibi vel nulla, vel rara, nusquam autem ſatis ampla, ad debitos nexus, & veros uſus, deducta mentio, commemoratio, aut explicatio, invenitur.
Qualium partim, in aliis Autoris ſcriptis, varia mentio facta habetur; partim autem nova commemoratio hoc Tractatu exhibetur: utrimque vero, univerſa res uberius explicatur atque confirmatur.
BEROLINI,
Apud AMBROSIUM HAUDE.
MDCCXXXI.

Die 1694 gegründete Universität Halle wurde schnell zu einer Eliteuniversität, die auch hinsichtlich der Studentenzahlen die älteren deutschen Universitäten zügig überholte. Entscheidend dafür waren die nach Halle berufenen Professoren, von denen viele Koryphäen auf ihrem Gebiet waren. Zu diesen überragenden Persönlichkeiten gehörte auch Georg Ernst Stahl, sowohl als Mediziner als auch als Chemiker. In Halle formulierte er, aufbauend auf Vorarbeiten Johann Joachim Bechers, die bahnbrechende Phlogistontheorie der Chemie. Diese Theorie erklärte Verbrennungs- bzw. Oxidationsvorgänge mit der Abgabe eines hypothetischen Stoffes, des Phlogistons, und den umgekehrten Vorgang der Reduktion mit der Aufnahme von Phlogiston.

Die letzten 19 Jahre seines Lebens war Stahl Berliner. Er wurde 1715 vom Soldatenkönig Friedrich Wilhelm I. als Nachfolger des verstorbenen Gundelsheimer als Erster Leibarzt des Königs von Halle nach Berlin berufen. Damit endete seine Tätigkeit an der Universität Halle. In Berlin lebte er fortan auf dem Friedrichswerder neben dem Jägerhof in Kammerrat Franckens Haus. Das Haus lag also im Bereich des heutigen Außenminis-

1731 veröffentlichte Stahl in Berlin ein Buch mit 300 Experimenten zur Erklärung seiner Phlogistontheorie. ^

teriums. Er war »Hof-Rath und würcklicher Leib-Medicus auch Praeses des Collegii Medici«. Stahl hatte persönlichen Zugang zum König und großen Einfluss auf ihn. Stahl war sowohl für die Organisation des Medizinalwesens als auch für die Ausbildung für Ärzte und Apotheker verantwortlich, die er auch neu organisierte. Insbesondere schuf er das Collegium Medico-Chirurgicum. Mitglied der Societät der Wissenschaften wurde Stahl nicht, obwohl diese ihn sicher gern aufgenommen hätte. Im Gegenteil, er galt als schwieriger Gegenspieler der Societät.

In Berlin verfasste Stahl neben seiner ärztlichen und organisatorischen Tätigkeit auch zahlreiche medizinische und chemische Bücher, letztere vor allem zur Begründung und Erklärung seiner Phlogistontheorie. Er gewann 1716 den talentierten Apotheker Caspar Neumann für Berlin zurück und organisierte, dass dieser und der in Halle ausgebildete Arzt Johann Heinrich Pott erste Chemieprofessoren am Berliner Collegium Medico-Chirurgicum wurden. Stahl starb als 73-Jähriger am 14. Mai 1734 in Berlin.

Von Stahls Kindern ist insbesondere der gleichnamige Sohn Georg Ernst Stahl der Jüngere (1713-1772) zu erwähnen. Er wurde wie sein Vater Arzt, Hofrat und Leibarzt des Königs (Friedrich II.). Er wohnte in einem eigenen Haus Unter den Linden und war durch die Hochzeit mit einer Apothekertochter auch Besitzer der Molkenmarktapotheke, in der Böttger am Anfang des 18. Jahrhunderts Lehrling gewesen war und seine alchemistischen Goldexperimente durchgeführt hatte.

DOMENICO MANUEL CAETANO

Caetano, eine typische alchemistische Betrügergestalt, kam 1705 nach Berlin. Wahrscheinlich war nicht einmal sein Name echt. Aus seiner Biografie weiß man nicht viel, manche Angaben gibt es auch in verschiedenen Versionen. Aber er stammte wohl aus einer Bauernfamilie aus einem Dorf in der Nähe von Neapel, wo er zwischen 1667 und 1670 geboren wurde. Möglicherweise hatte er das Goldschmiedehandwerk gelernt und lebte dann in den Slums von Neapel. Offenbar verdiente er längere Zeit seinen Lebensunterhalt als alchemistischer Hochstapler in seiner italienischen Heimat.

Caetanos Vorgehensweise war dabei meist so, dass er in kleinen, eindrucksvollen Experimenten seinen Zuschauern die Verwandlung von unedlen Metallen zu Silber oder Gold vorführte. Die Umwandlung wurde dabei scheinbar durch die Zugabe eines weißen oder roten Pulvers bewirkt. In Wirklichkeit gab er natürlich während des Versuchsablaufes die vorzuzeigenden Metalle zu einem geeigneten Zeitpunkt unbemerkt in die Versuchsanordnung. Nachdem er so erfolgreich Interesse geweckt hatte, stellte er dar, dass er nicht mehr viel von den notwendigen Pulvern hätte. Um viel Edelmetall machen zu können, bräuchte er aber größere Mengen des Pulvers und zu dessen Herstellung wiederum erst einmal viel Geld. Oft erhielt er von seinen meist fürstlichen oder königlichen Opfern dann tatsächlich größere Geldsummen, eine stattliche Unterkunft und ausgezeichnete Verpflegung aus der Hofküche, denn man wollte ja den Goldmacher nicht verlieren. Natürlich konnte er niemals das versprochene Edelmetall liefern und wenn die Auftraggeber dann zunehmend unruhig oder misstrauisch wurden, verließ er die Gegend und begab sich zur nächsten Station, um dann das Spiel zu wiederholen.

Diese Vorgehensweise führte ihn über mehrere Jahre quer durch Europa. Sein Weg lässt sich von der ersten bekannten Station Venedig im Jahr 1695, über Verona, Augsburg, Brüssel, Madrid, Heidelberg und München nach Wien verfolgen. Caetano, der es sich auch angewöhnt hatte, unter dem Adelstitel Conte de Ruggiero aufzutreten, wurde oft von einem größeren Gefolge begleitet. Diese Personen halfen ihm bei seinen Experimenten oder gehörten einfach zur Dienerschaft, die er sich standesgemäß leistete und die von seinen Auftraggebern mit finanziert werden musste.

Natürlich war Caetanos Beruf nicht ungefährlich, denn es war nicht immer einfach für ihn, abzuschätzen, wann es denn gefährlich werden könnte. So wurde er schon bevor er nach Berlin kam mehrfach auf der Flucht eingeholt und zum Teil auch für längere Zeit eingesperrt. Aber bisher hatte er letztendlich immer Glück. Als er am 5. März 1705 in Berlin ankam, ahnte er daher sicher nicht, dass es sich um seine letzte Station handelte.

In Berlin mit großem Gefolge eingezogen, wandte er sich zuerst an den englischen Gesandten Lord Raby. Dieser stellte ihn den Ministern Wittgenstein und Wartensleben vor. Beide waren dafür bekannt, dass sie an die alchemistische Goldherstellung glaubten und versuchten, erfolgversprechende Alchemisten nach Berlin zu ziehen. Zuerst wurde von ihnen der vor einigen Monaten von Wittgenstein nach Berlin eingeladene Alchemist Johann Conrad Dippel mit der Überprüfung von Caetanos Kenntnissen beauftragt. Offenbar gelang es Caetano, der die Herstellung von Silber aus Quecksilber vorführte, Dippel von seinen alchemistischen Kenntnissen zu überzeugen. Als Nächstes folgte ein Experiment vor dem König und seiner engeren Umgebung. Auch dieses Publikum glaubte nach der Vorstellung, Caetano, der unter anderem den Teil eines Kupferstabes in Gold verwandelt hatte, könne Gold machen. Caetano versprach dann für einen Vorschuss von 60 000 Silbertalern könne er innerhalb von zwei Monaten Gold im Wert von sechs Millionen Talern herstellen. Man richtete ihm ein Laboratorium ein und Caetano begann, an der Herstellung seines weißen und roten Pulvers zu arbeiten. Da er aber den geforderten Vorschuss nicht erhielt, verließ er die preußischen Lande und begab sich nach Hildes-

heim. Es gab dann in Coswig und Stettin weitere Verhandlungen mit dem preußischen Hof und begleitet von Vorführexperimenten Caetanos. Da man sich aber nicht einigen konnte, ging Caetano nach Hamburg. Von Hamburg nach Preußen ausgeliefert, wurde Caetano nun »zum ungestörten Arbeiten« auf die Festung Küstrin gebracht. Man räumte ihm Kellerräume des Schlosses, die auch entsprechend umgebaut wurden, zum Experimentieren ein. Natürlich war er auch hier erfolglos. Als Grund gab er an, dass die Kellerräume zu feucht wären.

Deshalb und aufgrund weiterer eindrucksvoller Vorführexperimente durfte er nach einiger Zeit, im Februar 1707, wieder zurück nach Berlin. Dort logierte er jetzt im vornehmen Fürstenhaus auf dem Friedrichswerder, erhielt auch hier ein Labor und wurde wieder fürstlich versorgt.

Im November 1707, man war inzwischen sehr ungeduldig und wartete auf das versprochene Transmutationspulver, versuchte Caetano ein zweites Mal zu fliehen. Er schaffte es auch bis Frankfurt am Main, wurde dort jedoch erkannt, an Preußen ausgeliefert und wieder nach Küstrin gebracht. Aber jetzt wurde es wirklich ernst. König Friedrich I. stellte Caetano ein Ultimatum: Wenn er nicht innerhalb eines Jahres das versproche-

^ *Zeitgenössischer Druck zur Hinrichtung Caetanos von 1709: Der nach Urtheil und Recht gestraffte Goldmacher, Cajetani*

ne Gold herstellen könnte, würde er als Betrüger hingerichtet werden. Nachdem dieses Jahr und eine Gnadenfrist verstrichen waren, kam es tatsächlich zu einem Gerichtsverfahren, und Caetano wurde wegen Betrugs zum Tode verurteilt. Am 23. August 1709 wurde er in Küstrin gehängt. Seine Kleidung und der Galgen waren dabei mit Flittergold, sehr dünnen wie Gold aussehenden Messingfolien, bedeckt.

JOHANN CONRAD DIPPEL

Dippel war ein unruhiger und streitlustiger Zeitgenosse, der es nirgendwo lange aushielt. Geboren wurde er am 10. August 1673 auf der hessischen Burg Frankenstein. Dorthin hatte sich die evangelische Pfarrersfamilie Dippel während des Durchzuges französischer Truppen geflüchtet. Auch der junge Johann Conrad war für den Pfarrersberuf vorgesehen. Während seines Theologiestudiums in Gießen und Straßburg begann er sich jedoch für die Pietistenbewegung innerhalb des Protestantismus zu interessieren und wandte sich schnell immer radikaleren theologischen Positionen zu. Diese machte er in Vielzahl von theologischen Streitschriften unter dem Pseudonym Christianus Democritus öffentlich. Seine Bücher bescherten ihm aufgrund ihrer Schärfe und Rücksichtslosigkeit viele Gegner, auch im eigenen Lager.

Als Alchemist wollte er ab etwa 1700 nicht nur Quecksilber oder Blei in Silber oder Gold verwandeln, er war auch auf der Suche nach einer Universalmedizin. Die damit verbundenen experimentellen Arbeiten sollten zum Ausgangspunkt für die Erfindung des Berliner Blaus werden.

Dippel wurde 1704 von Graf August zu Sayn-Wittgenstein (1663-1735), von 1701 bis 1710 Minister am Hof des ersten Preußenkönigs Friedrich I., nach Berlin gerufen. Da er als erfolgversprechender Goldmacher galt, wurde ihm ein gut ausgestattetes Labor zur Verfügung gestellt. Aber hier experimentierte er mit Mitstreitern und Gehilfen auch an der von ihm gesuchten Universalarznei. Im sogenannten Tieröl, welches durch trockene Destillation aus Blut gewonnen wurde, glaubte Dippel, dieses Elixier gefunden zu haben. Ein so hergestelltes Tieröl enthält ei-

^ *Der streitbare Arzt, Theologe und Alchemist Johann Conrad Dippel war 1706 einer der Erfinder des Berliner Blau.*

nen großen Anteil stickstofforganischer Verbindungen, u.a. Pyrrole und Nitrile. Dippels Tieröl zeichnete sich vor allen anderen zeitgenössischen Tierölen durch seine besondere Klarheit und Farblosigkeit aus, die durch eine bis zu fünfzehn Mal wiederholte Reinigung mit Pottasche (Kaliumcarbonat) erreicht wurde. Dazu wurde das Öl immer wieder mit Pottasche gemischt und abdestilliert. In diesem Vorgang bildet sich in der Pottasche Cyanid und, in Gegenwart von Eisen, Hexacyanoferrat.

Zur ersten ungewollten Synthese des Berliner Blaus kam es im Berlin des Jahres 1706, als der Schweizer Farbenhersteller Johann Jacob Diesbach in Dippels Labor einen Florentiner Lack herstellen wollte. Dazu wurde üblicherweise der rote Farbstoff Karminsäure aus getrockneten Cochenilleläusen in einer wässrigen Alaunlösung extrahiert und durch Zugabe einer Pottaschelösung ausgefällt. Dabei entsteht ein rotes Pulver. Diesbach hatte seine Karminsäurelösung vor der Ausfällung zusätzlich mit einer Eisensulfatlösung versetzt. Das sollte den Farbton der Karminsäure von rot in Richtung violett verschieben. Für den letzten Schritt der Ausfällung verwendete Diesbach eine Charge Pottasche, die Dippel vorher schon bei seiner Tierölherstellung eingesetzt hatte. Sie war daher mit Hexacyanoferrat kontaminiert. Bei der Zugabe dieser Pottasche in die schon gelöstes Eisensulfat enthaltende Lösung fiel Berliner Blau aus. Als Diesbach statt der erwünschten rot-violetten eine tiefblaue Ausfällung erhielt, war er total verblüfft. Nachdem er Dippel von dem Effekt berichtet hatte, erkannte dieser, dass die durch den vorherigen Gebrauch veränderte Pottasche die Blaubildung herbeigeführt haben musste. Dippel verbesserte das Verfahren, indem er die Pottasche direkt mit getrocknetem Blut kalzinierte.

Dippel kam nicht mehr dazu, die Erfindung zusammen mit Diesbach zu verwerten, da er Anfang 1707 nach einer kurzen Inhaftierung in der Hausvogtei aus Berlin fliehen musste. Dippel entwich über Thüringen und Frankfurt am Main in die Niederlande. Er lebte bis 1714 in den Niederlanden, wo er auch Berliner Blau produzierte. Dann ging er in das damals dänische Altona, wurde aber 1717 wegen Verunglimpfung eines Beamten zu lebenslanger Haft verurteilt. Nach sechs Jahren entlassen, war er kurz in Schweden aktiv, wurde aber 1728 des Landes verwiesen. Ende 1729 kam Dippel nach Berleburg in der Grafschaft Wittgenstein. Im Alter etwas ruhiger geworden, verlebte er hier seine letzten Lebensjahre als Alchemist und starb am 25. April 1734.

JOHANN FRIEDRICH BÖTTGER

Böttger war in der sächsischen Erfindergemeinschaft des europäischen Porzellans für die Laborarbeit zuständig. Seine Experimentierkunst war ganz wesentlich für den Erfolg der langjährigen Forschungsarbeit. Das dazu nötige Handwerk hatte er von 1696 bis 1701 in der Berliner Apotheke am Molkenmarkt 4, damals im Besitz von Friedrich Zorn (1643-1716), erlernt.

Johann Friedrich Böttger wurde 1682, vermutlich am 4. Februar, in Schleiz im Thüringischen Vogtland geboren. Damals war Schleiz Residenzstadt der kleinen Grafschaft Reuß-Schleiz. Seine Eltern stammten aus Magdeburg. Der Vater Johann Adam Böttger (1650-1682) war Sohn eines gleichnamigen Goldschmieds und die Mutter Ursula (geb. 1652) die Tochter des Magdeburger Ratsmünzmeisters Christoph Pflug. 1680 zogen die Böttgers nach Schleiz, wo Johann Adam Münzmeister der Grafen von Reuß wurde. Da die Münze in Schleiz 1681 geschlossen wurde, zogen die Böttgers 1682 zurück in ihre Heimatstadt Magdeburg, wo Johann Friedrich aufwuchs. Noch im Jahr 1682 starb der Vater, und Ursula Böttger heiratete 1685 ihren zweiten Mann, den Bauingenieur Johann Tiemann (gest. 1713). Seinem Stiefvater Tiemann verdankte Böttger eine vielseitige Ausbildung. Durch seine Verwandten, die in Magdeburg im Goldschmiede- und Münzhandwerk tätig waren, erlernte er den Umgang mit Metallen.

1696 kam Johann Friedrich Böttger im Alter von 14 Jahren als Lehrling nach Berlin an die Zornsche Apotheke. Das war zu dieser Zeit die größte und bedeutendste private Apotheke Berlins. Die Lehrzeit dauerte üblicherweise fünf Jahre. Die Lehrlin-

^ *Porträt des Johann Friedrich Böttger als Alchemist an einem Schmelzofen arbeitend*

ge wohnten im Haus des Lehrherren. Kost und Logis waren im Lehrgeld, welches die Eltern zu entrichten hatten, inbegriffen.

Böttger, anfangs ein fleißiger Lehrling, war bei weitem kein Musterschüler. Nach einiger Zeit als Lehrling begann er sich für die Alchemie zu interessieren, besorgte sich alchemistische Bücher und experimentierte heimlich im Apothekenlabor. Er wollte aus Quecksilber oder Blei Gold herstellen. Das wurde von seinem Lehrherrn bemerkt und verboten. Als dieser sich bei den gemeinsamen Mahlzeiten des Öfteren darüber lustig machte, entwich Böttger im Mai 1698 das erste Mal. Er kam bis nach Breslau, kehrte dann aber nach wenigen Tagen reumütig in die Apotheke zurück. Dort konnte er das alchemistische Experimentieren aber nicht lassen. Das führte zu weiteren Konflikten mit Friedrich Zorn. Im Sommer 1700 verließ Böttger die Apotheke ein zweites Mal. Er ging diesmal zum Laboranten Christian Siebert in der Berliner Friedrichstadt. Siebert, der dort ein Haus in der Leipziger Straße besaß, nahm Böttger auf. Gemeinsam forschten sie nach einer Möglichkeit Gold herzustellen. Finanziert wurden die Arbeiten von dem Kaufmann Röber. Erst nach vier Monaten kehrte Böttger in die Apotheke zurück.

Berühmt wurde der junge Böttger, nachdem er mehrfach vor glaubwürdigen Zeugen die Umwandlung von Blei, Quecksilber oder Silber in Gold demonstrieren konnte. Die ersten überlieferten Transmutationen führte Böttger am 9. und 12. Juni 1701 bei seinem Freund Siebert durch. Böttger erzählte später, dass er das rote Transmutationspulver von einem geheimnisvollen griechischen Mönch namens Lascaris erhalten habe. Es ist leider nicht bekannt, mit welchen Tricks es Böttger gelang, seine Zeugen mehrfach zu überlisten und in den Glauben zu versetzen, er könnte Gold machen.

Im September 1701 beendete Böttger schließlich die Apothekerlehre in Berlin erfolgreich. Er war nun Apothekergeselle und weiter bei Zorn tätig. Hier demonstrierte er am 1. Oktober 1701 vor seinem Chef Friedrich Zorn, dessen Schwiegersohn, dem bekannten Prediger Johann Porst und einem Geistlichen aus Magdeburg erneut die alchemistische Herstellung von Gold. Nun verbreitete sich die Neuigkeit, einen Goldmacher in der Stadt zu haben, rasend schnell in Berlin. Zorn wurde vom König auf das Schloss bestellt. Er musste eine von Böttger hergestellte Goldprobe an den König übergeben. Für den nächsten Tag wurde Böttger selber vorgeladen. Noch in der Nacht des 26. Oktober entwich

Böttger endgültig aus der Apotheke am Molkenmarkt. Er hielt sich noch drei Tage im Haus des Kaufmanns Röber versteckt und ging dann über das Dorf Schöneberg bei Berlin nach Wittenberg im Kurfürstentum Sachsen, wo er am 30. Oktober eintraf.

Als er das hörte, tobte der preußische König Friedrich vor Zorn und verlangte von Sachsen energisch die Auslieferung Böttgers nach Berlin. Da die Sachsen aber schnell mitbekamen, was für ein Goldvogel ihnen da zugeflogen war, verweigerten sie die Auslieferung. Böttger wurde unter militärischer Begleitung nach Dresden gebracht und von nun an in beständigem Gewahrsam gehalten.

Böttger hatte jetzt die Aufgabe, für den sächsischen Kurfürsten August den Starken Gold zu machen. Außer einigen kleinen Probevorführungen, ähnlich denen in Berlin, gelang das aber natürlich nicht. Auch war niemand in der Lage, diese Experimente nachzustellen. Viele Jahre lang experimentierte Böttger in Dresden oder auf der Festung Königstein, um doch noch hinter das Geheimnis der Goldherstellung zu kommen, natürlich immer ohne Erfolg. Der sächsische Hof, der Böttger mit Arbeitskräften und Materialien in großem Umfang unterstützte, wurde nun langsam ungeduldig. Für Böttger wurde es ungemütlich, spätestens seit man Kunde von der Hinrichtung des Betrügers Caetano in Preußen erhalten hatte.

Zu seinem Glück war Böttger schon seit 1704 auch in die sächsischen Bemühungen des Aufbaus einer eigenen Porzellanproduktion einbezogen worden. Sein großes experimentelles Geschick und seine langjährige Erfahrung, brachte den Leiter dieser Forschungsgruppe Ehrenfried Walther von Tschirnhaus (1651-1708) auf die Idee, Böttger für die nötigen Brennversuche einzusetzen. Am 15. Januar 1708 gelang Böttger im Labor erstmals die Herstellung von weißem Porzellan. Nach weiteren Verbesserungen wurde 1710 die Porzellanmanufaktur Meißen gegründet. Da Tschirnhaus schon im Oktober 1708 an der Roten Ruhr gestorben war, wurde Böttger der erste Administrator der Manufaktur und schließlich 1714 aus der Haft entlassen. Sachsen durfte er jedoch weiterhin nicht verlassen. In seinen letzten Lebensjahren forschte Böttger wieder an der alchemistischen Goldherstellung. Böttger, der unverheiratet und ohne Kinder blieb, starb im Alter von nur 37 Jahren am 13. März 1719 in Dresden an den Folgen seiner Experimente mit zum Teil giftigen Substanzen.

CASPAR NEUMANN

Caspar Neumann wurde 1683 in Züllichau (heute Sulechow in Polen) geboren. Das kleine Städtchen lag damals in der südöstlichsten Ecke Brandenburgs. Neumanns Vorfahren väterlicherseits, unter denen in mindestens vier Generationen Stadtpfeiffer, also Musiker, waren, kamen ursprünglich aus Quaritz in Schlesien und waren dann über das polnische Leszno nach Züllichau eingewandert. Mütterlicherseits stammten die Vorfahren Neumanns aus alteingesessenen Familien aus Züllichau und dem nahen Schwiebus. Caspar Neumann erhielt eine gute schulische und musikalische Ausbildung. Der Ehrgeiz der Eltern war es, ihn Theologie studieren zu lassen. Ihr früher Tod – Caspar Neumann war mit zwölf Jahren schon Waise – führte dazu, dass er im Haushalt eines seiner Taufpaten, des Züllichauer Apothekers Johann Romcke (1647-1723) aufwuchs. Er lernte bei Romcke das Apothekerhandwerk und verwaltete schon früh, noch als Lehrling, die auch von Romcke bewirtschaftete Apotheke im grenznahen polnischen Kargowa.

1705 ging Neumann dann als Apothekergeselle nach Berlin und arbeitete kurzzeitig in der Apotheke Zum schwarzen Adler bei Christoph Schmedicke. Noch im gleichen Jahr trat Caspar Neumann auf Drängen des Reiseapothekers Johann Caspar Conradi in die Berliner Hofapotheke ein. Bis 1711 arbeitete er hier als Geselle im Bereich der Reiseapotheke. Aufgrund seines musikalischen Könnens wurde Neumann des Öfteren gebeten, vor dem damaligen König Friedrich I. zu musizieren. Dadurch zu einem Günstling des Königs geworden, finanzierte dieser ihm eine mehrjährige Bildungsreise durch Europa, um sei-

^ *Porträt von Caspar Neumann, Hofapotheker und Professor Chymiae am Collegium Medico-Chirurgicum*

ne pharmazeutischen und chemischen Kenntnisse zu erweitern.

Diese Reise begann 1711 und führte Neumann über die Bergstädte des Harzes, weiter durch Deutschland nach Holland. Hier hielt er sich längere Zeit in Leiden, Utrecht und Amsterdam auf und studierte bei Boerhaave, einem seinerzeit bekannten Arzt. 1713 in England angekommen, wurden Caspar Neumann von dem neuen, sehr sparsamen König Friedrich Wilhelm I. seine Reisegelder gestrichen und er aus seinen Diensten entlassen. Schnell fand Neumann aber in London mit dem holländischen Chirurgen Abraham Cyprianus, der ein Meister der Entfernung von Blasensteinen war, einen neuen Förderer. Er wurde zum Laborleiter von Cyprianus' chemischen Labor, in welchem dieser nach einer blasensteinlösenden Substanz suchte und allgemein seinem chemischen Steckenpferd nachjagte.

Caspar Neumann entschloss sich, in England zu bleiben, reiste aber 1716 noch einmal nach Berlin, um hier seine Angelegenheiten zu regeln. Dabei traf er mit dem einflussreichen Georg Ernst Stahl zusammen. Dieser erkannte schnell, dass sich der organisatorisch begabte Neumann inzwischen ein breites chemisch-pharmazeutisches Wissen angeeignet hatte. Er versuchte daher, ihn für Berlin zurückzugewinnen. Das gelang auch, indem er ihm für die Zukunft den Chefposten in der Hofapotheke und vorher die Weiterfinanzierung seiner Bildungsreise anbot. Neumann, der das nicht ablehnen konnte, ging nach England zurück. Weitere Stationen der Bildungstour waren dann noch Frankreich und Italien. Anfang 1719 zurück in Berlin, wurde er zum neuen ersten Hofapotheker ernannt.

Unter seiner Leitung erfolgte eine umfangreiche technische, bauliche und organisatorische Umgestaltung der Hofapotheke. Es entstand ein Musterbetrieb mit für die Zeit modernsten technischen Ausrüstungen. 1719 entdeckte Neumann bei der trockenen Destillation von Thymianpflanzen das Thymol. Diese wohlschmeckende Substanz mit desinfizierenden Eigenschaften wird bis heute u.a. in Produkten der Mundhygiene eingesetzt. Neumann wurde dann schnell Mitglied der Preußischen Societät der Wissenschaften und des Obercollegium Medicum, der obersten Medizinalbehörde Preußens. 1721 heiratete er die Witwe seines früheren Förderers Conradi, die zwei Kinder mit in die Ehe brachte. Eigene Kinder hatte Neumann nicht.

Caspar Neumann war ein Verehrer von Georg Ernst Stahl und Anhänger und wichtiger Propagandist der Phlogistontheorie. Als 1724 in Berlin das Collegium Medico-Chirurgicum als Ausbildungsstätte für die Medizinberufe eröffnet wurde, wurde er zum Professor für praktische Chemie. Seine von Experimenten begleiteten Vorlesungen fanden in der Hofapotheke statt und zogen viele Zuhörer, und nicht nur Studenten, an. Seine posthum von seinem Neffen, einem Berliner Arzt, herausgegebenen Vorlesungsmanuskripte (Chymiae Medico-Dogmatica Experimentalis) und die von einem Schneeberger Arzt veröffentlichten Vorlesungsmitschriften (Praelectiones Chymiae) wurden für Jahrzehnte zu deutschsprachigen Standardwerken der Chemie und pharmazeutischen Chemie.

Neumann war in seiner Zeit berühmt für ein Aufsehen erregendes Schauexperiment, bei dem er die Zeremonie des sogenannten Blutwunders des heiligen Januarius in Neapel nachstellte. Dazu verwendete er einen beliebigen Totenschädel und Glasphiolen, die mit einer von ihm bereiteten Mischung gefüllt waren. Diese feste, rote Substanz, die in dem Glasgefäß klapperte, verflüssigte sich bei Annäherung an den mit Kerzen dekorierten Totenschädel. Er zeigte dieses Experiment erstmals 1732 in Gegenwart des Königs und seiner Umgebung. Wahrscheinlich verwendete Neumann für dieses Schauexperiment eine wachsähnliche Mischung aus Terpentinöl, Walrat und Alaun, die mit einem roten Farbstoff versetzt wurde und kühl gelagert fest war und bei gelinder Wärme, z.B. in der Nähe von Kerzen, aber flüssig wurde.

Später wurde der hochgeachtete Caspar Neumann, der nie eine Universität besucht hatte, zum Doktor der Medizin ehrenhalber und zum Hofrat ernannt sowie Mitglied verschiedener Wissenschaftsakademien, wie der Leopoldina, der Royal Society oder dem Institut von Bologna. Im Oktober 1737 starb Neumann plötzlich nach einem 36-stündigen Kolikanfall. Sein Stiefsohn Johann Caspar Conradi wurde sein Nachfolger als Hofapotheker, während Johann Heinrich Pott seine Vorlesungen am Collegium Medico-Chirurgicum mit übernahm.

JOHANN HEINRICH POTT

Johann Heinrich Pott war ein sehr streitbarer Herr, der das Talent hatte, sich viele Feinde zu schaffen. Geboren wurde er Anfang Oktober 1692 in Halberstadt. Die Geburtsstadt Potts gehörte seit dem Ende des 30-jährigen Krieges zum Herrschaftsgebiet der brandenburgischen Hohenzollern. Die Familie Pott war hierher während des Krieges aus Westfalen eingewandert.

Johann Heinrichs Vater, Johann Andreas Pott (1662-1729), war studierter Jurist und in Halberstadt als Rechtsanwalt tätig. Er war mit Dorothea Sophia Machenau, der Tochter des Kurfürstlichen Sekretärs und Postmeisters Andreas Machenau verheiratet. Johann Heinrichs Eltern hatten elf Kinder.

Potts Bildung war hervorragend. Er besuchte die Domschule in Halberstadt, später das Franckesche Pädadgogium in Halle und begann im Jahr 1709 ein Theologiestudium an der Universität der gleichen Stadt. Während seines Studiums begann ab 1712 eine Phase, in der sich Johann Heinrich Pott, wie auch andere Mitglieder seiner Familie, der sogenannten Inspiriertenbewegung, einer religiösen Sekte, anschloss und in Deutschland als Prophet herumreiste. Erst 1715 gingen die Potts ins bürgerliche Leben zurück. Johann Heinrich studierte in Halle weiter Medizin und interessierte sich dabei besonders für chemische Fragen. 1716 promovierte er sich mit einem chemischen Thema zum Doktor der Medizin.

Nach zwei kurzen Zwischenstationen ging Johann Heinrich Pott 1720 nach Berlin. Hier wurde er sesshaft und als praktischer Arzt tätig. Er heiratete 1723 eine Tochter des reichen Kaufmanns Stanislaus Rücker und wohnte von da an in dessen Haus auf dem Friedrichswerder an der Schleusenbrücke. Nach Rückers Tod

1734 gehörte das Haus dann dem Ehepaar Pott, welches zwei Töchter hatte. 1722 wurde Pott in die Societät der Wissenschaften aufgenommen und seit der Gründung des Collegium Medico-Chirurgicum 1724 war Pott einer von zwei Chemieprofessoren. Mehr als 50 Jahre lang, bis ins hohe Alter war Pott in der Chemieausbildung tätig, davon nach dem frühen Tod seines Kollegen Caspar Neumann 1737 bis zur Bestellung eines Neumann-Nachfolgers 1754 17 Jahre lang als Alleinverantwortlicher.

Neben seiner Arzt- und Lehrtätigkeit war Pott auch ein äußerst fleißiger Forscher, der mit großer Geduld und großem Ehrgeiz seine chemischen Forschungen betrieb. Meist waren seine jahrelangen Bemühungen und Projekte jedoch erfolglos. So versuchte er in den 1740er-Jahren in etwa 30 000 Versuchen vergeblich, das streng gehütete Geheimnis des Meissner Porzellans mit eigenen Versuchen zu ergründen. Nach diesem Misserfolg war sein Ansehen bei König Friedrich II. nur noch gering, insbesondere da Pott lange Zeit mit seiner angeblichen Kenntnis des Arkanums der Porzellanherstellung geprahlt hatte.

Pott versuchte sich auch an anderen aktuellen chemischen Fragestellungen seiner Zeit, allerdings ebenfalls regelmäßig mit wenig Erfolg. Ein großer Wurf, wie seinem Schüler und Konkurrenten Marggraf, gelang Pott bei seinen umfangreichen chemischen Forschungsarbeiten schon gar nicht. Trotzdem galt er zu seinen Lebzeiten als einer der größten lebenden Scheidekünstler. Er publizierte eine Vielzahl von Abhandlungen, zum Teil in den Schriften der Akademie, zum Teil auch in Buchform.

Mit dem Ringen um die Neubesetzung der zweiten Chemieprofessorenstelle begann 1753 der große Streit von Pott mit den anderen Berliner Chemikern, der etwa 20 Jahre dauern sollte. Pott wollte diese Stelle eigentlich mit seinem Schwiegersohn Ernst Gottfried Kurella, der auch Arzt mit Chemikerambitionen war, besetzen. Das wurde jedoch von Johann Theodor Eller, erster Leibarzt des Königs, Direktor der Physikalischen Klasse der Akademie und auch als (zweitklassiger) Chemiker aktiv, verhindert, da Eller seinem eigenen Kandidaten Carl Philipp Brandes die Stelle verschaffte. Daraufhin veröffentlichte Pott ein schmales Buch, in dem er die chemischen Kenntnisse und Forschungen Ellers als minderwertig vorführt. Das empörte die anderen Berliner Chemiker (Brandes, Marggraf, Lehmann), die ein Buch für Eller und gegen Pott veröffentlichten, worauf Pott wieder entgegnete. Dieser öffentlich ausgetragene Streit, der über Jahre weiter fort-

D. IOH. HENR. POTT
ANIMADVERSIONES
PHYSICO CHYMICÆ
CIRCA VARIAS
HYPOTHESES ET EXPERIMENTA
D. Dr. ET CONSILIAR. ELLERI.

Physicalisch Chymische
Anmerckungen
über verschiedene
Sätze und Erfahrungen
des
Herrn Hofr. D. Ellers.

Berlin,
Auf Kosten des Autoris, 1756.

gesetzt wurde, führte dazu, dass Pott nicht mehr an den Sitzungen der Akademie teilnahm. Nachdem Marggraf (und nicht er selber) 1760 zum Nachfolger Ellers als Direktor der Physikalischen Klasse der Akademie gewählt wurde, verbrannte Pott seine Aufzeichnungen und Manuskripte. Pott starb verbittert im Jahre 1777.

Potts Schwiegersohn Kurella war ein sehr bekannter Berliner Arzt, der viele Bücher, einige davon auch zu chemischen Themen, veröffentlichte und auch nebenbei immer als Chemiker aktiv war. Kurella war berühmt-berüchtigt für das Kurellasche Brustpulver, ein Hustenmittel. Er war von 1771 bis 1775 Professor für Chemie an der Bergakademie und seit 1768 Besitzer einer Schwefelsäurefabrik in der Köpenicker Straße.

^ *Titelblatt von Potts Streitschrift gegen Eller von 1756: Damit wurde der große Streit der Berliner Chemiker in die Öffentlichkeit getragen.*

ANDREAS SIGISMUND MARGGRAF

Andreas Sigismund Marggraf wird gemeinhin als letzter bedeutender Chemiker des Phlogistonzeitalters bezeichnet. Er wurde als Sohn des Apothekers Henning Christian Marggraf (1680-1754) und dessen Frau Anne Martha Kellner (1685-1752) am 3. März 1709 in Berlin geboren. Sein Vater, Sohn eines Pastors aus der Prignitz, war Gründer und Inhaber der Bärenapotheke im Nikolaiviertel.

Andreas Sigismund Marggraf begann 1725 eine Lehre als Apotheker bei seinem Vater und setzte diese dann von 1726-31 in der Berliner Hofapotheke unter Caspar Neumann fort. Danach begannen die üblichen Wanderjahre der Gesellenzeit, die ihn nacheinander in eine Apotheke in Frankfurt/Main und in Strassburg, für ein Jahr an die Universität Halle und dann noch in das sächsische Freiberg zum Chemiker und Mineralogen Johann Friedrich Henckel (1678-1744) führten. Ab 1735 war er wieder in Berlin und blieb hier dann auch für den Rest seines Lebens.

Er arbeitete nun bis Ende 1752 in der Apotheke seines Vaters, der er als Provisor vorstand. Gleichzeitig experimentierte er im Apothekenlabor und forschte dabei zu vielen aktuellen chemischen Fragestellungen seiner Zeit. Er wurde schnell bekannt für seine neue, wesentlich vereinfachte Methode der Phosphorherstellung. Vorher war Phosphor sehr teuer und konnte in größeren Mengen überhaupt nur vom Chemiker Hanckwitz in London hergestellt werden. Wahrscheinlich aufgrund dieser Leistung wurde Marggraf schon 1738 Mitglied der Berliner Societät der Wissenschaften.

^ *Porträtbüste des Andreas Sigismund Marggraf. Er fand den Zucker in der Runckelrübe.*

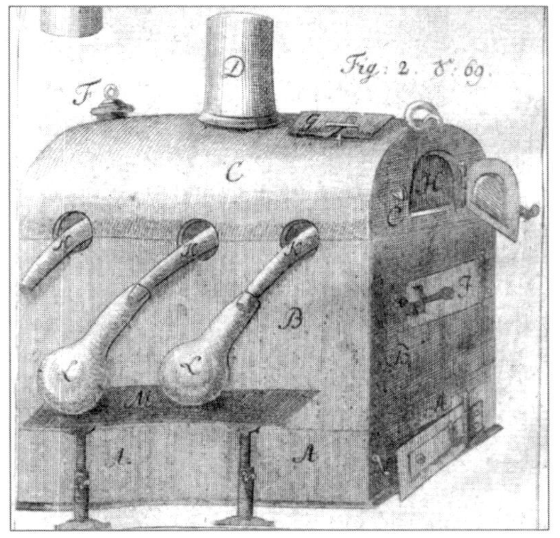

Einige weitere bahnbrechende und aus heutiger Sicht auch bedeutendere Forschungsergebnisse aus dieser Phase betreffen die Entdeckung des Zuckergehalts einheimischer Rübenarten, ein Herstellungsverfahren für Zink und die Entdeckung des Lösevermögens von Cyanid für Edelmetalle. Alle diese Ergebnisse hatten über längere Zeit bzw. haben noch heute eine praktische Bedeutung. Außerdem führte er eine Vielzahl von für seine Zeit sehr präzisen analytischen Untersuchungen durch. Er war der Erste, der dabei das Mikroskop einsetzte und die Bildung des Berliner Blau zum Eisennachweis verwendete.

Ab 1751 war Andreas Sigismund Marggrafs Vater schwer krank und bald auch nicht mehr geschäftsfähig. Als seine Frau 1752 starb, gelang es Marggrafs Schwägern daher, von Marggraf sen. die Bärenapotheke zu kaufen. Marggraf jun., der hier 17 Jahre tätig war und die Apotheke eigentlich weiterführen wollte, musste Ende 1752 Haus und Apotheke verlassen.

Aber er hatte insoweit Glück im Unglück, als er 1753 zum ersten fest angestellten Chemiker der Akademie der Wissenschaften ernannt wurde. Das Labor im neuen Laboratoriumshaus der Akademie in der Letzten Straße schloss auch eine Freiwohnung ein. Hier wohnte Marggraf, der unverheiratet und kinderlos blieb, nun von 1754 bis zu seinem Tod 1782, nur unterbrochen von 2 Jahren 1765 und 66, als das Akademielaboratorium umfangreich saniert und erweitert wurde. In die-

^ *Von Marggraf in seinen* Chymischen Schriften *angegebene Apparatur zur Gewinnung von Phosphor aus gefaultem Urin (acht Wochen lang gefault), Bleichlorid und Kohle.*

ser Zeit wohnte Marggraf bei seinem Freund, dem ehemaligen Hofapotheker Johann Caspar Conradi.

Weitere wichtige Forschungsergebnisse Marggrafs seien genannt: Er zeigte, dass es zwei Alkalimetalle, Kalium und Natrium, gibt, und unterschied sie durch die Flammfärbung beim Glühen der entsprechenden Salze und er fand, dass Ameisen- und Essigsäure zwei ähnliche, aber doch voneinander verschiedene Säuren sind.

Marggraf veröffentlichte seine Forschungsergebnisse zuerst immer in den Schriften der Societät bzw. Akademie der Wissenschaften in Berlin. Hier wurde in lateinischer bzw. französischer Sprache publiziert. Insgesamt sind das 45 Arbeiten.

Nachträglich erschienen die meisten von ihnen in Buchform in deutscher Übersetzung.

1760 wurde Marggraf nach dem Tod von Johann Theodor Eller zu dessen Nachfolger als Direktor der Physikalischen Klasse der Akademie gewählt und von König Friedrich II. bestätigt. Marggrafs Anerkennung als Wissenschaftler zeigte sich auch in der Aufnahme in auswärtige wissenschaftliche Gesellschaften, konkret in die Erfurter Akademie gemeinnütziger Wissenschaften und in die Russische und Französische Akademie der Wissenschaften.

1774 erlitt Marggraf im Alter von 65 Jahren einen Schlaganfall, den er zwar überwand, der aber eine halbseitige Lähmung zurückließ, wodurch seine Arbeitskraft und -fähigkeit von nun an stark eingeschränkt waren. Zeitweise war er nicht mehr fähig zu schreiben. Trotzdem arbeitete er weiter bis zu seinem Tod als Akademiechemiker in seinem Labor.

Aber ab 1776 wurde François Charles Achard, der wahrscheinlich schon vorher bei Marggraf gelernt und gearbeitet hatte, offiziell zum Mitarbeiter ernannt. Achard übernahm sofort vielfältige Arbeiten für Marggraf und verlas zum Teil auch dessen Abhandlungen bei den Sitzungen der Akademie der Wissenschaften. Am 7. August 1782 starb Margraf im Alter von 73 Jahren in Berlin. Im Treppenhaus des Berliner Zuckermuseums erinnert eine Bronzebüste an den Entdecker des Zuckergehaltes einheimischer Rübensorten.

MARTIN HEINRICH KLAPROTH

Martin Heinrich Klaproth, der Entdecker des Elements Uran, wurde am 1. Dezember 1743 in der Kleinstadt Wernigerode im Harz als Sohn des Schneidermeisters Johann Julius Klaproth (1712-1767) und seiner Frau Ursula Sophie, geb. Dehne (1716-1785) geboren. Er besuchte von 1755 bis 1758 die Oberschule von Wernigerode und begann 1759 eine Lehre in der Ratsapotheke von Quedlinburg, die er 1764 beendete. Der frischgebackene Apothekergeselle arbeitete bis 1766 weiter in der Quedlinburger Ratsapotheke und ging dann für zwei Jahre als Geselle an die Hof-Apotheke in Hannover. Die Wanderjahre der Gesellenzeit führten ihn dann von 1768 bis 1770 an die Mohrenapotheke in Berlin und für sechs Monate zur Ratsapotheke in Danzig.

Zurück in Berlin wurde er im März 1771 letztmals Geselle in der Schwan-Apotheke von Valentin Rose d.Ä. (1736-1771) in Berlin. Valentin Rose war mit einer Nichte des Chemikers Marggraf verheiratet und hatte vier Kinder. Als der junge Apothekenbesitzer Rose schon vier Wochen später starb, wurde Klaproth Provisor der Apotheke und Vormund der Kinder Roses. Er verwaltete die Apotheke bis zum Jahr 1780. In dieser Zeit begann er auch, im Labor der Apotheke wissenschaftlich-experimentell als Chemiker zu arbeiten.

1780 heiratete Klaproth mit Christiane Sophie Lehmann (1748-1803) auch eine Nichte des Chemikers Marggraf und kaufte die ehemals Marggrafsche Bärenapotheke für 9500 Thaler. Diese Apotheke betrieb er sehr erfolgreich, so dass er sie im Jahr 1800 für 28 500 Thaler verkaufen konnte. Neben der Arz-

^ *Der Apotheker Martin Heinrich Klaproth entdeckte in seiner Bärenapotheke drei chemische Elemente, darunter 1789 das Uran.*

neimittelherstellung war die Bärenapotheke auch ganz besonders bekannt für das hier verkaufte Berlinerweiß, eine von Klaproth erfundene und in der Apotheke hergestellte Farbe, welche eine besonders reine Sorte Bleiweiß war. Als nun allgemein anerkannter Apotheker wurde er 1782 Assessor beim Collegium Medicum. Durch sorgfältige Untersuchungen trat er gegen das Geheimmittelunwesen seiner Zeit auf. So ermittelte und veröffentlichte er z.B. die Zusammensetzung der Bestuscheffschen Nerventinktur. Er arbeitete auch an der Apothekengesetzgebung mit, insbesondere an der ersten nach wissenschaftlichen Grundsätzen gestalteten preußischen Pharmakopöe von 1799 und an der Revidierten Apotheker-Ordnung von 1801.

Im Labor der Bärenapotheke setzte Klaproth auch seine chemischen Forschungsarbeiten fort. Dabei wurde Klaproth hauptsächlich als äußerst exakter Analytiker aktiv, der eine Vielzahl von Mineralien analysierte. Die Ergebnisse publizierte er in etwa 200 Veröffentlichungen. Bei seinen Analysen entdeckte er auch mehrere neue chemische Elemente, so 1789 Zirkon und 1803 Cer. Außerdem war er auch an der Entdeckung der Elemente Titan (1792), Strontium (1793), Chrom (1797), Tellur (1798) und Beryllium (1798) beteiligt. Berühmt ist er heute hauptsächlich als Entdecker des Urans, das er auch 1789 im Pechblendeerz aus Johanngeorgenstadt gefunden hatte.

Als Chemiker war er bald so anerkannt, dass er nebenamtlich seit 1782 als Privatdozent am Collegium Medico-Chirurgicum, seit 1784 als Lehrer an der Bergakademie und ab 1787 auch noch als Professor der Chemie an der Berliner Artillerieschule wirkte. 1788 wurde Klaproth zum Mitglied der Akademie der Wissenschaften.

Aus den Streitigkeiten um die Durchsetzung der modernen Theorie der sogenannten antiphlogistischen Chemie hielt sich Klaproth lange Zeit heraus. 1792, nachdem Hermbstädt offen für die Lavoisiersche Theorie aufgetreten war, forderte Klaproth eine experimentelle Nachprüfung von Lavoisiers Theorie an der Berliner Akademie der Wissenschaften. Nachdem diese negativ für die alte Phlogistontheorie ausgegangen war, setzte er sich von nun für die neue Theorie ein. Durch seine Autorität als Chemiker sicherte er jetzt deren schnelle Durchsetzung auch in Deutschland. Er war damit einer der wenigen deutschen Chemiker seiner Generation, der nicht an der alten, »deutschen« Phlogistontheorie festhielt.

Als Achard im Jahr 1800 seinen Stellung als Akademiechemiker aufgab, wurde Klaproth sein Nachfolger. Er verkaufte daher die Bärenapotheke und zog mit seiner Familie in das nach seine Vorgaben umgebaute Laboratoriumshaus in der Dorotheenstraße.

Im Jahr 1810 wurde die neue Berliner Universität eröffnet. Martin Heinrich Klaproth, der selbst keine Universität besucht hatte, wurde zum ersten ordentlichen Professor für Chemie an der Universität berufen. Gleichzeitig blieb er Akademiechemiker. Das Akademielaboratorium wurde nun auch zum chemischen Labor der Universität. In dem kleinen Hörsaal, den er in das Gebäude hatte einbauen lassen, hielt er seine Chemievorlesungen.

Klaproth starb am 1. Januar 1817. Er wurde auf dem Dorotheenstädtischen Friedhof begraben. Das Grab existiert nicht mehr, da es in einem Bereich lag, der heute nicht mehr zum Friedhof gehört. Aber eine Gedenktafel aus dem Jahr 1993 ist ihm gewidmet. Klaproth hatte fünf Töchter und einen Sohn Heinrich Julius Klaproth (1783-1835), der ein sehr bekannter Sprachwissenschaftler wurde.

An Klaproth erinnert heute auch eine Stele im Campus der TU Berlin und eine Berliner Gedenktafel an einem Neubau in der Nähe einer seiner Wirkungsstätten, der ehemaligen Bärenapotheke im Nikolaiviertel. Eine Apotheke in der Leipziger Straße heißt Heinrich-Klaproth-Apotheke.

^ *Erinnerungsschild für Martin Heinrich Klaproth auf dem Dorotheenstädtischen Friedhof in Berlin-Mitte. Sein hier ursprünglich befindliches Grab existiert allerdings nicht mehr.*

FRANÇOIS-CHARLES ACHARD

François-Charles Achard, oft auch Franz Carl genannt, stammte aus einer wohlhabenden Hugenottenfamilie. Seine Vorfahren väterlicherseits waren 1685 nach der Aufhebung des Ediktes von Nantes aus Glaubensgründen aus Frankreichs in das zur Schweiz gehörige calvinistische Genf ausgewandert. Der Vater Guillaume Achard (1716-1755) studierte in Genf Theologie und kam 1743 nach Berlin, um die Stelle als Adjunkt bei seinem Onkel Antoine Achard an der Werderschen Kirche der Französischen Gemeinde in Berlin einzunehmen.

1747 heiratete Guillaume Achard die Kaufmannstochter Marguerite Rouppert. Die Familie Rouppert war ebenfalls aus religiösen Gründen von Frankreich erst nach Kassel und dann nach Berlin geflohen. François-Charles Achard wurde am 28. April 1753 in Berlin geboren.

Achard besuchte 1770-1 die neugegründete Bergakademie, brachte sich ansonsten seine wissenschaftlichen Kenntnisse als Autodidakt selbst bei. Da er aus einer wohlhabenden Familie stammte, brauchte er keinen Brotberuf zu ergreifen, sondern konnte sich, finanziert von seiner Familie, voll der Wissenschaft widmen. 1774 wurde er als 21-Jähriger in die Gesellschaft naturforschender Freunde aufgenommen. Er begann unter Anleitung Marggrafs in dessen Labor als Chemiker zu arbeiten. 1776 wurde er offiziell Mitarbeiter in Marggrafs Akademielaboratorium und Mitglied der Akademie der Wissenschaften, allerdings ohne Gehalt. Das brachte in nun in Schwierigkeiten, denn als sich Achard 1776 entschloss, eine nicht standesgemäße Ehe mit der geschiedenen, neun Jahre älteren Maria Louisa Kühne ein-

^ *Porträtbüste des François-Charles Achard. Er entwickelte ein industrielles Verfahren zur Gewinnung von Zucker aus einheimischen Rübenarten.*

zugehen, erhielt er keine finanzielle Unterstützung von seiner Familie mehr. Erst ab 1779 bekam Achard dann ein Gehalt als Mitglied der Akademie.

Die ersten etwa zwei Jahrzehnte seiner Tätigkeit als Forscher zeigten eine rastlose Tätigkeit Achards, der viele unterschiedliche Themen bearbeitete und sowohl als Chemiker als auch als Physiker tätig war. Als Marggraf, der hochangesehene Akademiechemiker und Direktor der Physikalischen Klasse der Akademie 1782 starb, wurde Achard sein Nachfolger in beiden Positionen und bezog das Laboratoriumshaus der Akademie als seine Wohnung. Im gleichen Jahr wurde auch die Ehe mit Maria Louisa, die eine Tochter aus einer vorherigen Ehe hatte, geschieden. Später ging Achard eine Liebesbeziehung mit dieser, seiner Stieftochter Johanna Köppen ein, aus der dann zwei uneheliche Kinder hervorgingen. Einige Jahre später hatte Achard außerdem zwei weitere uneheliche Kinder mit seiner Haushälterin Wilhelmina Knacke. Das Privatleben Achards war zu seiner Zeit ein Skandal. Aber das behinderte seine Karriere kaum und verhinderte auch nicht, dass er immer wieder umfangreiche finanzielle Unterstützung bekam, um aufwendige wissenschaftlich-technologische Projekte umzusetzen. Solche Projekte, die zunehmend auch landwirtschaftliche Aktivitäten einschlossen, betrafen Versuche zur Verbesserung von Tabakpflanzenkulturen, die Untersuchung der Eignung von Farbstoffen aus einheimischen Pflanzen und nicht zuletzt die Erhöhung des Zuckergehaltes von Runkelrüben und die technische Gewinnung des Zuckers aus diesen. Letztere Versuche führte er 1782-1785 auf dem Gut Kaulsdorf und 1790 bis 1801 in Französisch-Buchholz durch. In diesen Zeitabschnitten war er auch Besitzer dieser landwirtschaftlichen Güter und hatte hier neben der Stadtwohnung ein zweites Zuhause.

1799 wurde das Akademielabor in der Dorotheenstraße zu einer ersten kleinen Rübenzuckerfabrik umgebaut. Der Laboratoriumsbetrieb wurde eingestellt. Nach dem erfolgreichen Test der technischen Machbarkeit der Zuckerproduktion erhielt Achard die finanziellen Mittel, eine größere Fabrikation aufzubauen. Er legte sein Amt als Akademiechemiker nieder und verließ 1802 Berlin in Richtung Cunern (heute das polnische Konary) in Schlesien. Hier lebte er mit seinen vier Kindern aber ohne die beiden Mütter und baute die erste Rübenzuckerfabrik auf. Die Aufnahme der industriellen Produktion war aber mühsam

und von ständigen Umbauten und technischen Verbesserungen der Anlagen gekennzeichnet, die nie die geplanten Produktionsziffern erreichten. 1807 wurde die Fabrik bei einem Brand vernichtet. Achard hatte nun nicht mehr die Kraft und die finanziellen Mittel, die Fabrik wiederherzustellen. 1810 wurde Achard von der Akademie der Wissenschaften in Pension geschickt. Damit verlor er nach damaligem Brauch auch seine Einkünfte als Akademiemitglied, ohne eine Pension im heutigen Sinne zu erhalten. Es gelang Achard, nachdem ihm der König seine Schulden erlassen hatte, nochmals in Cunern eine Lehranstalt für die Rübenzuckerproduktion aufzuziehen und diese bis 1815 zu betreiben. Er starb schließlich verarmt und vergessen am 20. April 1821. Wenige Jahre nach seinem Tod entstand in Europa die große, noch heute existierende Rübenzuckerindustrie, die ganz wesentlich auf seinen Vorarbeiten basiert und die ihn und Marggraf auch als ihre Wegbereiter ehrt.

Nach François-Charles Achard sind im Ortsteil Kaulsdorf eine Straße und eine Grundschule benannt. Eine Berliner Gedenktafel ist im ehemaligen Gut Kaulsdorf angebracht. Im Eingangsbereich des Zuckermuseums im Wedding erinnert eine Bronzebüste an den Pionier der Zuckerindustrie.

^ *Teil des Gutshofs Alt-Kaulsdorf 1-11 mit der Gedenktafel für François-Charles Achard. Achard züchtete hier Zuckerrüben und führte Versuche zur Gewinnung von Zucker aus diesen Rüben durch.*

SIGISMUND FRIEDRICH HERMBSTÄDT

Sigismund Friedrich Hermbstädt war ein sehr umtriebiger Apotheker, Chemiker und Technologe und über 40 Jahre in Berlin aktiv. Geboren wurde er am 14. April 1760 in Erfurt, das damals zum Erzbistum Mainz gehörte. Seine Eltern gehörten zur Oberschicht ihrer Heimatstadt und besaßen hier mehrere Häuser. Der Vater Hieronymus Friedrich Hermbstädt (1728-1788) betrieb eine Gewürzhandlung und war Oberstadtvoigt und Aktuar des Erfurter Rates.

Der junge Hermbstädt absolvierte eine Apothekerlehre in Erfurt und kam nach mehreren Zwischenstationen (Langensalza, Hamburg) 1784 als 24-jähriger nach Berlin. Er wurde nun zuerst Verwalter der Roseschen Apotheke Zum Weißen Schwan und bildete sich am Collegium Medico-Chirurgicum weiter. Nach einem Jahr musste er die Apotheke wieder verlassen, vermutlich weil Valentin Rose der Jüngere nun selbst die Geschäfte in die Hand nahm. Hermbstädt unternahm eine längere Studienreise und kehrte 1786 nach Berlin zurück. In den nächsten Jahren versuchte er, sich in Berlin eine berufliche Existenz aufzubauen. Er begann chemisch-technologische Bücher zu schreiben und chemische Privatvorlesungen zu halten. Sein Ziel war es jedoch, in den Staatsdienst aufgenommen zu werden. Die Zahl der Stellen war aber für einen Apotheker und Chemiker äußerst gering. Sein Versuch, den Hofapotheker und Chemieprofessor am Collegium Medico-Chirurgicum Pein zu verdrängen, scheiterte 1788.

Daher gründete Hermbstädt 1789 eine »Chemische Pensionsanstalt für Jünglinge«, in der er junge Männer bei sich wohnen ließ und in der Chemie ausbildete.

^ *Sigismund Friedrich Hermbstädt, Chemieprofessor an der Berliner Universität, war ein sehr gefragter Ratgeber vieler Berliner Unternehmer.*

1790 kam Hermbstädt aber doch in den ersehnten Staatsdienst. Hofapotheker Pein waren Unterschlagungen in der Hofapotheke nachgewiesen worden, und er verlor nacheinander den Hofapotheker- und den Professorenposten. Für beide wurde Hermbstädt der Nachfolger. Seine chemische Pensionsanstalt schloss er daher 1796. Hermbstädt war nun von 1790 bis 1797 Hofapotheker und von 1792 bis 1810 Professor Chymiae am Collegium Medico-Chirurgicum.

1788 heiratete Hermbstädt Magdalene Rose (1766-1816), eine Schwester des jüngeren Valentin Rose. Da die Ehe kinderlos blieb, nahmen seine Frau und er 1798 die Tochter Caroline des verstorbenen Hallenser Chemikers Gren auf. Nachdem seine Frau Magdalene 1816 gestorben war, heiratete Hermbstädt 1817 noch einmal. Seine zweite Ehefrau war Juliane Schleunitz (1774-1843).

Seit 1802 wohnte die Familie Hermbstädt in der Georgenstraße 43, in einem neuerbauten Haus mit Labor und Vorlesungssaal. Dieses Diensthaus war für Hermbstädt in seiner Funktion als Mitglied der Preußischen Gewerbeverwaltung gebaut worden und wurde auch als »chemisches Lokal« bezeichnet. 1806 kaufte Hermbstädt auch ein Gut Pankow und versuchte dort einen landwirtschaftlichen Musterbetrieb aufzubauen.

1810 wurde das Collegium Medico-Chirurgicum geschlossen und in die neugegründete Berliner Universität integriert. Hermbstädt war nach dem Akademiechemiker Klaproth der zweite Chemieprofessor der Universität, sein »chemisches Lokal« in der Georgenstraße das zweite chemische Labor neben dem von Klaproth in der Dorotheenstraße.

Hermbstädts Bedeutung liegt in seinem umfangreichen Wirken als chemischer Technologe. Er brachte eine große Zahl von Lehr- und Übersichtsbüchern zu verschiedenen Zweigen chemisch-technologischer Tätigkeit heraus und übersetzte ausländische Werke ins Deutsche. Besonders wichtig war seine 1792 herausgegebene Übersetzung von Lavoisiers Hauptwerk unter dem Titel System der antiphlogistischen Chemie. Damit war er der erste, der in Deutschland grundsätzlich und überzeugend für die neue Theorie eintrat. Hermbstädt war ein begeisterter Lehrer. Er hielt chemische, pharmazeutische und technologische Vorlesungen nicht nur im Collegium und der Universität, sondern auch in der Bergakademie und der Allgemeinen Kriegsschule. Auch viele chemische Fabrikanten griffen gerne auf seinen Rat zurück.

Sigismund Friedrich Hermbstädt starb am 22. Oktober 1833 in Berlin. Sein Grab befindet sich auf dem Dorotheenstädtischen Friedhof und ist durch eine von seinem Freund Schinkel gestaltete Grabsäule gekennzeichnet.

^ *Hermbstädt wurde auf dem Dorotheenstädtischen Friedhof begraben. Die von Schinkel im Auftrag des Vereins für Gewerbefleiß entworfene Gedenksäule existiert noch heute.*

JEREMIAS BENJAMIN RICHTER

Jeremias Benjamin Richter war eine ganz ungewöhnliche Gestalt in der Geschichte der Chemie. Er wurde am 10. März 1762 im schlesischen Hirschberg (heute Jelenia Gora in Polen) geboren. Insgesamt ist über seine Herkunft und Biographie nur wenig bekannt.

Er stammte wohl aus einer Kaufmannsfamilie. Im Alter von 13 Jahren ging er nach Breslau zu einem Onkel, dem dortigen Stadtbaumeister und erlernte hier das Bauhandwerk. Mit nur 16 Jahren trat er in das Ingenieurscorps der preußischen Armee ein. Da sein Interesse aber fast ausschließlich der Chemie galt und er sich in jeder freien Minute autodidaktisch in diesem Fach weiterbildete, vernachlässigte er seine Aufgaben. Wegen schlechter Erfüllung seiner Dienstpflichten kam er so nicht voran.

1785 beendete er den Armeedienst und ging nach Königsberg, um an der dortigen Universität Philosophie und Mathematik zu studieren. Unter anderem hörte er auch Vorlesungen von Immanuel Kant. Kant betrachtete die Chemie nicht als Wissenschaft, da sie nicht mit der Mathematik in Verbindung stehe. Fortan wollte Richter zeigen, dass dem nicht so sei. Zusätzlich wollte er auch das Walten Gottes in der Chemie, nach dem Bibelmotto: »Gott hat alles nach Maß, Zahl und Gewicht geordnet«, beweisen. Schon seine Doktorarbeit von 1789 handelte vom Nutzen der Mathematik für die Chemie. In stark erweiterter Form seiner Dissertation gab er 1792-3 sein dreibändiges Hauptwerk *Anfangsgründe der Stöchyometrie oder Meßkunst chymischer Elemente* heraus.

Damit prägte er den neuen Begriff der Stöchiometrie, die man heute als die Lehre von der mengenmäßigen Zusammensetzung

^ *Jeremias Benjamin Richter, der in Berlin an der Königlichen Porzellanmanufaktur arbeitete, gilt als Begründer der Stöchiometrie.*

chemischer Verbindungen sowie der Mengenverhältnisse der beteiligten Stoffe bei chemischen Reaktionen betrachtet. Richters Stöchiometrie hatte aber nicht viel mit unserer heutigen zu tun. Vor allem versuchte er zu zeigen, dass bei der Betrachtung verschiedener Basen und Säuren die Basenbestandteile in arithmetischen und Säurenbestandteile in geometrischen Reihen geordnet werden können. Richters Zahlenfolgen erwiesen sich jedoch als falsch. Das und seine unklare und unschöne Sprache führten dazu, dass sein umfangreiches Werk kaum Beachtung fand.

Auch beruflich war Richter anfangs nur wenig erfolgreich. Eine akademische Laufbahn als Hochschullehrer der Chemie blieb ihm versagt. Mehrere Jahre war er als Landvermesser und Messinstrumentenbauer tätig. Seine Aräometer zur Dichtebestimmung von Flüssigkeiten wurden sogar recht bekannt, brachten aber wenig Geld ein. Er musste sich in dieser Zeit nebenberuflich mit der Chemie beschäftigen. Trotzdem verfasste er zahlreiche Schriften. 1795 wurde Richter Bergsekretär, 1796 schließlich Bergprobierer beim schlesischen Oberbergamt in Breslau.

1798 kam Richter nach Berlin. Er wurde als sogenannter Zweiter Arkanist bei der Königlichen Porzellanmanufaktur in Berlin angestellt. Seine Aufgabe bestand in der Farbenherstellung für die Porzellanproduktion. Dabei entwickelte er einige neue Rezepturen für Farben, die er aber geheim hielt und die deshalb nach seinem Tod mühsam rekonstruiert werden mussten. Die Königliche Porzellanmanufaktur befand sich zu dieser Zeit in der Leipziger Straße 4 auf einem Teil des Grundstücks, auf dem heute der Bundesrat befindlich ist. Richter selbst wohnte ganz in der Nähe in einem Haus in der Wilhelmstraße 86 (alte Nummerierung, heute im Bereich des Bundesfinanzministeriums). Im Nebenberuf wurde Richter in Berlin Assessor beim Departement für Berg- und Hüttenwesen.

Richter blieb zeitlebens ein unerschütterlicher Anhänger der Phlogistontheorie, obwohl sich seit spätestens Mitte der 1790er-Jahre die neue antiphlogistische Theorie Lavoisiers auch in Deutschland durchgesetzt hatte. Richter setzte ab 1804 das mehrbändige Chemische Handwörterbuch, welches von Bourguet begonnen wurde, nach dessen Tod fort und führte es zum Abschluss. Auch dieses Buch baute noch auf der schon überholten Phlogistontheorie auf. Richter starb im Alter von nur 45 Jahren am 14. April 1807 in Berlin.

DIE KUNHEIM-FAMILIE

Die Unternehmer- und Chemikerfamilie Kunheim war Gründer und über 100 Jahre Inhaber eines bedeutenden Berliner Chemiebetriebes, der heute aber nicht mehr existiert.

Samuel Heinrich Kunheim, der Begründer der Dynastie, wurde am 24. Mai 1781 unter dem Namen Samuel Hirsch in der Zerbster Vorstadt Ankuhn im damaligen Fürstentum Anhalt-Zerbst geboren. Sein Vater Samuel Hirsch der Ältere (1750-1840) stammte aus Kunheim, einem kleinen Städtchen im französischen Elsass, und war seit 1779 als »Handelsjude« in Ankuhn ansässig. Juden durften zu dieser Zeit noch nicht in der Stadt Zerbst selbst wohnen. Die Mutter Samuel Hirschs des Jüngeren hieß Esther Levi. 1807 eröffnete Samuel Hirsch d.J. in Zerbst eine Rapsölraffinierungsanstalt, 1808 heiratete er Marianne Lippmann, die aus einer wohlhabenden jüdischen Familie in Potsdam stammte. 1808 wurde auch der Sohn Louis geboren.

Da seine Zerbster Rapsölraffinerie nicht erfolgreich war, ging der junge Hirsch 1810 mit seiner Familie nach Magdeburg und erwarb hier das Bürgerrecht. Die Stadt gehörte seit der Niederlage Preußens gegen das napoleonische Frankreich zum Königreich Westphalen, dass von Napoleons Bruder Jérôme

^ *Der jüdische Kleinunternehmer Samuel Heinrich Kunheim kam aus Zerbst nach Berlin und gründete hier 1826 die spätere Kali Chemie AG.*

Bonaparte regiert wurde. Hier galt wie in Frankreich die volle Rechtsgleichheit zwischen Juden und der restlichen Bevölkerung, was in Anhalt noch nicht der Fall war.

Samuel Hirsch, der als Sohn eines Elsässers gut französisch sprach, brachte es nun zusammen mit finanzkräftigen Geschäftspartnern durch Heereslieferungen für die französische Armee, später für die gegen die Franzosen kämpfenden Alliierten zu Vermögen. Samuel Hirsch nahm in der Folgezeit den Namen Samuel Heinrich Kunheim an.

1814 ging er nach Berlin, erhielt 1815 das Berliner Bürgerrecht und ließ sich als Material- und Spezereiwarenhändler in der Wallstraße 7 nieder. 1819 erwarb er das Haus Molkenmarkt 6. Hier wohnte er von nun an bis zu seinem Tod 1848. Danach erbte seine Tochter Helene, Ehefrau des jüdischen Seidenfabrikanten Levin Fabian Wolff, das Haus.

Zusammen mit einem Geschäftspartner, dem jüdischen Kaufmann Samuel Bacher Behrend (1748-1828), der ebenfalls Armeelieferant gewesen war, gründete S. Heinrich Kunheim 1826 in Berlin eine chemische Fabrik, die er dann ab 1829 nach Behrends Tod allein weiterführte. Zuerst wurde die Fabrik im Haus am Molkenmarkt betrieben. Aber noch zu Heinrich Kunheims Lebzeiten wurde der Standort der Fabrik in Berlin mehrfach verlegt. Ende des Jahres 1847 trat S. Heinrich Kunheim aus der Firma aus und überließ seinem Sohn Louis die alleinige Geschäftsführung. Wenig später, am 26. August 1848, starb er.

Louis Kunheim, der Sohn von Samuel Heinrich Kunheim, wurde als erstes Mitglied der Familiendynastie selbst Chemiker. Er wurde am 13. Januar 1808 noch in Zerbst geboren. In Berlin war er Schüler am Gymnasium zum Grauen Kloster und studierte später Chemie an der Berliner Universität unter Hermbstädt. Etwa 1836 erwarb er den Doktortitel. Louis Kunheim trat 1837 zum Christentum über und heiratete mit Renate Störig (1818-1887) eine protestantische Pastorentochter aus Magdeburg. Unter Louis Kunheims Leitung erfuhr die Fabrik seines Vaters

Der noch in Zerbst geborene Louis Kunheim studierte ^ Chemie und führte die Familienfirma in zweiter Generation.

einen großen Aufschwung. Die Familie Kunheim wohnte in der Lindenstraße 26. Seit 1873 schwer krank, starb Louis Kunheim am 8. Juni 1878. Louis Kunheim gehörte wie sein Sohn Hugo 1867 zu den Gründern der Deutschen Chemischen Gesellschaft in Berlin.

Auch Hugo Kunheim, Enkel des Firmengründers und einziger Sohn von Louis Kunheim, war Chemiker. Am 17. Juni 1838 wurde er in Berlin geboren. Seine Schulbildung erhielt er auf dem Friedrich-Wilhelms-Gymnasium. Dann studierte er Chemie in Berlin, Heidelberg und Göttingen. In Göttingen promovierte er 1861 mit einer Arbeit über die Einwirkung des Wasserdampfes auf Chlormetalle bei hoher Temperatur. 1864 trat Hugo Kunheim in die Leitung der Chemischen Fabrik Kunheim ein. Seine Frau Ruth, geborene Detroit (1850-1924) war wie seine Mutter eine protestantische Pastorentochter. Das Ehepaar Ruth und Hugo Kunheim hatte vier Kinder: Erich, Hugo, Ilse und Eva.

Unter Hugo Kunheims Leitung wurde die Fa. Kunheim ein Großbetrieb. Direkt neben der chemischen Fabrik in Niederschöneweide ließ sich Hugo Kunheim eine Villa im exklusiven Renaissancestil bauen. Sein späteres Wohnhaus befand sich Am Reichstagufer 10, das Geschäftshaus lag in unmittelbarer Nähe,

^ *Wohnhaus neben der Kunheimschen Fabrik auf dem Kreuzberg, ca. 1845 (o.), Porträt des Hugo Kunheim (u.)*

in der Dorotheenstraße 26. Am 23. März 1897 starb Hugo Kunheim. Die kurze Kunheimstraße zwischen Nalepa- und Tabbertstraße in Oberschöneweide ist seit dem 1. September 2003 nach ihm benannt.

Der Urenkel des Firmengründers, Erich Kunheim war der dritte und letzte Chemiker der Familie. Er wurde am 15. Februar 1872 geboren und studierte Chemie in Berlin, Dresden und Straßburg. Im Jahre 1900 promovierte er an der Berliner Universität. Thema der Doktorarbeit war die Einwirkung des Lichtbogens auf Gemische von Sulfaten mit Kohle. Er heiratete 1901 im gleichen Jahr, in dem er die Geschäfte der Familienfirma übernahm, die 18-jährige Elisabeth Arnhold, Adoptivtochter des

^ *Wohnhaus des Hugo Kunheim, Reichstagufer 10 (o.), Porträt des Erich Kunheim (u.)*

durch den Steinkohlehandel reich gewordenen jüdischen Unternehmers und Kunstsammlers Eduard Arnhold (1849-1925). Ihre drei Kinder hießen Hugo Eduard, Arnold Ernst und Erika.

Erich Kunheim war auch Mitglied des Preußischen Abgeordnetenhauses. Von 1910 bis 1920 bewohnte er das Haus Fürst-Bismarck-Straße 10, gegenüber dem Reichstag gelegen. In diesem Haus befindet sich seit 1920 die Schweizerische Botschaft. Erich Kunheim starb nach längerer schwerer Krankheit am 31. Oktober 1921. Nach seinem Tod konnte die Familie die Firma nicht weiter in Familienbesitz halten und gründete eine Aktiengesellschaft. Da die Nachkommen Erich Kunheims kein Interesse an der Chemieindustrie hatten, sondern in der Firma ihres Großvaters mütterlicherseits aktiv wurden, spielte die Familie Kunheim in dem Unternehmen dann keine Rolle mehr.

^ *Das ehemaliges Wohnhaus von Erich Kunheim ist die heutige Schweizerische Botschaft in Berlin. Kunheim wohnte hier von 1910 bis 1919.*

UNTERNEHMER- UND CHEMIKERFAMILIE RIEDEL

Johann Daniel Riedel war der Gründer der Chemieunternehmerdynastie Riedel. Er wurde am 5. November 1786 in Rehna bei Schwerin im Herzogtum Mecklenburg-Schwerin als 15. von 17 Kindern des Pfarrers Johann Christian Conrad Riedel (1736-1816) geboren. Bis zum Alter von 14 Jahren wurde er zu Hause erzogen. Danach begann er eine Lehre in der Apotheke des Georg Ferdinand Volger in Ludwigslust. Die Apothekerlehre schloss er im März 1806 erfolgreich ab. Ostern 1806 begann er, als Geselle in der Gottschalkschen Apotheke in Schwerin zu arbeiten. Zwei Jahre später ging Riedel nach Berlin und arbeitete in der Apotheke Zum Weißen Schwan des Valentin Rose. 1810 war er bereits Verwalter der Roseschen Apotheke.

Riedel wollte aber sein eigenes Geschäft haben und kaufte daher am 1. Januar 1814 die 1770 gegründete Schweizer Apotheke zum gekrönten schwarzen Adler von Johann Daniel Hausmann. Die Apotheke befand sich in der Friedrichstraße 173. Der Kaufpreis betrug 25 000 Taler, davon 10 000 für das Grundstück.

Im darauffolgenden Jahr heiratete Riedel Juliane Enderwitz, Tochter eines Apothekers aus Stettin, mit der er zwei Söhne, Gustav und Julius hatte. Juliane starb aber schon 1817 nach nur zwei Ehejahren. Daher vermählte sich Johann Daniel Riedel

^ *Der Apotheker Johann Daniel Riedel war der Begründer der Firma J. D. Riedel Chemische Fabrik, später Riedel-de Haën AG.*

1818 erneut. Auch seine zweite Ehefrau Wilhelmine Riedel, geborene Flessing, starb schon nach kurzer Zeit an den Folgen der Entbindung ihres Sohnes Theodor im Jahr 1719.

Johann Daniel Riedel heiratete nicht wieder, sondern lebte von nun an mit seiner Schwester Friedericke bis zu deren Tod 1836 zusammen in einem Haushalt. Seine Schwester führte den Haushalt und erzog die drei Söhne. Julius Riedel wurde später Offizier und stieg bis zum Generalmajor auf. Theodor Riedel (1819-1890) wurde Verwaltungsbeamter und Berliner Stadtrat. Der älteste Sohn Gustav aber führte das Geschäft des Vaters weiter.

Johann Daniel Riedel betrieb seine Apotheke mit großem Erfolg und stellte in dem dazu gehörigen Labor nicht nur Medikamente und Chemikalien für den eigenen Verkauf sondern auch für andere Apotheken her. 1843 umfasste seine Angebotsliste 400 verschiedene Chemikalien. Insbesondere spezialisierte er sich auf Chinin, welches aus der Chinarinde extrahiert werden musste. 1826 betrieb er die Chiningewinnung für die Preußische Seehandlung erstmals in großem Stil. Sein Versuch, zusammen mit der Seehandlung dauerhaft groß in die Chiningewinnung einzusteigen, wurde allerdings von der Seehandlung abgelehnt.

1842 gab Johann Daniel die Chemikalienfabrikation an seinen Sohn Gustav ab und führte nur noch die Apotheke. Als er ein Jahr später, am 11. Februar 1843 starb, übernahm Gustav auch die Apotheke.

Gustav Riedel, der älteste Sohn, führte das Apotheken- und Chemialienfabrikationsgeschäft des Vaters weiter. Er wurde am 8. Juli 1816 in Berlin geboren und besuchte das Friedrich-Wilhelms-Gymnasium. 1832 begann er eine Apothekerlehre in der Apotheke Zum weißen Schwan bei Wilhelm Rose, dem Bruder des Chemieprofessors der Berliner Universität Heinrich Rose. Die gleiche Apotheke hatte sein Vater einige Zeit als Provisor verwaltet. Nach dem Abschluss der Lehre 1836 folgten Tätigkeiten als Apothekergeselle in Breslau und in der berühmten Engelapo-

^ *Der Apotheker Gustav Riedel führte die J. D. Riedel Chemische Fabrik in zweiter Generation und ließ das Werk in der Gerichtsstraße erbauen.*

theke von Emmanuel Merck in Darmstadt. Nach einem Studium in Bonn erhielt Gustav Riedel 1840 nach bestandenem Examen das Fähigkeitszeugnis als Apotheker. Nach Ableistung des Militärdienstes wurde er 1842 Leiter der Chemischen Fabrik J. D. Riedel, 1843 nach dem Tod des Vaters auch der Apotheke.

Gustav Riedel heiratete 1845 Elise Sy. Kurz nach der Geburt des Max starb Elise. Zwei Jahre später heiratete Gustav ähnlich wie sein Vater erneut. Seine zweite Frau Clara Reclam starb jedoch nicht so früh und gebar acht Kinder, fünf Töchter und drei Söhne (Franz, Paul und Fritz).

Unter Gustav Riedels Leitung wuchs die Firma weiter. Die Apotheke wurde in der Folge von Gustavs Sohn Franz (1848-1897) weitergeführt. Franz hatte nach dem Besuch des Französischen Gymnasiums eine Apothekerlehre in Genf absolviert. Nach einer Tätigkeit in einem Garnisonslazarett 1870/71 leitete er dann die Familienapotheke. Unter seiner Leitung wurde das alte Gebäude in der Friedrichstraße durch einen Neubau ersetzt. Da Franz, der mit Helene Meissner verheiratet war und sechs Kinder hatte, von seinen beiden Söhnen nicht überlebt wurde, kam die Apotheke nach seinem Tod 1897 in den Besitz seines Neffen Paul Riedel (1872-1915), Sohn des Max Riedel.

Die Fa. J. D. Riedel, nun mit Sitz in der Gerichtsstraße im Gesundbrunnen, wurde von Gustav Riedel zusammen mit den anderen drei Söhnen Max, Paul und Fritz geführt. Als Gustav Riedel 1886 starb, schied wenig später Max Riedel (1845-1905) aus der Firma aus und erwarb die Germania-Apotheke am Rosenthaler Platz in Berlin. Sein Sohn Paul übernahm dann, wie oben schon kurz berichtet, die alte Familienapotheke in der Friedrichstraße, verkaufte sie allerdings 1906 und ging als Apotheker nach Heidelberg. Die von verschiedenen Inhabern weitergeführte Schweizer Apotheke in der Friedrichstraße wurde im Zweiten Weltkrieg zerstört, in einem anderen Gebäude in der Nähe kurzzeitig weitergeführt, 1948 aber enteignet und geschlossen.

Nach Max' Ausscheiden führten nun die Brüder Paul Riedel (1851-1912) und Fritz Riedel (1853-1913) die Firma J. D. Riedel ins neue Jahrhundert. Paul Riedel hatte eine kaufmännische Lehre in der Drogengroßhandlung des L. Meyer in der Jüdenstraße absolviert. Nach weiteren zwei Jahren als Lehrling in einem ähnlichen Geschäft in London trat er in die väterliche Firma ein. Paul Riedel heiratete Catharina Kettembeil. Aus der Ehe entsprangen ein Sohn und vier Töchter. Der Sohn Hellmuth Riedel, ein promovierter Chemiker, arbeitete später auch zeitweise für die Firma J. D. Riedel. Paul Riedel wohnte in der Chausseestraße 1. Er verstarb am 25. März 1912 an den Folgen einer Blinddarmoperation.

Fritz Riedel, geboren am 30. Januar 1853, besuchte wie seine Brüder das Französische Gymnasium und lernte dann auch das Kaufmannshandwerk bei Naetebus & Comp., einer Groß-Kolonialwarenhandlung in Berlin. Nach der Lehre arbeitete er eine Zeit lang in der Bank Meissner. Fritz Riedel war mit Helene Höpke verheiratet. Aus dieser Ehe entstammten fünf Kinder, drei Töchter und zwei Söhne. Während einer der Söhne früh starb, wurde der andere Sohn Fritz jun. das letzte Familienmitglied, welches führend im Unternehmen tätig wurde. Fritz Riedel sen. wohnte in der Invalidenstraße 113. Er starb nach längerer Krankheit am 27. Juli 1913 in Bad Homburg.

Paul und Fritz Riedel organisierten noch ab 1912 den Umzug des Unternehmens aus der Gerichtsstraße nach Britz an den Teltowkanal. Die dortige komplette Aufnahme der Produktion im Jahre 1914 erlebten sie aber nicht mehr.

Fritz Riedel junior, Sohn des älteren Fritz Riedel, war der letzte der Riedel-Familie, der noch einmal in leitender Stellung im Unternehmen tätig wurde. Er wurde am 5. Dezember 1890 geboren und war von 1921 bis 1931 Vorstandsmitglied der Firma. In seiner Zeit wurde auch der große Expansionsschritt durch Übernahme der Firma E. De Haën gemacht. Fritz Riedel war mit Elisabeth Völker verheiratet. Die Familie lebte in Dahlem in der Goebenstraße 41. Fritz Riedel starb am 20. Juli 1954.

^ *Paul (o.) und sein Bruder Fritz (u.) Riedel führten die Firma zusammen in dritter Generation und wandelten sie in eine Aktiengesellschaft um.*

DIE KAHLBAUM-FAMILIE

< *Anlässlich des 75-jährigen Firmenjubiläums wurden 1893 die drei Generationen der Unternehmensinhaber aus der Kahlbaumfamilie zusammen dargestellt: Gründer Carl August Ferdinand (o.), sein Sohn August Wilhelm (m.), der Enkel Johannes Kahlbaum (u.).*

Der Begründer der Chemiefabrikantentradition der Familie Kahlbaum war Carl August Ferdinand Kahlbaum, meist als C. A. F. Kahlbaum abgekürzt. Er wurde am 20. September 1794 in der brandenburgischen Kleinstadt Zehdenick als Sohn eines Brauers geboren. C.A.F. Kahlbaum war mit Dorothee Rosine Tietz (1800-1885), Tochter eines Berliner Schlächtermeisters, verheiratet. Aus dieser Ehe ging der Sohn August Wilhelm Kahlbaum hervor. Der Kaufmann C. A. F. Kahlbaum gründete 1818 in der Münzstraße 19 eine Branntweinbrennerei, die schrittweise zu einer Spritreinigungsanstalt und Likörfabrik ausgebaut wurde. C. A. F. Kahlbaum starb am 28. November 1872 in Berlin.

August Wilhelm Kahlbaum wurde am 30. Dezember 1822 in Berlin geboren. Er wurde wie sein Vater Kaufmann. Nach seiner Lehre erweiterte August Wilhelm seine Kenntnisse durch längere Aufenthalte in Süddeutschland und im Ausland. Im Jahr 1847 übernahm er die väterliche Firma in der Münzstraße. Seit 1859 begann er, die kleine Fabrik zu einem modernen Großbetrieb umzugestalten. Er war mit Elisabeth Schultz (1828-1914), Tochter des Bauunternehmers Ludwig Schultz verheiratet. Das Ehepaar Kahlbaum hatte zwei Söhne, Johannes und Georg August Wilhelm, sowie zwei Töchter, Marie und Margarete.

Ab 1870 wurde von August Wilhelm Kahlbaum der Aufbau einer chemischen Fabrik zur Verwertung von Fuselölen, den Rückständen aus der Alkoholdestillation, betrieben. Dazu wurde ein Grundstück an der Schlesischen Straße 13-14 erworben und bebaut. Gegenüber dieser neuen Fabrik in der Schlesischen

Straße 33-34 erwarben die Kahlbaums ein zweites Grundstück, auf dem sie sich eine Villa, zu der ein großer Garten gehörte, errichten ließen. Hier wohnte die Familie ab etwa 1872 bis 1909. Die Villa ging dann an wechselnde Besitzer über und wurde um 1960 abgerissen. Heute befindet sich an dieser Stelle seit Jahren eine Brachfläche auf der eigentlich das umstrittene Cuvrycenter entstehen sollte.

Zusätzlich hatten die Kahlbaums schon 1862 das heutige Wilmersdorfer Schoelerschlösschen für 22 000 Taler gekauft. August Wilhelm Kahlbaum gab dem Anwesen den Namen seiner Frau: Elisienhof. Das vorher im Kahlbaumbesitz befindliche gleichnamige Anwesen bei Zürich war verkauft worden. 1893 verkaufte Elisabeth Kahlbaum den Elisienhof an den Medizinprofessor Schoeler, von dem das Anwesen den heute noch gebräuchlichen Namen erhielt.

Ab 1882 begann ein schrittweiser Umzug der Firma aus dem Gebiet Schlesische Straße nach Adlershof. Hier starb August Wilhelm Kahlbaum am 5. Juli 1884.

Auch Johannes Kahlbaum, geboren am 24. Juli 1851 in Berlin, erhielt eine kaufmännische Ausbildung und trat 1879 in den Familienbetrieb ein. Unter seiner Leitung setzte sich das schnelle Wachstum des Unternehmens fort. Johannes Kahlbaum wohnte in Berlin in der Münzstraße 19. 1902 ließ er bei Kagel, Ortsteil von Grünheide/Mark am Südufer des Bauernsees ein Jagdschloss errichten. Mit dem Tod von Johannes Kahlbaum am 15. August 1909 war letzte direkte männliche Nachkomme des Firmengründers gestorben. Kahlbaum förderte die ethnologische Forschung und finanzierte entsprechende Reisen in die Südsee. Die wertvolle Münzsammlung des Johannes Kahlbaum wurde dem Germanischen Nationalmuseum Nürnberg vermacht.

Georg August Wilhelm Kahlbaum, Chemiker und Chemiehistoriker, wurde am 8. April 1853 in Berlin geboren. Er studierte ab 1872 in Berlin Chemie, Physik, Mineralogie und Zoologie. Er wechselte dann auf andere Universitäten, nach Heidelberg, Straßburg und Basel. Zwischenzeitlich musste er seine Studien unterbrechen, um in der väterlichen Firma zu helfen. 1884 promovierte er in Basel. Er, der einzige studierte Chemiker einer Chemiefabrikantenfamilie, verzichtete aber auf eine dauerhafte Mitarbeit in der Familienfirma, blieb in Basel und

wurde hier Hochschullehrer. Die Universität Basel musste ihm kein Gehalt zahlen, und auch die Kosten des Labors wurden aus Kahlbaums eigenem Vermögen bestritten. G. A. W. Kahlbaum war seit 1892 Professor für Physikalische Chemie in Basel und veröffentlichte parallel zu seinen chemisch-physikalischen Studien auch viele wissenschaftshistorische Abhandlungen. Er starb am 28. August 1905 in Basel, wie sein Bruder unverheiratet und kinderlos.

^ *Georg August Wilhelm Kahlbaum, der einzige Chemiker der Familie, wollte nicht im Familienunternehmen mitarbeiten (o.).*
An die Kahlbaums erinnert heute in Berlin nur noch die Familiengrabstätte auf dem Alten Luisenstädtischen Friedhof am Südstern in Kreuzberg (u.)

EILHARD MITSCHERLICH

Mitscherlich war von 1822 bis 1863 als Nachfolger Klaproths Professor für Chemie an der Berliner Universität sowie Akademiechemiker und damit der führende Chemiker Berlins.

Mitscherlich wurde am 7. Januar 1794 im Dorf Neuende im Jeverland geboren. Der Ort ist seit 1937 ein Stadtteil der 1869 gegründeten Stadt Wilhelmshaven. Mitscherlichs Vater Karl Gustav (1762-1826) war Landpfarrer von Neuende, seine Mutter Maria Elisabeth geb. Eden (1766-1812) die Tochter eines Kunsthändlers aus Jever. Der Großvater Johann Christoph Mitscherlich (1720-1764) war 1754 aus dem sächsischen Zwickau nach Jever gezogen.

Nach dem Abschluss des Gymnasiums begann der junge Mitscherlich 1811 ein Studium der orientalischen Sprachen in Heidelberg. Schon 1814 promovierte er in Gießen mit einer Abhandlung zur orientalischen Literatur. Er setzte dann aber seine Studien in Göttingen fort, erst weiter zu orientalischen Sprachen, startete dann aber parallel zusätzlich ein Medizinstudium. Über die Medizin kam er zur Chemie, die sein weiteres Leben bestimmen sollte. 1818 verließ Mitscherlich Göttingen und ging nach Berlin, mit dem Ziel einer akademischen Laufbahn im Bereich der Chemie.

In Berlin begann Mitscherlich zuerst im Labor des Botanikers Heinrich Friedrich Link (1767-1851) zu arbeiten. Link, der auch als Chemiker aktiv war, verwaltete zu dieser Zeit das nach Klaproths Tod verwaiste chemische Laboratorium der Akademie. Hier machte Mitscherlich eine Entdeckung, die ihm seinen weiteren Weg ebnen sollte: er entdeckte das Phänomen der Iso-

^ *Das am 1.Dezember 1894 eingeweihte Standbild Eilhard Mitscherlichs, ein Werk des Bildhauers Carl Ferdinand Hartzer, steht seit 1919 vor dem Ostflügel der Humboldt-Universität in Berlin.*

morphie, das Auftreten chemisch unterschiedlicher Feststoffe in identischer Kristallform. Das war zu seiner Zeit eine bedeutende Entdeckung, die dem jungen, bisher noch unbekannten Chemiker die Anerkennung durch solche Größen wie den Schweden Berzelius einbrachte. Dieser war als Nachfolger Klaproths für die 1. Chemieprofessur der Berliner Universität im Gespräch. Berzelius, der kein Interesse an diesem Posten hatte, empfahl den Verantwortlichen Eilhard Mitscherlich für die Stelle. Mitscherlich, der 1819 bis 1821 in Stockholm bei Berzelius seine chemische Ausbildung vervollständigte, wurde tatsächlich 1822 Professor für Chemie an der Berliner Universität und Akademie-Chemiker. Damit übernahm er auch Labor und Wohnung im Laboratoriumshaus in der Dorotheenstraße.

1826 heiratete Mitscherlich Laura Meier (1803-1881), die Tochter eines Königsberger Großkaufmanns. Das Ehepaar hatte sechs Kinder, zwei Töchter und vier Söhne. Unter ihnen und den weiteren Nachkommen sind eine Vielzahl von Akademikern, auch einige Chemiker.

In diesem Zusammenhang ist insbesondere der Sohn Alexander Mitscherlich (1836-1918) zu nennen, der als Chemiker eine Zeit lang in Berlin aktiv war. So hielt er 1863-1868 auch Chemie-Vorlesungen an der Friedrich-Wilhelms-Universität, teilweise in Vertretung bzw. Nachfolge seines Vaters. Danach ging er nach Hannoversch-Münden und wurde hier Professor für Chemie an der Forstakademie.

Eilhard Mitscherlich war als noch ziemlich junger unerfahrener Chemiker Nachfolger des berühmten Klaproth geworden, was ihm jedoch einige Gegnerschaft einbrachte, die auch von ihm gepflegt wurde. Mit manchen Universitätsangehörigen brach er jeden Verkehr ab. Das betraf auch den zweiten Berliner Chemieprofessor Heinrich Rose, der noch ein Schüler Klaproths und von der Forschungsrichtung her im Gegensatz zu Mitscherlich auch sein eigentlicher Erbe war.

Mitscherlichs Forschungen drehten sich in der Folgezeit u.a. um das Benzol, eine organische Grundsubstanz und einfachstes Beispiel eines aromatischen Kohlenwasserstoffs. Eine Nachweisreaktion für Phosphor trägt als Mitscherlich-Probe seinen Namen. 1854/5 war Mitscherlich auch Rektor der Berliner Universität. Er starb am 28. August 1863 in seiner Sommerwohnung in Schöneberg, damals noch ein Berliner Vorort.

HEINRICH ROSE

Die märkische Familie Rose brachte über mehrere Generationen eine ganze Reihe von Apothekern und Naturforschern hervor. Die Berliner Geschichte der Roses begann mit Valentin Rose dem Älteren. Er wurde 1736 in Neuruppin geboren, zum Apotheker ausgebildet und ging um 1756 nach Berlin. Hier betrieb er, verheiratet mit einer Nichte des Chemikers Marggraf, ab 1761 die Apotheke Zum weißen Schwan in der Spandauer Straße, Ecke Heidereuterstraße. Das Gebäude steht seit Ende des Zweiten Weltkriegs nicht mehr. Valentin Rose ist der Erfinder einer niedrigschmelzenden Legierung aus Wismut, Blei und Zinn, die Roses Metall genannt wird (Schmelzpunkt 98°C). Kurz nachdem er Martin Heinrich Klaproth als Gesellen angeheuert hatte, starb Valentin Rose 1771. Klaproth verwaltete nun die Apotheke für die noch minderjährigen Kinder bis zum Jahr 1780. Ab 1784 war auch Hermbstädt kurzzeitig der Verwalter der Apotheke.

Wenig später, 1785, übernahm Valentin Rose der Jüngere (1762-1807), Sohn des älteren Valentin Rose, die Familienapotheke. Auch er, der mit seiner Cousine Marie Rose (1765-1849) verheiratet war, starb schon recht früh. Von seinen insgesamt fünf Söhnen wurde der älteste, Wilhelm Rose (1792-1867), sein Nachfolger als Apotheker im Weißen Schwan, während Heinrich Rose und Gustav Rose (1798-1873) Professoren an der Berliner Universität wurden, Heinrich für Chemie und Gustav für Mineralogie.

Aber auch Heinrich Rose, geboren am 6. August 1795 in Berlin, erhielt zuerst eine klassische Apothekerausbildung mit

^ *Der Chemieprofessor Heinrich Rose stammte aus einer traditionsreichen Berliner Apothekerfamilie.*

Lehrstationen in Danzig (heute Gdansk in Polen) und Mittau (heute Jelgava in Lettland). In Danzig erlebte er 1813 auch die Belagerung der von den Franzosen besetzten Stadt durch preußische und russische Truppen. Zwischenzeitlich nahm er 1815 mit seinen Brüdern auch direkt selbst an den Befreiungskriegen gegen die Franzosen teil und kam so als Freiwilliger Jäger mit der siegreichen preußischen Armee nach Paris, dem bedeutendsten Zentrum der Chemie seiner Zeit. Dies nutzte er, um sich mit französischen Chemikern wie Vauquelin, Gay-Lussac und Berthollet zu treffen. Ein Besuch in Stockholm bei Berzelius, dem damals führenden Chemiker, ließ Rose selbst den Weg zum Chemiker antreten. Er studierte von 1719-21 in Stockholm, promovierte in Kiel und lehrte ab 1822 an der Berliner Universität, erst als Dozent, ab 1823 als zweiter Professor für Chemie neben Mitscherlich.

Heinrich Roses Labor wurde in einem Haus in der Cantianstraße 4 im Zentrum Berlins eingerichtet. Diese alte Cantianstraße im Bereich der heutigen Museumsinsel (das Haus Nr. 4 stand etwa im Bereich der Alten Nationalgalerie) ist nicht mit der heutigen Cantianstraße im Prenzlauer Berg zu verwechseln. Im gleichen Haus befand sich auch die Wohnung der Familie Rose. Das kleine Labor bestand aus drei Zimmern und einigen Nebenräumen. Zwei der Laborzimmer wurden für die Ausbildung genutzt, eines war für Heinrich Rose selbst vorbehalten. Außerdem gab es im Haus ein Auditorium für bis zu 200 Zuhörer, in welchem Rose seine Vorlesungen hielt.

Vom Arbeitsgebiet her setzte Heinrich Rose im Wesentlichen die Arbeiten Klaproths fort, da er sich wie dieser auf die Analyse anorganischer Stoffe spezialisierte. 1829 veröffentlichte er in seinem *Handbuch der analytischen Chemie* erstmals einen Trennungsgang zur systematischen Analyse unbekannter Substanzgemische. 1844 entdeckte er das chemische Element Niob. Intensiv untersuchte er die chemischen Eigenschaften des Titans.

1845 glaubte er ein weieres, dem Niob und Tantal ähnliches neues chemisches Element entdeckt zu haben, welches er Pelopium nannte. Später stellte sich das als Irrtum heraus.

Heinrich Rose, der zweimal verheiratet war und eine Tochter hatte, starb am 27. Januar 1864 in Berlin. Da seine Tochter vor ihm starb, wurde er nur von seiner Enkelin Rose Karsten (1860-1929), der Tochter des Berliner Botanikprofessors Hermann Karsten (1817-1908) überlebt.

FRIEDRICH WÖHLER

Friedrich Wöhler, ein leidenschaftlicher Experimentator, ist eine der großen Gestalten in der Geschichte der Chemie, da er mit der künstlichen Herstellung des Harnstoffs aus Kaliumcyanat und Ammoniumsulfat erstmals zeigen konnte, dass es möglich ist, organische Stoffe aus anorganischen im Reagenzglas herzustellen. Das war ein Meilenstein für die Entwicklung der Chemie. Vorher gab es Theorien, die die Ansicht vertraten, dass die Synthese von organischen Verbindungen nur in lebenden Organismen möglich sei. Das war nun wiederlegt. Die Harnstoffsynthese wie auch die erstmalige Herstellung der Metalle Aluminium und Beryllium als reine Elemente gelangen ihm in seinem einfachen Labor in der Städtischen Gewerbeschule in Berlin.

Friedrich Wöhler wurde am 31. Juli 1800 in Eschersheim, heute Ortsteil von Frankfurt am Main geboren, kurz nachdem seine Eltern von ihrem Wohnsitz geflohen waren. Sein Vater, Tierarzt Anton August Wöhler, Stallmeister beim Kurprinzen von Hessen-Kassel, hatte seinen Arbeitgeber mit der Peitsche geschlagen, als der ihn beschimpft hatte und handgreiflich geworden war. Wöhler kam mit seiner hochschwangeren Frau Katharina bei einem Verwandten unter. Am Hof in Meiningen fand der Vater kurz darauf eine Stellung als Beamter. 1806 ließ sich die Familie dann auf einem eigenen Landgut in Rödelheim bei Frankfurt nieder.

Friedrich und seine drei Geschwister erhielten zunächst Privatunterricht vom Vater. Später am Gymnasium in Frankfurt war Wöhler kein besonders guter Schüler. In seiner Freizeit beschäftigte er sich aber schon intensiv mit Chemie und führte gerne

^ *Porträt des jungen Friedrich Wöhler. Er fühlte sich in Berlin nicht wohl und verließ die Stadt schon nach wenigen Jahren wieder.*

chemische Experimente durch, was nicht immer ganz ungefährlich war. Er entging knapp einer Chlorvergiftung, fügte sich beim Arbeiten mit Phosphor schwere Brandwunden zu und setzte beinahe die Waschküche der Mutter, die als Labor diente, in Brand.

Nach dem Abitur 1819 begann Wöhler ein Medizinstudium in Marburg, wo er seinen Vermieter verärgerte, weil er im Zimmer experimentierte. Dabei entdeckte er, dass leicht erhitztes Quecksilberrhodanid sich, um sich selbst in wurmartigen Gebilden windend, plötzlich auf ein vielfaches Volumen anschwillt. Diese »Pharaoschlange« ist noch heute, mit anderen Chemikalien durchgeführt, ein beliebtes Schauexperiment. 1820 wechselte Wöhler nach Heidelberg, wo er neben dem Medizinstudium im Labor des Chemikers Gmelin experimentierte und auch schon erste wissenschaftliche Mitteilungen veröffentlicht. 1823 wurde er zum Doktor der Medizin promoviert, war aber eigentlich Chemiker geworden.

Wöhler, der nie eine Chemievorlesung gehört hatte, wollte sein autodidaktisch erworbenes chemisches Wissen vertiefen. Daher ging er einige Monate nach Stockholm zu Berzelius, dem führenden Chemiker der Epoche.

1824 machte auf Vermittlung von Berzelius' Berliner Freunden die Berliner Städtische Gewerbeschule dem Mediziner Wöhler das Angebot, für ein Jahresgehalt von 700 Talern acht Wochenstunden Chemie zu lehren. Die übrige Zeit könne er in einem eigenen Labor forschen. Wöhler nahm das Angebot an und kam nach Berlin. Bei seinem Amtsantritt in der Gewerbeschule, Vorläuferinstitution der heutigen Beuth-Hochschule für Technik, befand sich diese noch im ehemaligen Fürstenhaus in der Kurstraße im Stadtteil Friedrichswerder. Auf dem Grundstück stehen heute zum Außenministerium gehörende Gebäudeteile. Hier im gleichen Haus, wo um 1707 der Alchemist Caetano sein Laboratorio hatte, wurde für Wöhler ein kleines Labor eingerichtet.

1826 verlegte man die Gewerbeschule in ein nahegelegenes Gebäude in der Niederwallstraße. In dem dortigen Labor führt er u.a. die Experimente zur elementaren Herstellung des Aluminiums und Berylliums sowie die erste Harnstoffsynthese aus anorganischen Ausgangsstoffen durch. 1828 erhielt Wöhler den Professorentitel.

1830 heiratete er seine Cousine Franziska. Als 1831 in Berlin die Cholera ausbrach, floh die junge Familie mit dem gera-

de erst geborenen Sohn August nach Kassel. Wöhler ging nicht mehr nach Berlin zurück, sondern blieb vorerst in Kassel und lehrte dort an der neugegründeten Gewerbeschule. 1832 starb seine Frau Franziska bei der Geburt der Tochter Sophie.

1834 heiratete Wöhler erneut. Aus der Ehe mit Julie Pfeiffer, einer Freundin seiner ersten Frau, gingen vier weitere Kinder hervor. 1836 wurde Wöhler als Professor für Chemie an die Universität Göttingen berufen. Bedeutende Arbeiten aus seiner Göttinger Zeit betreffen die Herstellung von Chinon aus Hydrochinon (1843), die Isolierung des Kokains (1860) und die Entdeckung des Calciumcarbids (1862). Insgesamt veröffentlichte Wöhler seine bahnbrechenden, wissenschaftlichen Abhandlungen in mehr als 300 Aufsätzen. Auch ein Lehrbuch der Chemie stammt aus seiner Feder. Er starb am 23. September 1882 an einer Ruhrerkrankung.

An Wöhler erinnert in Berlin heute die Friedrich-Wöhler-Straße im WISTA-Gelände in Adlershof. Die Chemische Gesellschaft der DDR stiftete 1960 den Friedrich-Wöhler-Preis, der bis 1991 jährlich an junge, besonders begabte Chemiker vergeben wurde. Die GdCh, die gesamtdeutsche Gesellschaft deutscher Chemiker nahm den Preis 1997 wieder in ihr Ehrungsprogramm auf. Er heißt jetzt Wöhler-Preis für Ressourcenschonende Prozesse.

^ *Die Friedrich-Wöhler-Straße in Berlin-Adlershof erinnert an einen der bedeutendsten deutschen Chemiker des 19. Jahrhunderts.*

AUGUST WILHELM HOFMANN

August Wilhelm Hofmann war die zentrale Persönlichkeit, die die Entwicklung der Teerfarbenchemie und des mit ihr entstehenden chemischen Industriezweiges vorantrieb. Der Steinkohlenteer war ein Abfallprodukt der Koks- und Stadtgasherstellung. Mit dem Wachstum der entsprechenden Industrien fielen immer größere Mengen dieses zähflüssigen, unangenehm riechenden Substanzgemisches an. Die Erkenntnis, dass aus den über tausend Bestandteilen des Steinkohlenteers eine Vielzahl kommerziell nutzbarer Farbstoffe und Arzneimittel hergestellt werden können, revolutionierte die Chemie des 19. Jahrhunderts und war gleichzeitig eine sinnvolle Alternative zur Entsorgung des vorher unerwünschten Nebenproduktes.

August Wilhelm Hofmann wurde am 8. April 1818 in Gießen im damaligen Großherzogtum Hessen geboren. Sein Vater Johann Philipp Hofmann (1776-1843) war Architekt in hessischen Staatsdiensten. Er stammte väterlicherseits aus einer alteingesessenen Wormser Familie, die in dieser Stadt mehrere Ratsherren gestellt hatte. Die Mutter Wilhelmine Hofmann, geborene Bodenius (1780-1854) kam aus Lingen. August Wilhelm war das jüngste von sechs Kindern der Familie.

Nach dem Abitur in seiner Heimatstadt Gießen, begann der junge Hofmann 1836 an der Gießener Universität zu studieren. Er begann ein Jurastudium, wechselte jedoch zur Chemie, nachdem er ein chemisches Praktikum bei Justus Liebig, dem bedeutendsten deutschen Chemiker des 19. Jahrhunderts, absolviert hatte. August Wilhelms Vater war der verantwortliche Architekt für den Umbau von Liebigs seinerzeit berühmten chemischen

^ *August Wilhelm Hofmann (hier ein Porträt aus dem Jahr 1890) war von 1865 bis 1892 »Regierender Oberchemiker« von Berlin.*

Labor in Gießen gewesen. Dieses Forschungs- und Ausbildungslabor war einzigartig in Europa und zog auch viele auswärtige Chemiker, darunter viele Engländer und Amerikaner an, da es in ihren Ländern nichts Vergleichbares gab.

Hofmann promovierte 1841 und arbeitete bis 1843 weiter als Assistent in Liebigs Labor. Er wurde in dieser Zeit von Liebig mit der Untersuchung einer Probe Steinkohlenteeröl beauftragt und hatte damit seine Lebensaufgabe gefunden. 1843 erschien seine erste wissenschaftliche Veröffentlichung unter dem Titel »Chemische Untersuchung der organischen Basen im Steinkohlen-Theeroel«.

1845 ging Hofmann nach Bonn an die dortige Universität. Hier erreichte ihn im gleichen Jahr das Angebot, nach England überzusiedeln und in London ein Labor ähnlich dem von Liebig in Gießen aufzubauen und zu leiten. Er nahm dieses Angebot an. Dieses College of Chemistry wurde nun für 20 Jahre Hofmanns Arbeitsstätte.

Hofmann, der viermal verheiratet war und insgesamt 11 Kinder hatte, vermählte sich 1846 in Darmstadt in erster Ehe mit einer Nichte Liebigs, Helene Moldenhauer (1824-1856), mit der er dann in England lebte.

Das College of Chemistry war als private Institution gegründet worden. Daher musste es sich aus privaten Spenden und Einschreibegebühren der Studenten finanzieren. Da die privaten Geldgeber doch nicht soviel spendeten wie anfangs angenommen, kam die Institution des Öfteren in finanzielle Schwierigkeiten. 1853 wurde aus dem College das staatliche Royal College of Chemistry. Damit waren auch die finanziellen Probleme weitgehend behoben.

1856 beauftragte Hofmann seinen 18-jährigen Studenten William Henry Perkin mit Versuchen, das Malariamedikament Chinin aus Anilin herzustellen. Das gelang zwar nicht, aber Perkin synthetisierte stattdessen einen violetten Farbstoff, das Mauvein, welches er später industriell mit großem Erfolg herstellte und vermarktete. Diese Entdeckung aus Hofmanns Labor markiert den Beginn der Teerfarbenindustrie.

1858 erfand Hoffmann das rote Fuchsin, damals als Rosanilin bezeichnet, den zweiten großtechnisch hergestellten Teerfarbstoff. In den nächsten Jahrzehnten stellten Hofmann selbst oder seine Schüler und Mitarbeiter eine Vielzahl von Farbstoffen in allen denkbaren Farbnuancen aus den Bestandteilen des

Steinkohlenteers her. Mit der von Hofmann stets geförderten industriellen Verwertung entstand die Teerfarbenindustrie, die insbesondere in Deutschland eine außerordentliche Bedeutung erlangte. Gleichzeitig war das aber auch das Aus für die Produktion vieler natürlicher Farbstoffe, wie beispielsweise des Indigos, da diese nun entweder viel preiswerter künstlich hergestellt werden konnten oder durch andere, ebenfalls billigere oder bessere synthetische Farbstoffe ersetzt werden konnten. Ein anderer von Hofmann entwickelter Farbstoff wurde auch als Hofmanns Violett bezeichnet.

Hofmann war in England ein hochgeachteter Chemiker, englischer Staatsbürger und von 1861 bis 1863 sogar Präsident der englischen Chemical Society. Seine zweite Frau, Rosamond Wilson (1838-1860), mit der er seit 1856 verheiratet war, war eine Engländerin. Sie starb jedoch, wie seine erste Frau, schon früh an einer schweren Krankheit. So zog es Hofmann nun doch wieder in seine deutsche Heimat.

1863 erhielt er dann das Angebot einer Chemieprofessur in Bonn. Er nahm das an und erhielt die Mittel, ein modernes chemisches Institut nach seinen Plänen errichten lassen zu dürfen. Noch vor dessen Fertigstellung und seiner Übersiedlung nach Bonn erreichte ihn ein zweites, noch besseres Angebot aus Preußen. Er sollte in Berlin den verstorbenen Chemieprofessor Mitscherlich ersetzen. Auch hier war das Angebot mit inbegriffen, dass ein neues modernes chemisches Institut nach Hofmanns Vorstellungen errichtete werden sollte. Hofmann verzichtete auf die Bonner Stelle und ging nach Berlin.

Im Mai 1865 startete Hofmann seine Vorlesungen in Berlin. Da das neue Institut noch lange nicht fertig war, musste er vorerst Heinrich Roses altes Laboratorium in der alten Cantianstraße 4 nutzen. Erst 1869 konnte er in das neuerbaute Chemische Institut in der Georgenstraße in Mitte einziehen. Dieses Gebäude beherbergte ein für seine Zeit großzügiges und modernes Chemisches Universitätsinstitut. Hofmann wohnte in dem zum Gebäudekomplex gehörigen Direktorenhaus in der Dorotheenstraße 10. Das war das umgebaute ehemalige Laboratoriumshaus der Akademie der Wissenschaften, in dem vorher schon Marggraf, Achard, Klaproth und Mitscherlich gearbeitet und gewohnt hatten. Dieses Haus war nun durch ein geräumiges Privatlaboratorium mit dem neuen chemischen Institut verbunden.

In Berlin stand Hofmann jetzt endgültig auf dem Höhepunkt seiner Laufbahn und Anerkennung. Hofmann initiierte 1867 die Gründung der Deutschen Chemischen Gesellschaft (DChG) nach dem Vorbild der englischen Chemical Society. Er war in der neuen Gesellschaft selbst 25 Jahre bis zu seinem Tod abwechselnd entweder Präsident oder Vizepräsident. Bedeutende Industrieunternehmen wie die Agfa oder Landshoff & Meyer in Grünau wurden von seinen Schülern gegründet. 1888 wurde August Wilhelm Hofmann in den preußischen Adelsstand erhoben und nannte sich fortan von Hofmann. Rektor der Berliner Friedrich Wilhelms Universität war Hofmann in den Jahren 1880/1. Aufgrund seines enormen Einflusses wurde er auch als der »regierende Oberchemiker« bezeichnet. An seinem 60. und 70. Geburtstag wurden Studentenkommerse veranstaltet, wie sie Berlin noch nicht gesehen hatte.

Zurück in Deutschland heiratete Hofmann noch zweimal, 1866 Elise Moldenhauer (1845-1871), eine Cousine seiner ersten

^ *Berliner Ehrengrab von August Wilhelm Hofmann auf dem Dorotheenstädtischen Friedhof*

Frau, und nach deren frühem Tod 1873 Bertha Tiemann (1854-1922), die Schwester seines Assistenten Ferdinand Tiemann, der ab 1882 auch eine Professur für Chemie an der Berliner Universität innehatte.

Hofmann war ein geborener Redner. Da er sich fließend in vier Sprachen ausdrücken konnte, wurden ihm gern die Begrüßungsworte bei internationalen Versammlungen übertragen. Seine Gedächtnisreden innerhalb der Deutschen Chemischen Gesellschaft und seine Festreden bei feierlichen Anlässen waren berühmt.

Nach Hofmann sind zwei Reaktionen der organischen Chemie benannt, die Hofmann-Umlagerung und die Hofmann-Eliminierung.

August Wilhelm Hofmann starb am 5. Mai 1892 im Alter von 74 Jahren in Berlin. Da das Konzept der Berentung mit 65 Jahren noch nicht existierte, wurde er mitten aus seinen wissenschaftlichen Arbeiten und den Vorbereitungen zum 25. Jubiläum der Deutschen Chemischen Gesellschaft gerissen.

Heute erinnert in Berlin außer seiner Grabstätte auf dem Dorotheenstädtischen Friedhof fast nichts mehr an den großen Chemiker. Das nach ihm benannte Hofmannhaus in der Sigismundstraße, die Zentrale der Deutschen Chemischen Gesellschaft, war genauso ein Opfer des Zweiten Weltkriegs, wie das Gebäude des von ihm geplanten und geleiteten 1. Chemischen Institutes der Berliner Universität in der Georgenstraße.

Die Gesellschaft deutscher Chemiker vergibt seit 1951 die August-Wilhelm-von-Hofmann-Denkmünze an ausländische Chemiker. Die Vorgängerorganisation Deutsche Chemische Gesellschaft hatte von 1902 bis 1942 eine ebensolche Gedenkmünze für verdienstvolle in- und ausländische Chemiker vergeben. Die ehemalige Bibliothek der von Hofmann gegründeten Deutschen Chemischen Gesellschaft ist heute als Spezialsammlung unter dem Namen Hofmann-Bibliothek Teil der Zweigbibliothek Naturwissenschaften der Humboldt-Universität. Die August-Wilhelm-von-Hofmann-Stiftung der Gesellschaft deutscher Chemiker vergibt seit April 2012 Stipendien für herausragende Studenten der Chemie und der angrenzenden Wissenschaften.

ERNST SCHERING

Lange Zeit trug der Firmenname des größten Berliner chemisch-pharmazeutischen Unternehmens, der Schering AG, den Namen Ernst Schering in alle Welt. Seit 2011 ist das nun leider endgültig Geschichte, da man jetzt als Bayer HealthCare Pharmaceuticals firmiert.

Ernst Schering wurde am 31. Mai 1824 als Sohn des Gastwirts Christian Friedrich Schering (geboren 1773) und der Marie Sophie Schering, geborene Kanzow (1782-1860) im uckermärkischen Prenzlau geboren. Er wurde von seinen Eltern gedrängt, den Apothekerberuf zu ergreifen. Eigentlich wollte er Förster werden. Wenn er nun schon Apotheker werden musste, dann wollte er zumindest in Berlin in einer angesehenen Apotheke lernen und nicht in einer kleinen Bude im provinziellen Prenzlau. Ernst Schering begann seine Lehrzeit zum Apotheker 1840 in der Apotheke Zum schwarzen Adler des Friedrich Adolph Heinrich Appelius (1796-1873) in der Roßstraße, gelegen im Bereich der heutigen sogenannten Fischerinsel. Nach Abschluss der Lehre 1844 arbeitete der junge Ernst als Geselle in verschiedenen Apotheken in Köln, Aachen, Witten/Ruhr und Pasewalk. 1849 kehrte er nach Berlin zurück und besuchte chemische Vorlesungen an der Berliner Universität. Er arbeitete noch einmal kurz beim Apotheker Kellner in der Apotheke zum Weißen Schwan, die lange der Familie Rose gehört hatte und heiratete Mathilde Zitelmann (1827-1895), Tochter eines Dragonerwachtmeisters aus Schwedt. Das Ehepaar hatte fünf Kinder.

Im Februar 1851 kaufte Ernst Schering die Apotheke von Friedrich Wilhelm Schmeißer in der Chausseestraße 21, die erst

^ *Der Apotheker Ernst Schering gründete 1871 das bedeutendste chemisch-pharmazeutische Unternehmen Berlins.*

seit 1831 bestand, für 40 000 Taler. Das Geld hatte sich Ernst Schering von seiner Mutter, seinem älteren Bruder August und einem Freund geliehen. Außerdem musste er das Grundstück beleihen. Als Bürge trat ebenfalls sein Bruder, der im preußischen Justizministerium angestellte Justizrat August Schering (1810-1886) ein. Ernst Schering, der verhinderte Förster, gab seiner Apotheke den neuen Namen Grüne Apotheke. Das kleine Gebäude, von dem keine Spuren mehr existieren, bot Platz für Arbeitsräume mit Destillieröfen und chemischen Apparaturen, Lagerräume und die Wohnung der Familie Schering. Ernst Schering begann zügig nicht nur Medikamente für den Apothekenverkauf sondern auch Chemikalien für eine Vielzahl technischer Anwendungen in seinem Labor herzustellen. Dabei legte er im Vergleich zu seiner Konkurrenz besonderen Wert auf die Qualität, also auf die Reinheit der Produkte. Das brachte ihm schnell kommerziellen Erfolg.

Zur Ausweitung der Produktion erwarb er 1858 ein Grundstück an der Müllerstraße im Wedding und begann schrittweise seine Chemikalienproduktion hierhin zu verlagern. Als nach 1870 die Entscheidung anstand, so wie andere Firmen langsam weiter zu wachsen, oder durch Aufnahme von Kapital das Wachstum zu beschleunigen, entschloss sich Schering, nicht zuletzt auf Anraten seiner Freunde zu Letzterem. Aus der chemischen Fabrik Ernst Schering wurde die Chemische Fabrik auf Actien (vorm. E. Schering). Das Kapital wurde von mehreren Berliner Apothekern, Ernsts Bruder August und der Vereinsbank Quistorp & Co aufgebracht. Ernst Schering war zwar alleiniger Vorstand der Firma, hielt aber keine Anteile. Die Grüne Apotheke wurde von der chemischen Fabrik getrennt und blieb im Besitz von Ernst Schering.

Ernst Schering war in dem neuen Unternehmen bis 1874 Alleinvorstand. Danach führte er die Firma zusammen mit seinem Freund, dem ebenfalls aus Prenzlau stammenden Apotheker Julius Holtz. Ab April 1874 wohnte Ernst Schering in einer Villa in Charlottenburg in der Berliner Straße 26. 1882 zog sich Ernst Schering aus der aktiven Arbeit im Unternehmen zurück und wechselte in den Aufsichtsrat. Er starb am 27. Dezember 1889.

Wie ging es mit der Grünen Apotheke weiter? Sie wurde 1871 bis 1886 verpachtet, aber auch in dieser Zeit als Schering's Grüne Apotheke geführt. Danach übernahm Ernst Scherings Sohn Richard Schering (1859-1942) die Apotheke. Auch Richard Sche-

ring gründete eine (kleine) chemisch-pharmazeutische Fabrik. 1892 wurde auf dem Apothekengrundstück Chausseestraße 21 ein repräsentativer Neubau errichtet. Die Grüne Apotheke befand sich weiter im Erdgeschoss des Hauses. Während des Zweiten Weltkriegs wurde das Apothekengebäude bei einem Luftangriff 1943 zerstört. Nachdem die Apotheke einige Zeit in anderen Gebäuden weitergeführt wurde, erfolgte 1953 die endgültige Schließung. Die Nachkommen des Unternehmensgründers verloren ihre nach dem Zweiten Weltkrieg in Ost-Berlin liegende Apotheke und Fabrik und betreiben heute in Lübeck die Nachfolgefirma Blücher-Schering.

Die Scheringstraße, die Ernst-Schering-Schule und eine Berliner Gedenktafel in der Müllerstraße 170 im Wedding sowie sein Grab auf dem Friedhof III der Jerusalems- und Neuen Kirchengemeinde vor dem Halleschen Tor erinnern an den Gründer des bedeutendsten Berliner pharmazeutisch-chemischen Unternehmens. Der mit 50 000 Euro dotierte Ernst Schering Preis ist einer der renommiertesten deutschen Wissenschaftspreise. Er wird seit 1992 auf internationaler Ebene für exzellente Leistungen im Bereich biologischer, medizinischer und chemischer Grundlagenforschung verliehen. Seit 2003 wird der Preis durch die 2002 gegründete Berliner Schering Stiftung vergeben.

^ *Das Gebäude der Grünen Apotheke von Ernst Schering in der Chausseestraße*

HANS LANDOLT

Der schweizerische Chemiker Hans Landolt war lange in Berlin aktiv. Sein Name lebt heute vor allem in dem umfangreichen Tabellenwerk für Zahlenwerte und Funktionen aus Physik, Chemie, Astronomie, Geophysik und Technik, nach den ersten Herausgebern kurz Landolt-Börnstein genannt, fort. Neben dem Chemiker Landolt war der Physiker Richard Börnstein (1852-1913) Herausgeber. Die erste, noch einbändige Auflage des Tabellenwerkes erschien 1883. Spätere Neuauflagen wurden zu einem immer umfangreicheren, ständig der Aktualisierung und Erweiterung unterliegenden Langzeitunternehmen. Heute umfasst der Landolt-Börnstein über 400 Bände mit Angaben zu mehr als 250 000 Substanzen. Die Landolt-Börnstein online Database ist noch umfangreicher.

Hans Landolt wurde am 5. Dezember 1831 in eine alte Züricher Patrizierfamilie geboren. Er studierte ab 1850 Chemie, erst an der Universität Zürich, später an der Universität Breslau. Hier

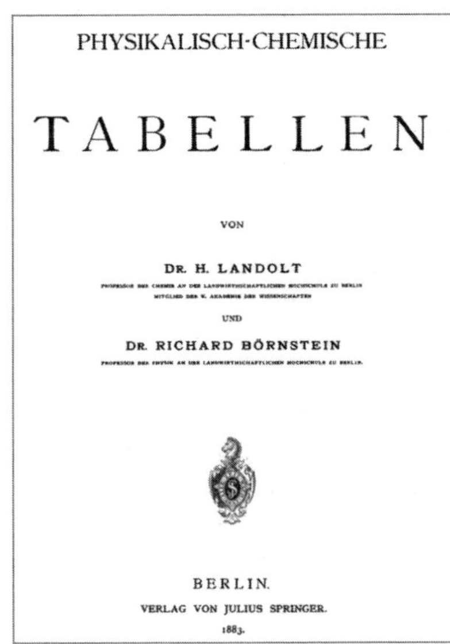

PHYSIKALISCH-CHEMISCHE

TABELLEN

VON

DR. H. LANDOLT

UND

DR. RICHARD BÖRNSTEIN

BERLIN.

VERLAG VON JULIUS SPRINGER.

1883.

^ *Titelblatt der ersten Ausgabe des Landolt-Börnstein von 1883*

promovierte er auch. Über akademische Stationen in Berlin (1853-55), Heidelberg, Breslau, Bonn und Aachen kam er 1881 endgültig nach Berlin.

Seit 1859 war Hans Landolt mit Emilie Schallenberg (1839-1914) verheiratet. Der gemeinsame Sohn Robert wurde Augenarzt und Medizinprofessor, die Tochter Maria heiratete den Berliner Chemiker, Mediziner und Pharmakologen Oskar Liebreich (1839-1908). Deren Sohn Erik Liebreich (1884-1946), ein Berliner Elektrochemiker und Enkel Landolts, war der Erfinder der galvanischen Verchromung.

Landolt selbst war von 1881 bis 1891 Professor für Chemie an der Landwirtschaftlichen Hochschule in Berlin. Ab 1891 bis zur Emeritierung 1905 war er danach Professor für Chemie am II. Chemischen Institut der Berliner Universität in der Bunsenstraße. Die Familie lebte in der Albrechtstraße 13-14. Nach der Emeritierung arbeitete er weiter in einem Labor der Physikalisch-Technischen Reichsanstalt in Charlottenburg.

Aus Landolts wissenschaftlichen Arbeiten kennt man heute vor allem noch die Joduhr, auch Landolt-Reaktion genannt. Dabei handelt es sich um die Bildung von Jod aus Jodsäure und schwefliger Säure, die je nach Reaktionsbedingungen unterschiedlich lange verzögert abläuft und gerne als Schauexperiment verwendet wird.

Interessant ist auch Landolts humoristische Erklärung für den Unterschied zwischen Physikern, Chemikern und Physikochemikern: »Der Physiker arbeitet nach guten Methoden mit schlechten Substanzen, der Chemiker arbeitet nach schlechten Methoden mit guten Substanzen, und der Physikochemiker arbeitet nach schlechten Methoden mit schlechten Substanzen.«

^ *Der Schweizer Chemiker Hans Landolt ist heute vor allem durch den »Landolt-Börnstein«, ein umfangreiches Tabellenwerk, bekannt.*

ADOLF BAEYER

Adolf Baeyer ist der Erfinder der ersten Indigosynthese. Er wurde am 31. Oktober 1835 im Haus Friedrichstraße 242 in Berlin geboren. Sein Vater war der Geodät und wissenschaftliche Offizier im Generalstab Johann Jakob Baeyer (1794-1885), seine Mutter Eugenie (1807-1843), die Tochter des Kriminalgerichtsdirektors Julius Eduard Hitzig (1780-1849), dem das Haus in der Friedrichstraße gehörte. Adolf war das älteste von fünf Kindern der Familie. Die Großeltern väterlicherseits waren aus der Pfalz eingewanderte Bauern, die im Dorf Müggelheim bei Berlin sesshaft geworden waren. Die Hitzigs gehörten zum jüdischen Großbürgertum, waren aber 1799 zum christlichen Glauben gewechselt. Julius Eduards Großvater Daniel Itzig (1723-1799) war königlich preußischer Hoffaktor unter Friedrich II. und dessen Nachfolger gewesen.

Der junge Adolf entwickelte schon in der Schulzeit ein ausgeprägtes Interesse für Chemie und begann auch in seinem Elternhaus zu experimentieren. Seine Geschwister kommentierten das mit dem Spottgedicht: »In unserem Hause stinkt es sehr, Das kommt von unserem Bruder her.« 1854 begann er ein Studium der Physik und Mathematik an der Berliner Universität. Nachdem sein Studium 1855 durch einen einjährigen Militärdienst unterbrochen war, wechselte er 1856 zum Chemiestudium bei Robert Bunsen und Kekulé nach Heidelberg.

1858 kehrte Baeyer nach Berlin zurück und reichte an der Berliner Universität seine Promotionsschrift über Arsenmethylverbindungen ein. Nach erfolgter Promotion verließ Baeyer Berlin wieder und folgte Kekulé nach Gent, kam aber doch wieder

^ *Porträt von Adolf Baeyer, dem Erfinder der ersten Indigosynthese, aus dem Jahr 1872. In jenem Jahr verließ er Berlin in Richtung Straßburg.*

nach Berlin zurück und wurde im Oktober 1860 Lehrer für Organische Chemie am Gewerbeinstitut in der Klosterstraße. Hier kam er auch zu einem akzeptablen Labor und konnte sich einen Schülerkreis aufbauen. Zu diesem Kreis gehörten unter anderem die später bedeutenden Chemiker Benno Jaffé, Carl Graebe, Carl Liebermann und Viktor Meyer. Graebe und Liebermann synthetisierten unter Baeyers Anleitung erstmals den natürlichen roten Farbstoff Alizarin, der bisher aus der Krappwurzel gewonnen wurde.

Baeyer selbst ermittelte die Struktur zahlreicher organischer Verbindungen und entdeckte Synthesewege für viele ökonomisch und technisch interessante Stoffe, wie die Barbitursäure (Ausgangsstoff zur Herstellung von Schlafmitteln), das Phenolphthalein (ein pH-Indikator) und das Fluorescein (ein fluoreszierender Farbstoff). Die Krönung seiner Forschungsarbeiten war aber die Indigosynthese. Weltweit hatte man in vielen Labors schon längere Zeit versucht, einen Weg zur künstlichen Herstellung des wohl wichtigsten Naturfarbstoffs zu finden. Baeyer gelang nun erstmals im Jahre 1878, dafür ein Verfahren zu finden, welches 1880 und 1882 von ihm weiter verbessert wurde. 1883 konnte Baeyer schließlich auch die Struktur des Indigos aufklären. In der Folgezeit wurde dann Indigo von der chemischen Industrie künstlich in großen Mengen hergestellt. Die teurere Produktion von natürlichem Indigo verschwand innerhalb weniger Jahre.

1868 heiratete Baeyer Adelheid Bendemann (1847-1910), die Tochter eines Freundes seines Vaters. Die Familie, die insgesamt vier Kinder hatte, wohnte weiter im geräumigen Haus in der Friedrichstraße 242. Adolf Baeyer hatte das Ziel, Professor für Chemie an einer Universität zu werden. In Berlin gelang ihm das nicht. Daher wechselte er 1872 nach Straßburg im Elsass an die dort vollkommen neu gestaltete, eigentlich sehr alte Universität. Damit endeten seine Berliner Jahre.

Der Elsass war gerade erst im Deutsch-Französischen Krieg von 1870-1 erobert worden und sollte auch durch die »Neu«-Gründung der Kaiser-Wilhelm-Universität nun schnell in das neue Deutsche Reich eingegliedert werden. In Straßburg promovierte der spätere Nobelpreisträger Emil Fischer bei Baeyer. Aber Baeyer blieb nicht lange in Straßburg, denn 1875 wurde er als Nachfolger Liebigs als Professor für Chemie an die Universität München berufen. Hier wirkte er nun bis er im Jahr 1915 als

80-Jähriger von Richard Willstätter abgelöst wurde. Als Hochschullehrer war Baeyer äußerst streng. Seine Prüfungen waren bei den Studenten sehr gefürchtet. Baeyer, der auch Chemievorlesungen für Mediziner hielt, sagte des Öfteren, wenn es um komplexere Themen ging: »Die Herren Mediziner können jetzt ruhig schlafen; was ich vortrage verstehen sie doch nicht.«

1885 wurde Adolf Baeyer vom bayrischen König Ludwig II. in den erblichen Ritterstand erhoben. Er nannte sich fortan Adolf Ritter von Baeyer. 1905, im Jahr seines 70. Geburtstages erhielt er den Nobelpreis für Chemie für seine Arbeiten über die organischen Farbstoffe. Im Ersten Weltkrieg fanden sein Schwiegersohn, der Chemiker Oskar Piloty (1866-1915), und dessen Sohn, Adolf Baeyers Enkel Karl Adolf Piloty, den »Heldentod«. Adolf Baeyer selbst starb am 20. August 1917 in München. Sein Sohn Hans von Baeyer (1875-1941) wurde Arzt und Professor für Orthopädie an der Universität Heidelberg. Der zweite Sohn Otto von Baeyer (1877-1946) wurde Professor für Physik an der Landwirtschaftlichen Hochschule in Berlin. 1910-15 arbeitete er auch mit Otto Hahn und Lise Meitner zusammen. Beide Baeyer-Söhne bekamen nach 1933 Schwierigkeiten, denn neben ihrer Großmutter väterlicherseits galt auch ihre Mutter nun als nichtarisch, da auch die Bendemanns aus einer um 1800 zum Christentum konvertierten jüdischen Bankiersfamilie stammten. Schon 1933 musste Hans, 1938 dann auch Otto von Baeyer ihre Universitätslaufbahn beenden.

CARL ALEXANDER MARTIUS

Carl Alexander Martius, einer der Gründer der Agfa, wurde am 19. Januar 1838 in München geboren. Die Geschichte seiner Familie lässt sich väterlicherseits bis ins 15. Jahrhundert nach Italien zu Galeottus Martius (1427-1497) zurückverfolgen. Um 1730 wurden die Martius in Deutschland ansässig. Ernst Wilhelm Martius (1756-1849), der Großvater von Carl Alexander, war Hofapotheker und Professor für Pharmazie in Erlangen. Dessen Sohn Carl Martius (1794-1868), der Vater des Chemikers, war ein bekannter Botaniker und seit 1826 Professor für dieses Fach an der Universität München. Carl Alexanders Mutter hieß Franziska Martius, geborene Freiin von Stengel (1806-1882), Tochter eines bayrischen Ministerialrats aus einem kurpfälzisch-bayerischen Adelsgeschlecht.

Carl Alexander Martius studierte in München bei dem mit seinem Vater befreundeten Justus Liebig Chemie und promovierte 1860 mit Studien über die Cyanverbindungen der Platinmetalle. Nach der Promotion ging er auf Empfehlung von Liebig als Assistent zu August Wilhelm Hofmann nach London. Hofmann war der Pionier der Herstellung und Erforschung der Teerfarbstoffe, die auch Martius' weiteres Berufsleben bestimmen sollten. In Hofmanns Labor am Royal College of Chemistry lernte Martius die neuesten Techniken und Vorgehensweisen bei der Herstellung verschiedenster Farbstoffe aus den Teerrückständen der Gasanstalten und der Koksindustrie kennen und war damit im Gebiet der Spitzenforschung seiner Zeit gelandet. Aber Martius war nur ungern der »Sklave« von Hofmann und suchte eine Anstellung in der Industrie.

^ *Der aus einer uralten Gelehrtenfamilie stammende Chemiker Carl Alexander Martius war einer der Gründer der Agfa.*

1863 begann er für die 1852 gegründete angesehene Farbenfirma Roberts, Dale & Co. in Warrington (zwischen Liverpool und Manchester gelegen) zu arbeiten. Hier entdeckte er neue Farbstoffe, so 1863 den ersten Diazofarbstoff Bismarckbraun und 1864 den nach ihm benannten Wollfarbstoff Martiusgelb. Als Hofmann 1865 aus England zurück nach Deutschland ging, schlug er Martius vor, ihn als sein Assistent nach Berlin zu begleiten. Martius willigte ein, kündigte seine Stelle bei Roberts, Dale & Co. und eilte nach Berlin. In Hofmanns Auftrag richtete er das ehemalige Privatlaboratorium von Heinrich Rose übergangsweise für dessen Unterricht ein. 1867 ging er aber endgültig in die Industrie und gründete gemeinsam mit dem Chemiker Paul Mendelssohn Bartholdy in Rummelsburg bei Berlin die Gesellschaft für Anilinfabrikate. Im gleichen Jahr gehörte er auch zu den Gründervätern der Deutschen Chemischen Gesellschaft.

Der Jungunternehmer heiratete 1872 in Berlin Margarete Veit (1853-1926), die Tochter des Bankiers Eduard Veit (1824-1901), 1849 Mitbegründer der Berliner Privatbank Robert Warschauer & Co. 1872 fusionierte die Gesellschaft für Anilinfabrikate auch mit der nicht weit entfernt in Treptow gelegenen Farbenfabrik von Dr. Jordan zur Aktiengesellschaft für Anilinfabrikation, der später so genannten Agfa. Nach dem Tod seines Geschäftspartners Mendelssohn-Bartholdy im Jahr 1880 übernahm Martius die alleinige Firmenleitung, unterstützt von Mendelssohn-Bartholdys Schwager Franz Oppenheim. 1898 zog sich Martius aus dem Alltagsgeschäft zurück und wechselte in den Aufsichtsrat des gewaltig gewachsenen Unternehmens.

Die Familie Martius wohnte in Berlin in der Voßstraße 28. Carl Alexander Martius wurde 1903 in den preußischen Adelsstand erhoben und nannte sich danach von Martius. Von 1916 bis 1918 war er auch Mitglied des Preußischen Herrenhauses. Carl Alexander von Martius starb am 26. Februar 1920 in seinem Alterswohnsitz in Bad Reichenhall in seiner bayrischen Heimat. Er hatte drei Söhne und eine Tochter. Der Sohn Curt von Martius (1883–1922) wurde auch Chemiker und war kurzzeitig im Aufsichtsrat der Agfa.

PAUL MENDELSSOHN BARTHOLDY

VATER UND SOHN

In der Geschichte der Berliner Chemieindustrie spielen zwei Persönlichkeiten mit dem Namen Paul Mendelssohn Bartholdy eine wichtige Rolle: nämlich Vater und Sohn gleichen Namens. Sie stammten aus der bekannten deutsch-jüdischen Berliner Familie Mendelssohn. Paul Mendelssohn Bartholdy der Ältere war ein Urenkel des berühmten Philosophen und Kaufmanns Moses Mendelssohn (1729-1786), der 1743 nach Berlin gekommen war. Dessen Sohn Abraham Mendelssohn (1776-1835) war der Großvater von Paul Mendelssohn Bartholdy dem Älteren und leitete von 1804 bis 1822 zusammen mit seinem Bruder Joseph das von diesem 1795 gegründete Privatbankhaus Mendelssohn. Abraham Mendelssohn konvertierte zum protestantischen Christentum und nahm zusätzlich den christlichen Namen Bartholdy an. Dieser Familienzweig hieß fortan Mendelssohn Bartholdy. Abrahams Sohn Felix Mendelssohn Bartholdy (1809-1847) ist der bekannte Komponist und Vater des Chemikers Paul Mendelssohn Bartholdy des Älteren. Pauls Mutter Cécile, geborene Jeanrenaud (1817-1853) stammte aus einer nach Deutschland eingewanderten französischen Hugenottenfamilie aus Frankfurt am Main.

Paul Mendelssohn Bartholdy wurde am 18. Januar 1841 in Leipzig geboren, wo sein Vater Leiter der Gewandhauskonzerte war. Nach dem frühen Tod des Vaters wuchs Paul in Berlin bei seinem gleichnamigen Onkel Paul Mendelssohn Bartholdy (1812-1874), der das Berliner Bankhaus Mendelssohn führte, auf. Der junge Paul brach 1856 das Gymnasium ab und begann im Folgejahr eine kaufmännische Lehre in einem Leipziger Export- und Importgeschäft. Da er sich für diesen Beruf aber wenig begeister-

te, nahm er Privatunterricht und holte das Abitur nach, um sich auf ein Studium in Heidelberg vorzubereiten. Hier entschied sich Paul Mendelssohn Bartholdy 1859 für das Chemiestudium und besuchte vor allem die Vorlesungen bei Robert Bunsen und Gustav Robert Kirchhoff. 1863 schloss er das Studium mit der Promotion ab.

Nach dem Studium und einem einjährigen Militärdienst wollte er sich auf dem Gebiet der organischen Chemie weiterbilden. Deshalb ging er 1865 an das neugegründete I. Chemische Institut der Berliner Universität und wurde Mitarbeiter des auch neu nach Berlin gekommenen August Wilhelm Hofmann. Hier freundete er sich auch mit Carl Alexander Martius an, der Assistent bei Hofmann war.

Die militärischen Auseinandersetzungen, in die Preußen in dieser Zeit verwickelt war, führten dazu, dass der junge Mendelssohn Bartholdy mehrfach zur Armee einrücken musste. Er nahm als Unteroffizier am Preußisch-Österreichischen Krieg 1866 und als Leutnant am Deutsch-Französischen Krieg 1870/71 teil.

1867 gründete Paul Mendelssohn Bartholdy zusammen mit seinem Freund Martius die Gesellschaft für Anilinfabrikate am Ufer der Rummelsburger Bucht der Spree. In der Fabrik wurde aus Teerdestillationsprodukten Anilin gewonnen, ein Ausgangsstoff für die Herstellung von Farbstoffen. Die beiden Gründer hatten einen hervorragenden finanziellen Hintergrund. Mendelssohn Bartholdys Familie führte ohnehin das gut gehende Privatbankhaus Mendelssohn. Durch seine 1867 erfolgte Heirat mit Elisabeth Oppenheim (1844-1868), genannt Else, einer Urenkelin seines Großonkels Joseph Mendelssohn, bekam Paul

^ *Porträt von Paul Mendelssohn Bartholdy dem Älteren, einem der Gründer der Agfa ca. 1870*

auch eine familiäre Verbindung zum ebenso angesehenen Bankhaus Warschauer, an dem die Oppenheims beteiligt waren. Auch Pauls Kompagnon Martius heiratete die Tochter eines Anteilseigners des Bankhauses Warschauer.

Schon 1868 starb Pauls erste Frau Else an Thyphus. Fünf Jahre später heiratete er ihre jüngere Schwester Enole Oppenheim (1855-1939). Insgesamt hatte Paul Mendelssohn Bartholdy aus den beiden Ehen fünf Kinder, drei Söhne und zwei Töchter. Die Familie von Paul Mendelssohn Bartholdy wohnte in Berlin in der Wilhelmstraße 90. Ende der 1870er-Jahre wurde Paul Mendelssohn Bartholdy der Ältere schwer krank. Er erlag der Herzkrankheit im Alter von nur 38 Jahren am 18. Februar 1880. Damit starb er genauso jung wie sein Vater.

Das jüngste Kind, der Sohn Paul Mendelssohn Bartholdy der Jüngere, war am 18. Juli 1879 sieben Monate vor dem Tod seines Vaters geboren worden. Er wurde wie sein Vater Chemiker und später führend in der Agfa bzw. der I.G. Farben aktiv.

Paul Mendelssohn Bartholdy der Jüngere begann 1899 sein Chemiestudium an der Universität Heidelberg. Ab Herbst 1900 setzte er das Studium in seiner Heimatstadt Berlin an der Friedrich-Wilhelms-Universität und an der Technischen Hochschule Charlottenburg fort. Im Juli 1907 erhielt er den Doktortitel der Chemie für eine Arbeit über Derivate von Imiden zweibasischer Säuren.

Paul Mendelssohn Bartholdy wurde, wie vorher sein Vater, Direktor der Agfa. Sein ältester Bruder Otto Mendelssohn Bartholdy (1868-1949, geadelt 1906) war als Hauptaktionär der Agfa Aufsichtsratsmitglied.

Paul Mendelssohn Bartholdy der Jüngere heiratete im Dezember 1921 Johanna Nauheim (1891-1948), eine englische Staatsbürgerin. 1926 erwarb das Ehepaar das Grundstück

^ *Porträt des 41-jährigen Paul Mendelssohn Bartholdy des Jüngeren, Direktor der Agfa, aus dem Jahr 1920*

Rauchstraße 17 in Berlin-Tiergarten und ließ darauf die Villa Mendelssohn Bartholdy errichten, die das Ehepaar 1927 bezog. Unter der Herrschaft der Nationalsozialisten musste Mendelssohn Bartholdy das Grundstück mit Villa 1938 unter Wert verkaufen. Das Gebäude wurde abgerissen und es entstand die Jugoslawische Gesandtschaft. Heute wird das Gebäude durch die Deutsche Gesellschaft für Auswärtige Politik genutzt.

Auch nachdem die Agfa 1925 Teil des IG Farben-Imperiums geworden war, blieb Paul Mendelssohn Bartholdy die führende Persönlichkeit des IG Farben Teilbetriebes Agfa. Cécile, das einzige Kind von Paul und Johanna Mendelssohn Bartholdy, wurde am 8. Juni 1933 etwa vier Monate nach der Machtergreifung der Nationalsozialisten in Berlin geboren.

1933 wurde Paul Mendelssohn Bartholdy aus dem Direktorenamt bei der I.G. Farben gedrängt. Die Brüder Paul und Otto gingen noch 1933 zusammen mit ihren Familien ins Exil in die Schweiz. Später siedelten Paul und Johanna Mendelssohn Bartholdy nach England über. Nachdem Johanna 1948 in London gestorben war, ging Paul wieder in die Schweiz zurück, wo er am 30. Dezember 1956 bei Basel verstarb.

CARL THEODOR LIEBERMANN

Der organische Chemiker Carl Theodor Liebermann war Mitglied einer prominenten preußisch-jüdischen Familie. Sein Großvater, der Textilunternehmer Josef Liebermann (1783-1860), kam 1823 nach Berlin und hatte in der Folge mit seinen Brüdern ein sehr erfolgreiches Textilunternehmen aufgebaut und damit auch den Wohlstand seiner Familie begründet. Zu seinen Enkeln gehörten neben Carl Theodor Liebermann auch der berühmte Maler Max Liebermann (1847-1935) und der Industrielle Emil Rathenau (1838-1915), Begründer des Elektrokonzerns AEG. Dessen Sohn Walther Rathenau (1867-1922) war auch führend in der AEG tätig und 1922 deutscher Außenminister.

Carl Theodor Liebermanns Vater Benjamin Liebermann (1812-1901) war ebenfalls ein erfolgreicher Textilunternehmer und hatte 1839 die aus Krakau gebürtige Mathilde Grünbaum (1814-1902) geheiratet. Die finanziell gut situierte Familie wohnte zuerst in der Bischofsstraße 22, später Behrenstraße 33, dann in einem alten Barockpalais Unter den Linden 6 (heute Nr. 65, das Grundstück ist Teil der Russischen Botschaft). Der junge Carl Theodor Liebermann, geboren am 23. Februar 1842 in Berlin, wuchs in einem wohlhabenden, liberal jüdischen Elternhaus in bester Berliner Wohnlage auf. Ab 1860 studierte er Chemie an der Berliner Friedrich-Wilhelms-Universität, ab 1861 zwei Semester in Heidelberg, dann wieder in Berlin im Gewerbeinstitut in der Klosterstraße bei Adolf Baeyer. 1865 wurde er mit einer Doktorarbeit über Allylen-Verbindungen an der Berliner Universität promoviert. Danach arbeitete er kurzzeitig für die väterliche Firma in einer elsässischen Kattundruckerei. Carl Theodor Lie-

^ *Carl Theodor Liebermann, ein Cousin des Malers Max Liebermann, ist berühmt für die erstmalige Laborsynthese eines wichtigen Naturfarbstoffs, des Alizarins.*

bermann hielt es aber nicht lange in der Industrie. Er ging 1867 zurück in den akademischen Bereich und wurde Assistent von Baeyer an der Gewerbeakademie Berlin. Hier gelang ihm 1868 seine größte wissenschaftliche Leistung, die Synthese des wichtigen Farbstoffes Alizarinrot aus Anthrazen, einer Substanz aus dem Steinkohlenteer. Zusammen mit seinem Kollegen Carl Graebe (1841-1927) ging Liebermann durch diese erste erfolgreiche Laborsynthese eines Naturfarbstoffes in die Geschichte ein. Dieses künstlich hergestellte Alizarinrot ersetzte binnen kurzer Zeit den aus der Krappwurzel gewonnenen Naturfarbstoff.

Liebermann wurde 1873 als Nachfolger des nach Straßburg gewechselten Adolf Baeyer Professor für organische Chemie an der Gewerbeakademie Berlin. Er behielt diesen Posten auch nachdem die Gewerbeakademie 1879 in der neuen Technischen Hochschule Charlottenburg aufging.

Liebermann heiratete 1869 seine Cousine Antonie Amalie Reichenheim (1850-1916). Sie war die Tochter der Schwester seines Vaters Fanny Reichenheim, geb. Liebermann (1831-1923). Carl Theodor Liebermann wohnte mit seiner Familie im östlichen Tiergartenviertel in der Matthäikirchstraße 29 bzw. 10. Heute befindet sich dort die Neue Nationalgalerie. Das Ehepaar hatte ein Kind, Else verheiratete Preuß (1869-1948). Der Ehemann Hugo Preuß war Jurist und als Politiker aktiv. Er war erster Innenminister der Weimarer Republik. Liebermanns Enkel Kurt Preuß (1893-1935) wurde auch Chemiker und beging 1835 als Reaktion auf die judenfeindliche Politik der Nationalsozialisten Selbstmord.

Carl Theodor Liebermann selbst starb am 28. Dezember 1914 in Berlin. Sein Grab befindet sich auf dem jüdischen Friedhof in Weißensee.

JACOBUS HENRICUS VAN'T HOFF

Der Holländer van't Hoff erhielt 1901 den ersten Nobelpreis für Chemie. Zu diesem Zeitpunkt lebte und wirkte er seit fünf Jahren in Berlin.

Geboren wurde Jacobus Henricus van't Hoff am 30. August 1852 als Sohn eines gleichnamigen Arztes (1817-1902) und der Alida Jacoba, geborene Kolff (1820-1909) in Rotterdam. Er war das Drittälteste von sieben Kindern. Seine beiden ältesten Geschwister starben aber schon früh.

Henry, wie er meist genannt wurde, begann nach dem Abitur 1869 ein Technologiestudium am Polytechnischen Institut in Delft. Ab 1871 studierte er dann Mathematik in Leiden, und 1872 begann er ein Chemiestudium in Bonn und wandte sich dieser Wissenschaft zu. Seine Studien führten noch nach Paris und zurück in das holländische Utrecht. 1874 promovierte er hier. Ein wissenschaftlicher Durchbruch waren seine im September 1873 im Alter von erst 21 Jahren in einem Privatdruck veröffentlichten Ansichten zur Stereochemie, also zur räumlichen Anordnung von Atomen in einem Molekül. Er wurde damit zu einem Begründer der Stereochemie.

Danach beschäftigte sich van't Hoff mit Fragen der Physikalischen Chemie und wurde auch zu einem der Vorreiter dieser Teildisziplin der Chemie. Die auch heute noch nach ihm benannte van't Hoff-Gleichung beschreibt die Abhängigkeit der Lage des Gleichgewichts einer chemischen Reaktion von der Temperatur. Der van't Hoff-Faktor ist das Verhältnis der Stoffmenge eines gelösten Stoffes in einer wässrigen Lösung zur zugegebenen Stoffmenge.

^ *Porträt des seit 1896 in Berlin lebenden Holländers Jacobus Henricus van't Hoff aus dem Jahr 1904, Empfänger des ersten Nobelpreises für Chemie (1901).*

Im Alter von nur 25 Jahren wurde van't Hoff im Juni 1878 Professor an der neugegründeten Universität Amsterdam. Sechs Monate später heiratete van't Hoff Johanna Francina Mees (1853-1935). Das Ehepaar hatte zwei Töchter und zwei Söhne.

Mit der Entwicklung der Physikalischen Chemie zu einem anerkannten, eigenständigen Teilgebiet der Chemie, welche sich im letzten Viertel des 19. Jahrhunderts abzeichnete, kam in den Kreisen der Berliner Universitäts- und Akademiechemiker der Wunsch auf, einen weltweit anerkannten Physikochemiker nach Berlin zu holen. Denn hier gab es keinen solchen Fachmann. Insbesondere der einflussreiche Emil Fischer, Direktor des I. Chemischen Institutes der Universität, schätzte den niederländischen Physikochemiker van't Hoff als den vielleicht größten Chemiker der Zeit und versuchte, ihn in die deutsche Hauptstadt zu lotsen. Ein erster diesbezüglicher Versuch, unternommen zusammen mit Max Planck, schlug fehl. Van't Hoff schlug das Angebot aus, das Physikalische Institut der Berliner Universität zu leiten. Als Grund gab er an, dass die zeitraubenden Verantwortlichkeiten für die Ausbildung von Studenten und Doktoranden in einer großen »Doktorfabrik« ihm zu wenig Zeit für die Forschung lassen würden.

Daher verfiel man auf die Idee, ihm eine eigene besondere Forschungsstelle einzurichten. Als Mitglied der Preußischen Akademie der Wissenschaften und außerordentlicher Professor der Universität hätte er die Möglichkeit, Vorlesungen nur im begrenzten Umfang zu halten und nur wenige Doktoranten zu betreuen, könnte sich also im Wesentlichen seinen Forschungen widmen. Dazu wurde ihm ein eigenes Labor versprochen. Dieses Angebot gefiel van't Hoff wesentlich besser. Im April 1896 kam er daher nach Berlin.

Als Forschungsgebiet für seine Berliner Phase wählte sich van't Hoff die Untersuchung der Bildung von Salzlagerstätten, also ein ganz neues Feld. Sein Labor wurde in einer dafür umgebauten Wohnung in Charlottenburg, Uhlandstraße 38/39 eingerichtet. Seine Wohnung befand sich ganz in der Nähe: Uhlandstraße 2. Ab 1904 wohnte van't Hoff dann bis 1909 in der Nähe in der Lietzenburger Str. 77. Hier erinnerte auch bis vor kurzem eine 1931 angebrachte Gedenktafel an ihn.

Van't Hoffs Untersuchungen zur Bildung ozeanischer Salzablagerungen wurden 1908 abgeschlossen und in zahlreichen Veröffentlichungen publiziert. Einer seiner wichtigsten Mitarbeiter war Jean D'Ans.

Schon seit 1906 war van't Hoff schwer an Tuberkulose erkrankt. Trotzdem zog er 1910 nach Steglitz, Filandastraße 9, um seinem zukünftigen neuen Labor in Dahlem näher zu sein. Er hatte sich nämlich entschlossen, ein neues Forschungsgebiet anzugehen: die Erfassung pflanzenphysiologischer Vorgänge mit physikalisch-chemischen Methoden. Hier in Dahlem wurde ihm ein größeres Grundstück zur Verfügung gestellt. Auf eigene Kosten ließ er ein Blockhaus errichten, welches ihm als Laboratorium diente. Das umliegende Land diente ihm als Acker zum Anbau der zu untersuchenden Pflanzen.

Bevor er die Arbeiten ernsthaft beginnen konnte, starb van't Hoff am 1. März 1911 im Alter von 58 Jahren an Tuberkulose. Im gleichen Jahr eröffnete die Kaiser-Wilhelm-Gesellschaft zwei chemische Institute in Dahlem. Seit etwa 1914 ist hier auch eine Straße nach van't Hoff benannt. Auf dem Dahlemer St. Annen-Friedhof wurde er auch begraben. Seine Grabstätte ist eine Berliner Ehrengrabstätte.

^ *Berliner Ehrengrab des Jacobus Henricus van't Hoff auf dem St. Annen-Friedhof in Dahlem*

EMIL FISCHER

Emil Fischer, zweiter Nobelpreisträger für Chemie, war die auf August Wilhelm Hofmann folgende dominierende Persönlichkeit unter den Berliner Chemikern.

Emil Fischer war das jüngste von acht Kindern des Ehepaars Laurenz (1807-1902) und Julia Fischer, geborene Poensgen (1819-1882). Er wurde am 9. Oktober 1852 in Euskirchen westlich von Bonn geboren und wuchs dort auch auf. Laurenz Fischer war Kolonialwarenhändler und Mitinhaber einer Wollspinnerei. Emil Fischer besuchte das Gymnasium in Bonn und Wetzlar und begann 1869 eine kaufmännische Lehre. In seiner Freizeit beschäftigt er sich intensiv mit der Chemie und vernachlässigte die Lehre sehr stark. Sein Vater entschied daher: »Der Junge ist zum Kaufmann zu dumm, er soll studieren.«

Nach längerer Krankheit nahm er 1871 ein Chemiestudium in Bonn bei Kekulé auf, wechselte dann aber ein Jahr später nach Straßburg zu Adolf Baeyer. Bei Baeyer promovierte er 1874 und wurde dessen Assistent. Er ging dann auch mit Baeyer 1875 nach München. Schon in Straßburg wurde er durch die Entdeckung des Phenylhydrazins zu einem bekannten Chemiker. Diese Substanz war deshalb von Bedeutung, weil sie zum Ausgangsstoff für eine Vielzahl von neuen Verbindungen wurde. Allerdings war die Substanz auch ziemlich giftig, und der ständige Umgang mit ihr schädigte Fischers Gesundheit erheblich.

1879 wurde Emil Fischer zum außerordentlichen Professor für Chemie in München ernannt. Er wechselte dann aber recht schnell mehrmals die Universität und wurde 1882 Professor für Chemie in Erlangen, 1885 in Würzburg. Erst mit seiner 1892 er-

^ *Denkmal für Emil Fischer, seit 1995 auf dem Robert-Koch-Platz an der Charité in Mitte befindlich*

folgten Berufung nach Berlin wurde Fischer sesshaft. Er war der Nachfolger des 1892 gestorbenen Hofmann im I. Chemischen Institut in der Georgenstraße.

Aber vorher, 1888, hatte Emil Fischer Agnes Gerlach, die Tochter eines Erlanger Anatomieprofessors, geheiratet. Das Ehepaar hatte drei Söhne Hermann, Walter und Alfred. Schon nach sieben Ehejahren 1895 starb Fischers Frau Agnes nach schwerer Krankheit. Emil Fischer heiratete danach nicht wieder.

Vor Antritt seines Postens in Berlin hatte Fischer mit den zuständigen Behörden ausgehandelt, dass ein neues chemisches Institutsgebäude errichtet werden sollte, da das alte in der Georgenstraße nicht mehr den modernen Anforderungen genügte. Vorerst musste er aber einige Jahre in diesem Institut wirken. In dieser Zeit wohnte Emil Fischer mit seiner Familie zuerst in der Kaiserin-Augusta-Straße, weil Hofmanns Witwe noch einige Zeit in der Dienstwohnung in der Dorotheenstraße wohnen blieb. Ab 1893 lautete dann Fischers Adresse in Berlin Dorotheenstraße 10. Hier hatten vor ihm die berühmten Chemiker Marggraf, Achard, Klaproth, Mitscherlich und Hofmann gelebt.

1894 erwarb Fischer zusätzlich ein Haus mit Grundstück in Wannsee, Moltkestraße 24, heute Hugo-Vogel-Straße 24/25. Hier im Grünen wohnte er überwiegend an den Wochenenden.

1897 war dann endlich Baubeginn des neuen chemischen Institutes auf dem alten Charité-Friedhof. Am 14. Juli 1900 wurde das neue hochmoderne chemische Institut jetzt mit der Adresse Hessische Straße 2 feierlich eröffnet.

Fischer war ein Meister der Strukturaufklärung von Naturstoffen. Zu den von ihm aufgeklärten Strukturen gehören die des Coffeins, des Theobromins (ein Inhaltsstoff der Kakaobohne) und des Theophyllins (Inhaltsstoff in Teeblättern und Kaffeebohnen). Seine wichtigsten wissenschaftlichen Erfolge lagen auf dem Gebiet der Zuckerchemie. Er konnte die Struktur verschiedener Zucker aufklären und Synthesewege zu ihrer Herstellung finden. Fischer synthetisierte aber auch die Diethylbarbitursäure, die unter dem Markennamen Veronal seit 1903 als Schlafmittel vermarktet wurde.

Fischer erlangte auch als Wissenschaftsorganisator eine außerordentliche Bedeutung. So war er nach Hofmanns Tod die dominierende Persönlichkeit in der Deutschen Chemischen Gesellschaft. Vier mal war er Präsident und neun mal Vizepräsident. Auch bei Berufungen von Hochschullehren auf freigewordene

Professuren spielte Fischer eine entscheidende Rolle. Und nicht zuletzt war er eine der treibenden Kräfte hinter der Gründung der Kaiser-Wilhelm-Gesellschaft zur Förderung der Wissenschaften und der dazugehörigen Institutsgründungen in Dahlem. Anlässlich der Gründung der KWG hielt Fischer am 11. Januar 1901 eine berühmt gewordene Experimentalvorlesung. Fischer war auch Vorsitzender des Verwaltungsausschusses der KWG.

Mit Ausbruch der Ersten Weltkriegs veränderte sich auch für Emil Fischer viel. So nahm die Zahl der Chemiestudenten und wissenschaftlichen Mitarbeiter rapide ab, weil die meisten zur Front einberufen wurden. Auch Fischer unterstützte die deutschen Kriegsziele. Seine chemischen Forschungen betrafen nun auch Themen, die den Ersatz für Deutschland nicht mehr zugänglicher Rohstoffe betrafen. Allerdings beteiligte er sich weder an der Giftgas- noch an der Sprengstoffforschung. Während des Ersten Weltkriegs verlor Emil Fischer zwei seiner drei Söhne: 1916 nahm sich der mit psychischen Problemen kämpfende Walter das Leben. 1917 starb Alfred Fischer in einem Lazarett in Bukarest an Fleckthyphus. Der einzige seinen Vater überlebende Sohn Hermann Fischer (1888-1960) wurde Biochemiker und wirkte von 1937 bis 1956 als Professor in Kanada bzw. den USA.

Am 11. Juli 1919 wurde die Diagnose gestellt: Darmkrebs, nicht heilbar. Vier Tage später setzte Emil Fischer mit einer Dosis Blausäure seinem Leben ein Ende.

An Fischer erinnern heute in Berlin die Emil-Fischer-Straße in Wannsee sowie zwei identische Fischer-Denkmale in Mitte und Dahlem. Sein Berliner Ehrengrab befindet sich auf dem Neuen Friedhof Wannsee.

^ *Grabmal von Emil Fischer auf dem Neuen Friedhof in der Lindenstraße in Wannsee. Das Relief stammt wie die beiden Fischerdenkmale in Berlin-Mitte und Dahlem von Fritz Klimsch.*

PAUL JESERICH

Paul Jeserich wurde auch als der deutsche Sherlock Holmes bezeichnet. Das ist sicher nicht ganz richtig, denn er unterstützte die Lösung von Kriminalfällen nicht nur durch sorgfältige Beobachtungen und scharfsinnige Überlegungen, sondern vor allem durch chemisch-analytische und mikrofotografische Methoden.

Paul Jeserich wurde am 27. Januar 1854 als Sohn eines Möbelspediteurs in Berlin geboren. Er studierte Chemie und promovierte in Jena. Etwa 1875 begann er seine Mitarbeit als Assistent bei Franz Leopold Sonnenschein (1817-1879). Dieser aus Köln stammende Chemiker hatte in den 1840er-Jahren ein Privatlabor in Berlin eröffnet, in dem er Apotheker auf ihre Prüfungen vorbereitete, darunter 1846 auch den später als Dichter bekannt gewordenen Theodor Fontane. Er war aber auch als Analytiker für verschiedenste industrielle Auftraggeber tätig und auch schon als Gerichtschemiker aktiv. Nach seinem Tod führte Jeserich das Labor weiter. Es wurde auch noch eine Zeit lang als Sonnenscheinsches Labor bezeichnet und befand sich in der Klosterstraße 49. Jeserich spezialisierte sich nun noch stärker auf die Anwendung der Chemie zur Lösung von Kriminalfällen. Er war in Berlin eine populäre Figur, aber auch weit über die Grenzen Deutschlands hinaus bekannt. Später arbeitete er in einem eigenen Hause, in der Charlottenburger Fasanenstraße 12. Hier befand sich im Erdgeschoß das Laboratorium, während Jeserich und seine Familie das erste Stockwerk bewohnten.

Neben seiner Tätigkeit als Gerichtschemiker war Jeserich auch Handelschemiker. In dieser Funktion arbeitete er als che-

mischer Gutachter für Industrieunternehmungen. Er überprüfte, bestätigte und garantierte die Qualität der Produkte seiner Auftraggeber und untersuchte Konkurrenzprodukte. Sein Markenzeichen als Handelschemiker war: »Unter ständiger Controlle von Dr. Paul Jeserich«.

Als natur- und sportliebender Mensch war der sehr wohlhabende Jeserich auch Mitglied, Ehrenmitglied, Vorsitzender, Ehrenvorsitzender und Präsident zahlreicher Sportklubs, ständig bestrebt fördernd zu wirken, überall beliebt und geachtet.

Spektakulär war 1904 die Lösung des Mordfalles Lucie Berlin. Nachdem einzelne Leichenteile des seit Tagen verschwundenen achtjährigen Mädchens gefunden worden waren, geriet der Zuhälter Theodor Berger in Verdacht. Ein Wäschekorb seiner Freundin, der Prostituierten Johanna Liebetruth, wies Blutspuren auf und war wohl zum Transport von Leichenteilen verwendet wurden. Der Verdächtige behauptete, dass die Spuren von Tierblut stammten. Jeserich konnte mit einer neuen Untersuchungsmethode nachweisen, dass es sich tatsächlich um menschliches Blut handelte. Das schloss die Beweiskette. Der überführte Mörder wurde schließlich zu 15 Jahren Zuchthaus verurteilt.

Jeserich, der mit zunehmendem Alter immer mehr zum Sonderling wurde, starb am 17. November 1927 in Berlin. Sein Laboratorium wurde von seinem Mitarbeiter Paul Müller und seinem Sohn Rudolf Jeserich weitergeführt.

^ *Der berühmte forensische Chemiker Paul Jeserich bei seiner Arbeit im Labor. Er löste spektakuläre Kriminalfälle und wurde später zum Sonderling.*

EDUARD BUCHNER

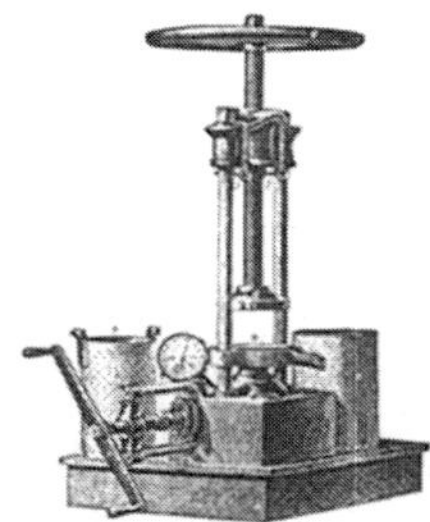

Ähnlich wie Friedrich Wöhler räumte Eduard Buchner mit einem Mythos auf, nämlich dem, dass bestimmte chemische Reaktionen nur von lebenden Organismen bewirkt werden können. In seinem Fall betraf es die Gärungsvorgänge. Buchner konnte 1896 zeigen, dass für die Gärungen keine Hefezellen oder andere Mikroorganismen essentiell sind, sondern die in diesen Zellen enthaltenen Enzyme. Die aus den Mikroorganismen isolierten Enzyme bewirkten nämlich die gleichen Gärungserscheinungen wie die Organismen selbst. Das zeigte Buchner zuerst am Beispiel der alkoholischen Gärung, der Umwandlung von Zucker in Alkohol. Für diese Leistung erhielt er 1907 den Nobelpreis für Chemie. Er zählt damit auch zu den Pionieren der Biochemie.

Eduard Buchner wurde am 20. Mai 1860 in München als Sohn des Gerichtsmediziners Ernst Buchner (1812-1872) und dessen dritter Ehefrau Friederica Buchner, geborene Martin (1823-1908) geboren. Seine Eltern stammten aus alteingesessenen bayrischen Familien, ein Zweig der Vorfahren der Mutter aus der Schweiz. Sein Bruder Hans Buchner (1850-1902) wurde Arzt und Professor an der Münchener Universität.

Eduard Buchner absolvierte 1877-8 nach dem Abitur einen einjährigen Militärdienst und liebäugelte mit der Möglichkeit, eine Offizierslaufbahn einzuschlagen. Seine deutschnationale Gesinnung und der Hang zum Militär sollte ihn später sein Leben kosten. 1878 begann er ein Chemiestudium an der TH München. Schon im Mai 1879 trat Buchner aber in eine neugegründete Konservenfabrik in München als Laborant und zweiter

^ *Mit einer solchen hydraulischen Handpresse stellte Buchner zellfreien Hefepresssaft her. Dieser konnte Traubenzucker zu Alkohol vergären. Lebende Zellen waren also nicht notwendig.*

Mann nach dem Firmeninhaber Nägeli ein. Die Herstellung von Lebensmittelkonserven war damals ein neuer, innovativer Industriezweig. Sein Studium setzte er nebenbei mit verminderter Intensität fort. Da die Konservenfabrik in München nicht besonders gut lief, wurde sie im Mai 1883 nach Mainz verlegt. Buchner zog mit nach Mainz und musste sein Studium jetzt endgültig unterbrechen. Da er aber nun sehr unzufrieden war, kündigte er Ende 1883 seine Stellung in der Konservenfabrik, ging zurück nach München und nahm sein Chemiestudium bei dem aus Berlin stammenden Adolph Baeyer, 1905 Chemienobelpreisträger, mit voller Intensität wieder auf. 1888 schloss Buchner sein Chemiestudium mit der Promotion ab, 1892 folgte die Habilitation. Mit Unterstützung Baeyers hatte er ein kleines Laboratorium für Gärungschemie eingerichtet. Später musste er die Arbeiten in diesem Labor aber einstellen, weil nach Baeyers Meinung dabei sowieso nichts herauskommen würde. Mit seinem Lehrer Baeyer sollte ihn fortan eine auf Gegenseitigkeit beruhende tiefe Abneigung verbinden.

Es folgte nun eine Hochschullehrerlaufbahn, die ihn über die Stationen Kiel und Tübingen 1898 nach Berlin führte. Die mit dem Nobelpreis ausgezeichneten Arbeiten hatte Eduard Buchner während seiner Tübinger Zeit in Urlaubsaufenthalten in München, teilweise zusammen mit seinem Bruder Hans durchgeführt.

In Berlin wurde Buchner Professor für Chemie an der Landwirtschaftlichen Hochschule in der Invalidenstraße 42. Seine Hauptforschungsgebiete waren nach wie vor die organische Chemie und die Gärungschemie. Die Landwirtschaftliche Hochschule war 1881 gegründet worden und wurde 1934 in die Friedrich-Wilhelms-Universität integriert. Heute ist sie die Landwirtschaftlich-Gärtnerische Fakultät der Humboldt-Universität. Der zweistöckige Chemietrakt schloss sich nordöstlich an das noch heute existierende imposante Hauptgebäude an.

Anfangs wohnte Buchner in Berlin in einer kleinen Wohnung in der Rathenower Straße 61 in Moabit. Im August 1900 heiratete Eduard Buchner in Tübingen die Professorentochter Lotte Stahl (1876-1963). Die junge Familie zog in eine größere Wohnung in der Wilsnacker Straße 3 ebenfalls in Moabit. Die vier Kinder, zwei Söhne und zwei Töchter, von denen eine früh starb, wurden alle in Berlin geboren.

1904 arbeitete der deutsch-schwedische Chemiker Hans von Euler-Chelpin (1873-1964) eine Zeit lang bei Buchner in Berlin.

Euler-Chelpin sollte 1929 ebenfalls einen Chemie-Nobelpreis erhalten und zwar für Detailuntersuchungen zur alkoholischen Gärung.

1909, nach elf Jahren in Berlin, wechselte Buchner als Professor für Chemie an die Universität Breslau, zwei Jahre später an die Universität Würzburg, seine letzte wissenschaftliche Station. Die Berliner Phase war seine längste als Hochschullehrer.

Buchner meldete sich 1914 beim Beginn des Ersten Weltkriegs als nun schon 54-Jähriger freiwillig zum Kriegsdienst und führte dann als Offizier eine Munitionskolonne zuerst an der Westfront in Frankreich, später auch an der Ostfront. Im März 1916 wurde er aus dem Kriegsdienst entlassen und ging wieder an die Universität Würzburg zurück. Doch Buchner meldete sich Anfang 1917 wieder freiwillig zum Kriegseinsatz. Ab Juli 1917 wurde er bei Focsani in Rumänien erneut als Major im Bereich des Munitionstransportes eingesetzt. Er starb am 13. August 1917 an den Folgen einer schweren Verwundung durch Granatbeschuss.

^ *Der Nobelpreisträger Eduard Buchner mit seinem Assistenten im Hörsaal bei einer Vorlesung im Jahr 1911*

WALTHER NERNST

Walther Nernst, der Chemienobelpreisträger von 1920, war Physikochemiker und Physiker. Geboren wurde er am 25. Juni 1864 im westpreußischen Briesen (heute das polnische Wąbrzeźno) bei Graudenz (Grudziądz). Sein Vater Gustav Nernst (1827-1888) stammte aus dem brandenburgischen Prenzlau und war Landgerichtsrat in Graudenz. Die Mutter Ottilie, geb. Nerger (1833-1876) war die Tochter eines Landwirtes, der ein staatliches Domänengut bei Graudenz gepachtet hatte. Als sie starb, war Walther erst acht Jahre alt.

Nernst studierte ab 1883 Physik, Chemie und Mathematik in Zürich, Berlin und Graz. In Graz lernte Nernst 1885-86 bei dem Physiker von Ettingshausen (1850-1932). Eine Frucht des Grazer Studienaufenthaltes sind die beiden physikalischen Ettingshausen-Nernst-Effekte, die thermoelektrische und thermomagnetische Erscheinungen beschreiben. 1887 ging Nernst von Graz nach Würzburg zum Physiker Friedrich Kohlrausch. Hier promovierte er im gleichen Jahr mit den Grazer Ergebnissen. Danach wechselte Nernst zum führenden Physikochemiker Wilhelm Ostwald nach Leipzig und begann erstmals ernsthaft als Chemiker zu arbeiten. In dieser Zeit erarbeitete er die Nernst-Gleichung, die noch heute grundlegende Bedeutung für die Elektrochemie besitzt. Durch die Grazer und Leipziger Forschungsergebnisse hatte er schon als junger Gelehrter einen großen Namen in der Wissenschaftlergemeinschaft. 1890 führte ihn sein Weg nach Göttingen an die dortige Universität, wo er schließlich 1891 Professor für physikalische Chemie wurde. In seinen Göttinger Jahren gelang ihm auch die Erfindung der seiner Zeit sehr bekannten

^ *Walther Nernst war ein äußerst umtriebiger und erfindungsreicher Chemiker und Physiker. Er erhielt 1920 den Chemienobelpreis.*

Nernst-Lampe, die ihm durch den Verkauf der Patente an den Elektrokonzern AEG sehr viel Geld einbrachte. Von dieser frühen Erfindung, die auf einem durch Strom zum Glühen erhitzten sogenannten Nernst-Stift aus Zirkoniumoxid und Yttriumoxid beruhte, wurden etwa vier Millionen Stück hergestellt. Danach wurde sie von den inzwischen verbesserten Glühbirnen abgelöst. Nernst selbst setzte seine Erfindung aber noch länger zur Beleuchtung seiner Wohn- und Arbeitsumgebung ein. Auch seine Hörsäle wurden so beleuchtet. Studenten reizte das zu dem Schüttelreim: »Student im Scheine des Nernst-Lichts, es ist umsonst Du lernst nichts.«

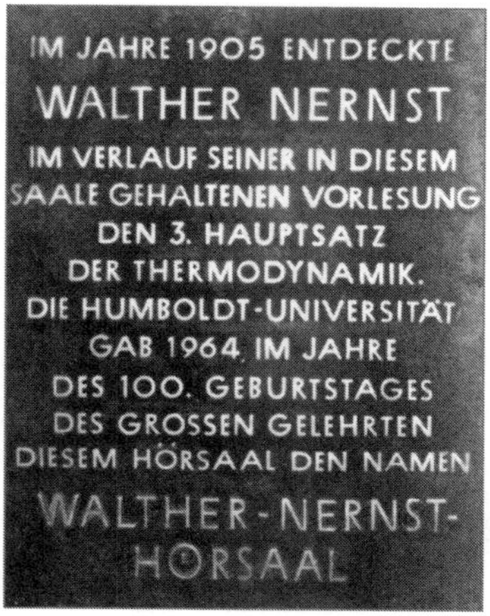

1892 heiratete Walther Nernst in Göttingen Emma Lohmeyer, die Tochter eines Professors für Chirurgie der Universität. Das Ehepaar hatte fünf Kinder, drei Töchter und zwei Söhne.

1905 wurde Walther Nernst als Nachfolger Landolts an das II. Chemische Institut der Universität nach Berlin berufen. Er sorgte für dessen baldige Umbenennung in Physikalisch-chemisches Institut und organisierte auch die Vergrößerung des Institutsgebäudes durch einen Anbau. In Berlin wohnte Nernst zuerst in der Moltkestraße 1 (heute Willy-Brandt-Straße im Regierungsviertel). 1907 zog die wohlhabende Familie in das Haus Am Karlsbad 26 im Tiergarten. Noch 1905 entdeckte er der Legende nach während einer Vorlesung in Berlin den III. Hauptsatz der Thermodynamik. Seine Forschungen als Physikochemiker in Berlin konzentrierten sich in der Folge auf thermochemische Messungen insbesondere bei tiefen Temperaturen, die seinen III. Hauptsatz untermauern sollten.

Zum Beginn des Ersten Weltkriegs meldete sich der 50-jährige Walther Nernst mit seinem Automobil freiwillig zum Kriegsdienst. Er diente dann tatsächlich einige Zeit beim freiwilligen kaiserlichen Automobilkorps. Seine beiden Söhne fielen an der Westfront, Rudolf schon 1914, Gustav im April 1917 bei Verdun. Walther Nernst war dann im weiteren Verlauf des Krieges wie

^ *Seit 1964 erinnert eine Tafel im Walther-Nernst-Hörsaal im Institut in der Bunsenstraße an die Entdeckung des Dritten Hauptsatzes der Thermodynamik.*

viele andere Wissenschaftler im Bereich der Kriegsforschung tätig, konkret auf den Feldern des Giftgaskriegs und der Sprengstoffforschung.

1920, kurz nach dem Ende des Krieges erhielt Nernst, der ähnlich wie Fritz Haber bei den Siegermächten als Kriegsverbrecher geführt wurde, den Nobelpreis für Chemie für seine thermochemischen Forschungen. 1921/22 war er dann Rektor der Berliner Universität.

Nach 17 Jahren an der Spitze des Physikalisch-chemischen Institutes in der Bunsenstraße beschloss Nernst, etwas anderes zu probieren. Er wurde 1922 Präsident der Physikalisch-Technischen Reichsanstalt (kurz PTR, heute PTB) in Charlottenburg. Damit verbunden war das Wohnrecht in der ursprünglich für Helmholtz erbauten, heute nicht mehr vorhandenen Villa in der Marchstraße 25b. Schon 1924 gab Nernst den Posten aber wieder auf und ging zurück an die Universität, allerdings nicht mehr in die Chemie, sondern jetzt in die Physik. Er wurde Professor am Physikalischen Institut der Universität. Dieses Institut befand sich am Reichstagufer und war das Nachbargebäude zu Nernsts früherem Physikalisch-Chemischen Institut. Auch mit diesem Posten war eine Direktorenwohnung verbunden. Diese befand sich an der Ecke Reichstagufer/Neue Wilhelmstraße. Hier wohnte Nernst nun bis zu seiner Emeritierung im Jahr 1933. An der Stelle des Physikalischen Instituts und seines Direktorenwohnhauses findet man heute das ARD Hauptstadtstudio.

Während der nationalsozialistischen Herrschaft mussten zwei seiner Töchter emigrieren, da sie mit jüdischen Männern verheiratet waren. In der Zeit seines Ruhestandes zog sich der weiter in Berlin wohnende Nernst meist auf sein Landgut Zibelle (heute Niwica in Polen) in der Niederlausitz zurück, wo er schließlich am 18. November 1941 starb.

1964 erhielt anlässlich des 100. Geburtstags von Nernst der Hörsaal in seinem, heute leer stehenden Institutsgebäude in der Bunsenstraße den Namen Walther-Nernst-Hörsaal. In Adlershof wurde eine Straße nach ihm benannt.

^ *Die Walther-Nernst-Straße ist eine von elf Straßen, die in Adlershof nach einem Chemiker benannt wurden.*

FRITZ HABER

Fritz Haber, einer der bekanntesten deutschen Chemiker, ist sowohl Erfinder der Ammoniaksynthese aus Luftstickstoff, als auch Initiator des deutschen Giftgaseinsatzes im Ersten Weltkrieg.

Haber wurde am 9. Dezember 1868 in Breslau (heute das polnische Wroclaw) geboren. Seine Vorfahren stammten aus polnisch-jüdischem Milieu und waren Anfang des 19. Jahrhundert nach Schlesien eingewandert. In Schlesien waren die Habers als Kaufleute im Wollhandel tätig und hatten es zu einigem Wohlstand gebracht. Fritz Habers Eltern waren Cousin und Cousine. Sein Vater Siegfried Haber (1841-1920) und die Mutter Paula Haber (1844-1868) hatten 1867 geheiratet. Die Mutter starb an den Folgen der Geburt ihres Sohnes Fritz. Siegfried Haber, der beruflich als Farbengroßhändler in Breslau tätig war, heiratete sechs Jahre später noch einmal.

Fritz Haber studierte ab 1886 Chemie, zuerst an der Universität Berlin, dann in Heidelberg, zuletzt an der TH Charlottenburg. Die Promotion an der Berliner Universität erfolgte 1891. Danach absolvierte Haber mehrere Jahre mit kurzen Tätigkeiten in der Industrie und an Hochschulen, nicht zuletzt auch sechs Monate in der väterlichen Firma. Der dortige geschäftliche Misserfolg ließ ihn endgültig in die Welt der Wissenschaft zurückgehen.

1892 ging er nach Jena, arbeitete an der dortigen Universität und konvertierte zum protestantischen Glauben. Von 1894 bis 1912 war Fritz Haber an der Technischen Hochschule Karlsruhe tätig, zuletzt als Professor für Physikalische und Elektrochemie. In Karlsruhe entwickelte er auch das wichtige Verfahren der Ammoniaksynthese aus seinen Elementen, also aus Stickstoff

^ *Typisches Porträt von Fritz Haber aus dem Jahr 1918*

und Wasserstoff. Haber erhielt dafür 1919 den Nobelpreis für Chemie. Sein Patent wurde von der BASF verwertet. Carl Bosch überführte das Verfahren zusammen mit Haber zur industriellen Reife. Man spricht vom Haber-Bosch-Verfahren. Auch Carl Bosch erhielt einen Chemienobelpreis. Beim Haber-Bosch-Verfahren reagieren die Gase Stickstoff und Wasserstoff bei hohem Druck und hoher Temperatur in Anwesenheit geeigneter Katalysatoren zu Ammoniak. Dieser kann dann relativ einfach weiter verarbeitet werden. Die Bedeutung des Haber-Bosch-Verfahrens liegt darin, dass es erstmals möglich wurde, den eigentlich sehr reaktionsträgen Luftstickstoff als Ausgangsstoff für die Herstellung von Stickstoffdüngemitteln und Sprengstoff nutzen zu können.

Vorher war die Hauptquelle für diese Produkte der Salpeter, zu Habers Zeiten hauptsächlich der im großen Stil bergmännisch abgebaute Chilesalpeter (Natriumnitrat). Heute werden weltweit etwa 100 Millionen Tonnen Ammoniak pro Jahr nach dem Haber-Bosch-Verfahren hergestellt.

Fritz Haber wurde im Juni 1911 zum Gründungsdirektor des Kaiser-Wilhelm-Instituts für Physikalische und Elektrochemie in Dahlem. Das Institut, welches heute Habers Namen trägt, wurde 1912 eröffnet. Haber wohnte seit 1913 mit seiner Familie in der für ihn erbauten repräsentativen Direktorenvilla in der Hittorfstraße 24. Er war schon seit 1901 mit Clara Immerwahr (1870-1915) verheiratet. Sie war wie ihr Mann eine promovierte Chemikerin, hatte aber nach der Hochzeit nicht weiter in ihrem Beruf gearbeitet. Clara Haber erschoss sich am 2. Mai 1915 mit der Dienstpistole ihres Mannes, nachdem sie ihn mit Charlotte Nathan (1889-1978) in einer verfänglichen Situation überrascht hatte. Haber heiratete dann 1917 Charlotte Nathan, nachdem sie vom Judentum zum evangelischen Christentum übergetreten war. Diese Ehe wurde 1927 geschieden. Haber hatte drei Kinder, Hermann (1902-1946) aus der ersten und Eva und Ludwig Haber (1921-2004) aus der zweiten Ehe. Ludwig Haber wurde ein bekannter Chemiehistoriker, der auch die Geschichte des Gaskrieges beschrieb. Das Thema war naheliegend, denn sein Vater Fritz Haber gilt ja auch als der Erfinder des Gaskrieges.

^ *Porträt von Fritz Haber auf einer Briefmarke aus der Serie Männer aus der Geschichte Berlins II von 1957*

Mit Beginn des Ersten Weltkriegs entfaltete Fritz Haber große Aktivitäten, mit seinen Fähigkeiten die deutsche Armee zu unterstützen und zum möglichst schnellen militärischen Sieg zu führen. Sein Motto lautete: »Im Frieden für die Menschheit, im Krieg fürs Vaterland.« Da die Kriegsgegner eine Seeblockade verhängten und Deutschland damit von der Salpeterzufuhr aus Chile abschnitten, war eine Weiterführung des Krieges nur durch den schnellen Aufbau zusätzlicher Kapazitäten der Ammoniaksynthese nach dem Haber-Bosch-Verfahren möglich. Haber war auf diesem Gebiet als Berater tätig. Zusätzlich versuchte er, den Einsatz von reizenden oder giftigen Gasen als neue, effektive Waffe in großem Stil einzuführen. Er wandelte sein Dahlemer Forschungsinstitut in ein militärisches Kampfgasforschungsinstitut um. Sehr schnell wurde aber klar, dass man nicht nur nach geeigneten Giftgasen suchen musste, sondern auch viel Forschung in Schutzmaßnahmen, Gasmasken und Filter zu erfolgen hatte. Die eigenen Soldaten mussten nämlich vor dem eigenen Giftgas und dem des militärischen Gegners geschützt werden. Letztendlich gelang es niemals, durch den Einsatz von Giftgas den Verlauf des Krieges zu verändern. Dazu waren die Auswirkungen trotz etwa 90 000 »Gastoten« zu gering. Nach Anfangsschwierigkeiten entwickelten die Kriegsgegner wirksame Schutzmaßnahmen und verwendeten auch ihrerseits Giftgas. Insgesamt setzte Deutschland während des Ersten Weltkriegs etwa 100 000 Tonnen chemischer Kampfstoffe, wie Chlor, Phosgen und Senfgas ein. Nach der militärischen Nieder-

^ *Habervilla auf dem Gelände des heutigen Fritz Haber Instituts in Berlin-Dahlem. Hier wohnte Fritz Haber von 1913 bis 1933. Später wohnten hier die Chemiker Thiessen und Havemann.*

lage Deutschlands und seiner Verbündeten Ende 1918 galt Fritz Haber bei den Siegermächten als Kriegsverbrecher. Die Nobelpreisverleihung an ihn führte 1919 zu internationalen Protesten.

Der Friedensvertrag von Versailles verpflichtete Deutschland unter anderem auch zur Zahlung von Reparationen in Höhe von 269 Milliarden Goldmark in 42 Jahresraten. Das entsprach einer Goldmenge von etwa 96 000 Tonnen. Fritz Haber wollte als deutscher Patriot helfen, das Reparationsproblem zu lösen. Aufgrund (falscher) chemischer Analysenergebnisse, glaubte er, der Goldgehalt von Meerwasser wäre hoch genug, um eine ökonomische Goldgewinnung zu ermöglichen. Er initiierte daraufhin ein Forschungsprogramm zur Gewinnung von Gold. Diese von 1920 bis 1927 laufenden Untersuchungen gipfelten in mehreren Goldforschungsfahrten. Dazu wurden jeweils kleine Labore auf Schiffen installiert, die den Nord- und Südatlantik überquerten. Die dabei erhaltenen Analysenwerte und Goldextraktionsergebnisse lagen weit unter den Erwartungen. Es zeigte sich, dass eine wirtschaftlich sinnvolle Gewinnung von Gold aus Meerwasser nicht möglich war.

Fritz Haber war seit der Gründung der IG Farben 1925 Aufsichtsratsmitglied des chemischen Großunternehmens. Mit der Übernahme der Macht durch die Nationalsozialisten in Deutschland Anfang 1933 brach die Welt von Fritz Haber zusammen. Nach dem Gesetz über die Wiederherstellung des Berufsbeamtentums musste er Mitarbeiter seines Instituts, die Juden waren oder einen zu hohen Anteil an jüdischen Vorfahren hatten, entlassen. Für ihn selber galt nur die vorläufige Ausnahme für Frontkämpfer des Ersten Weltkriegs. Daraufhin legte Haber im Mai 1933 sein Amt nieder und emigrierte im Herbst 1933 nach England. Haber bemerkte bitter: »Ich habe keinen Schritt getan und kein Wort gesprochen, das mich zu einem Feinde der Männer stempelte, die Deutschland regieren.« Er starb auf der Durchreise durch Basel am 29. Januar 1934.

Seit 1953 ist das ehemalige Kaiser-Wilhelm-Institut für Physikalische Chemie in Berlin-Dahlem nach Fritz Haber benannt. Auch die Haberstraße in Neukölln trägt seinen Namen.

^ *Gedenkstein für Fritz Habers erste Ehefrau, die Chemikerin Clara Immerwahr, die sich hier im Garten der Haber-Villa in Berlin-Dahlem mit der Dienstpistole ihres Mannes erschoss.*

MAX BODENSTEIN

Max Bodenstein gehört zu den Begründern der chemischen Kinetik, dem Zweig der Physikalischen Chemie, der sich mit der Geschwindigkeit und dem mechanistischen Ablauf chemischer Reaktionen befasst. Er stammte aus einer Magdeburger Brauerfamilie, der die Bodensteinsche Brauerei gehörte. Sehr bekannt war seinerzeit der Werbespruch: »Unsereiner – trinkt Bodensteiner«. Die Brauerei war 1823 von August Leberecht Bodenstein (1798-1877) gegründet worden. Das war der Großvater des am 5. Juli 1871 in Magdeburg geborenen Chemikers Max Bodenstein. Die Brauerei existierte bis 1996, seit 1947 nach der Enteignung als VEB Börde Brauerei. Max Eltern waren der Brauereibesitzer Franz Bodenstein (1835-1885) und dessen Ehefrau Elise, geborene Meissner (1846-1876). Max und seine beiden Brüder Ernst und Franz verloren ihre Eltern schon früh und wuchsen bei ihrem Onkel auf, dem Juristen Oskar Meissner.

Max Bodenstein studierte ab 1889 in Heidelberg Chemie und promovierte dort auch 1893 mit einer Studie zur Kinetik der Zersetzung von Jodwassersoff in der Hitze. Es folgten ywei kürzere Studienaufenthalte bei Carl Theodor Liebermann in Charlottenburg bei Berlin und in Göttingen bei Walther Nernst.

Zurück in Heidelberg heiratete Max Bodenstein 1896 Marie Nebel (1862-1944) aus Heidelberg. Das Ehepaar hatte später zwei Töchter (Hilda und Elisabeth) und einen Sohn (Werner).

Bodenstein wurde dann 1900-1906 Assistent bei Wilhelm Ostwald (1852-1932, Nobelpreis 1909) in Leipzig und 1906-1908 Abteilungsvorsteher am Physikalisch-Chemischen Institut der Berliner Universität unter Walther Nernst. 1908-1923 wirkte

^ *Der aus einer Brauerfamilie stammende Max Bodenstein gehört zu den Begründern der chemischen Kinetik.*

Bodenstein als Direktor des Elektrochemischen Instituts der Technischen Hochschule Hannover. 1923 kam er schließlich als Nachfolger Nernsts als Direktor des Physikalisch-Chemischen Instituts in der Bunsenstraße endgültig nach Berlin. Bodenstein wohnte mit seiner Familie in Nikolassee in der Tristanstraße 22. In seiner Freizeit war Max Bodenstein ein begeisterter Alpinist, der oft in den Schweizer Alpen wanderte und für seine hervorragenden Bergfotografien bekannt war.

Von Bodenstein stammt das Konzept der Kettenreaktionen. Besonders intensiv erforschte er den Reaktionsmechanismus der Chlorknallgas-Reaktion. Nach ihm benannt ist das Bodensteinsche Quasistationaritätsprinzip. Man nimmt nach diesem Prinzip bei aufeinanderfolgenden Reaktionen an, dass ein reaktives Zwischenprodukt in einer quasikonstanten (quasistationären) Konzentration vorliegt.

Die Bodensteinzahl ist eine Kenngröße für Strömungsvorgänge in Reaktoren.

1936 erfolgte Bodensteins Emeritierung als Hochschullehrer. Er arbeitete dann aber noch weiter experimentell im Institut. Mit Ausbruch des Zweiten Weltkriegs 1939 wurde der neue Institutsdirektor Paul Günther zur Wehrmacht einberufen. Bodenstein musste noch einmal die Pflichten eines Professors für Physikalische Chemie übernehmen. Er starb am 3. September 1942 in Berlin und wurde auf dem Evangelischen Kirchhof in Berlin-Nikolassee begraben. Seine Zeit als Direktor des Instituts für Physikalische Chemie in Berlin wurde später rückblickend gern als die gute alte »Boden-Steinzeit« bezeichnet. Eine Tafel am Institutsgebäude in der Bunsenstraße erinnert an Bodenstein und Nernst.

OTTO LIEBKNECHT

Der Chemiker Otto Liebknecht war einer der fünf Söhne von Wilhelm Liebknecht (1826-1900), einem der Gründerväter der Sozialdemokratischen Partei. Drei von Ottos Brüdern wurden Rechtsanwälte, einer Arzt. Sein bekanntester Bruder Karl Liebknecht (1871-1919), Rechtsanwalt, linker Sozialdemokrat und Gründer des Spartakusbundes und der Kommunistischen Partei, wurde in den Nachwehen der Novemberrevolution Anfang 1919 erschossen.

Otto Liebknecht wurde am 13. Januar 1876 in Leipzig geboren. Wie seine Brüder besuchte er das Gymnasium, studierte dann aber Chemie. Er schloss das Studium in Berlin 1899 ab und arbeitete seit 1900 als Entwicklungschemiker bei der Degussa in Frankfurt am Main. Dort entwickelte er unter anderem ein Herstellungsverfahren für das gut handhabbare Bleichmittel Perborat, welches essentieller Bestandteil des ersten selbsttätigen, äußerst erfolgreichen Waschmittels Persil der Fa. Henkel wurde.

Otto Liebknecht heiratete 1901 die jüdische Pianistin Elsa Friedland. 1902 wurde die Tochter Edith, 1905 der Sohn Kurt geboren. Kurt Liebknecht war später ein bekannter Architekt, lebte länger in Moskau und war in der DDR Präsident der Bauakademie und setzte als solcher den Zuckerbäckerstil der neuen Bauten in der Stalinallee durch.

Nachdem Otto Liebknecht 1925 im Streit aus der Degussa ausgeschieden war, zog er nach Potsdam in eine Villa am Griebnitzsee. Diese Villa konnte er sich leisten, da er bei seiner Forschungsarbeit bei der Degussa ausreichend Geld verdient hatte, insbesondere durch die Tantiemen aus einer Vielzahl von Patenten. Außerdem hatte er bei der Trennung von der Degussa eine hohe Abfindungssumme erhalten. Liebknecht arbeitete von 1925 bis 1939 in Berlin als Chefchemiker der Permutit AG, einem Hersteller von Ionenaustauschern für die Wasserenthärtung. In dieser Zeit wurde ein neuer Typ Ionenaustauscher auf Kohlebasis entwickelt. Zwischen 1931 und 1935 lehrte er auch an der Berliner Universität. 1935 wurde er von der Lehrtätigkeit entbunden, da er einer prominenten Sozialistenfamilie angehörte. Aus diesem Grund wurde er in der Zeit des Nationalsozialismus auch verschiedentlich drangsaliert, so musste er häufig zu Vernehmungen bei Gestapo oder Kriminalpolizei. Trotzdem überlebte er diese Zeit zusammen mit seiner jüdischen Frau alles in allem unbeschadet.

Nach Kriegsende 1945 wurde Liebknechts Villa von der sowjetischen Besatzungsmacht beschlagnahmt. Als ihnen jedoch sein prominenter sozialistischer Name bekannt wurde, erhielt er die Villa zurück, musste sie einige Zeit später aber doch gegen eine Wohnung in Potsdam tauschen. 1949 wurde er wegen seiner Prominenz im Alter von 72 Jahren zum Professor für Chemie an der Humboldt Universität ernannt. Er starb jedoch schon wenig später am 21. Juni 1949.

^ *Der Chemiker Otto Liebknecht und seine Frau Elsa um 1900. Otto Liebknecht war ein Bruder des 1919 ermordeten Karl Liebknecht, einem der Gründer der KPD und Sohn von Wilhelm Liebknecht.*

RICHARD WILLSTÄTTER

Der Chemienobelpreisträger Rudolf Willstätter war vier Jahre, 1912-1916, in Berlin am Kaiser-Wilhelm-Institut für Chemie tätig. Er wurde am 13. August 1872 in Karlsruhe geboren. Väterlicherseits stammte er aus einer jüdischen Familie, die 1720 aus dem bei Kehl liegenden Städtchen Willstätt nach Baden gekommen war. Sein Vater war Max Willstätter (1840-1912), seine Mutter Sophie, geborene Ulmann (1849-1928). Die mütterlichen Vorfahren waren jüdische Händler aus dem Raum Augsburg. Rudolfs Vater Max Willstätter ging 1883 unter Zurücklassung seiner Familie in die USA, mit dem Ziel dort viel Geld zu verdienen. Erst nach 17 Jahren kehrte er nach Deutschland zurück.

Rudolf Willstätter studierte ab 1890 in München unter anderem bei Adolf Baeyer Chemie. 1895 erfolgte die Promotion mit Studien zur Struktur des Cocains. Danach startete Willstätter eine akademische Laufbahn. Im Zentrum seiner Forschungstätigkeit standen die Pflanzenfarbstoffe, allen voran das grüne Chlorophyll der Blätter, aber auch Farbstoffe der Blüten und Früchte. 1905 ging Willstätter als Professor für Chemie an die Eidgenössische Technische Hochschule nach Zürich.

Im August 1903 heiratete Rudolf Willstätter Sophie Leser (1876-1908), eine Heidelberger Professorentochter. Sophie starb 1908 in Zürich an den Folgen einer Blinddarmoperation.

1912 kam Willstätter dann nach Berlin. Er wurde Abteilungsleiter für organische Chemie im neugegründeten Kaiser-Wilhelm-Institut für Chemie in Berlin-Dahlem, welches von Ernst Beckmann geleitet wurde. Willstätters damals für ihn errichtetes Wohnhaus in Dahlem gehört heute als Rudolf-Willstätter-Haus

^ *Der organische Chemiker Richard Willstätter erhielt für seine Forschungen zu den Pflanzenfarbstoffen 1915 den Chemienobelpreis.*

zum Fritz-Haber-Institut. Am Haus erinnert eine Berliner Gedenktafel an Willstätter, der in Berlin anfangs seine Untersuchungen zu den Blatt- und Blütenfarbstoffen der Pflanzen fortsetzte. Für diesen Zweck legte er zwischen den KWIs für Chemie und für Physikalische Chemie und Elektrochemie Blumenfelder mit Kornblumen, Dahlien und Chrysanthemen an. Für die Arbeiten zu den Pflanzenfarbstoffen, insbesondere zum Chlorophyll, erhielt er 1915 den Nobelpreis für Chemie. Damit war er der erste Nobelpreisträger der KWG.

Mit Beginn des Ersten Weltkriegs begann Willstätter an Habers Projekt eines erfolgreichen deutschen Giftgaskrieges mitzuarbeiten. Sein Arbeitsfeld war dabei die Entwicklung von Filtereinsätzen, um die eigenen Soldaten vor dem Giftgas schützen zu können. Aber schon Anfang 1916 verließ Rudolf Willstätter Berlin wieder, da er ein eigenes Institut haben wollte. Er ging nach München, um dort als Nachfolger von Adolf Baeyer Professor für Chemie zu werden. Am 1. April 1916 trat Willstätter seinen Posten in München an. Willstätter, dessen Frau Sophie ja schon 1908 gestorben war, hatte 1914 auch seinen erst elfjährigen Sohn Ludwig verloren. Nach München begleitete ihn nur noch seine Tochter Margarete.

1919, nach dem Selbstmord von Emil Fischer, war Richard Willstätter noch einmal erste Wahl für Fischers Posten an der Berliner Universität. Er lehnte das entsprechende Angebot aber ab und blieb in München.

Allerdings wurde er in Bayern auf Dauer auch nicht glücklich. Als nicht zum Christentum übergetretener Jude musste er hier besonders unter antisemitischen Angriffen leiden. Schon bei seiner Ernennung hatte der Bayrische König Ludwig III. dem verantwortlichen Minister nach der Unterschrift unter die Ernennungsurkunde gesagt: »Das ist das letzte Mal, dass ich Ihnen einen Juden unterschreibe.« Tatsächlich war danach die Besetzungspolitik der Universität für freigewordene Lehrstühle oft so, dass jüdische Kandidaten benachteiligt wurden. Willstätter trat aus diesem Grund im Juni 1924 mit Wirkung zum Oktober 1925 als Hochschullehrer zurück und betrat das Universitätslabor nie wieder. Zu diesem Zeitpunkt war er 52 Jahre alt. Willstätter erhielt sofort Angebote anderer Universitäten, zum Beispiel aus Leipzig, Heidelberg und aus den USA. Er nahm keines dieser Angebote an.

Willstätter betreute nach seinem Rücktritt von zu Haus aus weiter Forschungsarbeiten ehemaliger Mitarbeiter und Schüler

und arbeitete mit auswärtigen Kollegen an dem einen oder anderen Forschungsprojekt.

Besonders eng war die Zusammenarbeit mit seiner ehemaligen Doktorandin Margarethe Rohdewald (1900-1994), die im Münchener Universitätslabor experimentell an gemeinsamen Forschungsprojekten arbeitete.

Nach der Machtergreifung durch die Nationalsozialisten 1933 blieb Willstätter noch lange in Deutschland, obwohl er nun kaum noch Arbeitsmöglichkeiten hatte. Erst im letzten Moment, 1939, emigrierte er schließlich in die Schweiz. Am 3. August 1942 starb er in Muralto, der Nachbarstadt von Locarno im Schweizerischen Tessin.

Willstätters in Zürich geborene Tochter Ida Margarete Willstätter (1906-1964) wurde auch Wissenschaftlerin. Sie hatte Physik in Göttingen und München studiert und arbeitete seit 1931 am KWI für physikalische Chemie in Berlin, das von Willstätters Freund Fritz Haber geleitet wurde. 1933 wurde sie wie viele andere als Jüdin entlassen. Sie emigrierte 1936 in die USA.

^ *Das Richard-Willstätter-Haus im Faradayweg 10 in Berlin-Dahlem war von 1912 bis 1916 die Wohnstätte Willstätters. Es gehört heute zum Fritz Haber-Institut.*

OTTO DIELS

Otto Diels erhielt 1950 gemeinsam mit seinem Schüler und Mitarbeiter Kurt Alder den Nobelpreis für Chemie für ihre Entwicklung eines chemischen Syntheseverfahrens, welches heute unter dem Namen Diels-Alder-Reaktion bekannt ist. Dabei geht es um den Aufbau von zyklischen Molekülen mit sechs Kohlenstoffatomen und nahezu beliebigen Substituenten. Das ist bis heute ein wichtiger Syntheseschritt bei der Herstellung vor allem von vielen Naturstoffen.

Geboren wurde Otto Diels am 23. Januar 1876 in Hamburg, aufgewachsen ist er aber in Berlin, da die Familie 1877 in die Reichshauptstadt übersiedelte. Ottos Vater Hermann Diels (1848-1922), ein hochangesehener Altphilologe, arbeitete ab 1877 in Berlin an einer Edition altgriechischer Schriften mit. Ab 1882 war er auch Professor für klassische Philologie an der Friedrich-Wilhelms-Universität. Er hatte 1873 Berta Dübell (1847-1919) geheiratet. Alle drei Söhne des Ehepaars wurden Wissenschaftler. Neben dem Chemiker Otto waren das der Botaniker Ludwig Diels (1874-1945) und der Slawist Paul Diels (1882-1963). Die Familie Hermann Diels wohnte in Berlin unter anderem am Elisabethufer 59 (bis 1878), in der Magdeburger Straße 20 (bis 1903) und in der Kleiststraße 21 (bis 1906).

Ab 1895 studierte Otto Diels Chemie an der Universität Berlin, wo er 1899 promovierte. Anschließend arbeitete er als Assistent bei Emil Fischer. 1904 wurde er Privatdozent und 1914 außerordentlicher Professor für organische Chemie an der Universität Berlin. Otto Diels hatte 1909 Paula Geyer (1881-1949) aus Stuttgart geheiratet. Das Ehepaar hatte fünf Kinder, zwei

^ *Otto Diels, Chemienobelpreisträger von 1950, lebte und wirkte von 1877 bis 1916 in Berlin.*

Töchter und drei Söhne. Die Familie Diels wohnte in der Levetzowstraße 13 in Berlin-Moabit.

1916 erfolgte die Berufung von Otto Diels zum Professor und Direktor des Chemischen Instituts der Universität Kiel. Ende der zwanziger Jahre legte er hier in gemeinsamer Arbeit mit seinem Schüler Kurt Alder die Grundlagen der Diels-Alder-Reaktion. Gegen Ende des Zweiten Weltkriegs trafen Diels mehrere berufliche wie private Schicksalsschläge: Zwei seiner Söhne fielen an der Ostfront, und das Chemische Institut, die Bibliothek wie auch sein Haus, wurden bei Bombenangriffen zerstört. Seine Emeritierung erfolgte 1944, jedoch übernahm Diels auf Wunsch der Universität Kiel 1946 den Wiederaufbau des Chemischen Instituts. 1948 wurde er erneut emeritiert. Er starb am 7. März 1954 in Kiel.

WILHELM SCHLENK

Wilhelm Schlenk ist einer der Begründer der metallorganischen Chemie. Sein Name lebt in der Labortechnik zur Synthese dieser oft sehr luft- und feuchtigkeitsempfindlichen Substanzen fort. Man spricht von Schlenk-Technik und verwendet Schlenk-Apparaturen, um Luft auszuschließen und unter Schutzgas (Stickstoff oder Edelgase) zu arbeiten.

Wilhelm Schlenk wurde am 22. März 1879 als Sohn von Georg und Emilie Schlenk in München geboren. Der Vater war Rechnungsrat. Schlenk studierte erst Philologie an der Universität München, wechselte dann unter dem Einfluss seines Bruders Oskar Schlenk (1874-1951), der Chemie studierte, auch in dieses Fach. Ausgebildet wurde er unter anderem von Adolf Baeyer, der aus Berlin nach München gewechselt war. 1905 erfolgte die Promotion. Im gleichen Jahr heiratete er auch Mathilde von Hacke (1881-1973). Nach Stationen in Uerdingen, wieder in München und in Jena wurde Schlenk 1918 Professor für Chemie in Wien.

Nach dem Selbstmord von Emil Fischer 1919 wurde ein neuer Direktor des I. Chemischen Instituts der Deutschen Reichshauptstadt gesucht. Nach längerem Hinterzimmergerangel ging der damals sehr prestigeträchtige Posten 1921 an Wilhelm Schlenk. Er zog mit seiner Familie nach Berlin und wohnte fortan in der Fischer-Villa, direkt neben dem Institut. Seine drei Söhne Wilhelm, Fritz und Hermann wurden ebenfalls erfolgreiche Chemiker.

Von 1926 bis 1928 war Schlenk Vorsitzender der Deutschen Chemischen Gesellschaft, aus der er später, 1942, ausgeschlossen wurde. Seit Beginn der nationalsozialistischen Herrschaft hatte Schlenk nämlich schlechte Karten, da er offen für die De-

^ *Der organische Chemiker Wilhelm Schlenk wurde 1935 aus politischen Gründen von Berlin nach Tübingen versetzt.*

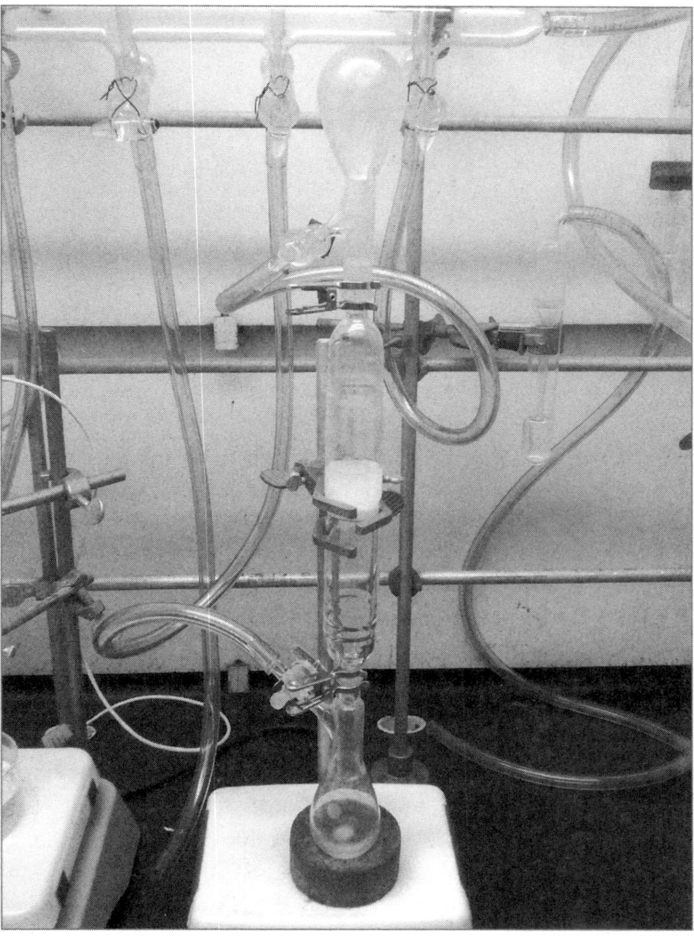

mokratie eintrat und sich zum Beispiel weigerte, seine Vorlesungen mit dem Hitlergruß zu beginnen. Auch verbot er seinen Söhnen die Mitgliedschaft in der Hitler-Jugend, der Jugendorganisation der Nationalsozialisten. Im Jahr 1935 wurde er deshalb von Berlin nach Tübingen »straf«-versetzt. Die Berliner Universität sollte eine nationalsozialistische Musteruniversität werden. Da war ein Professor Schlenk unerwünscht. Da man aber keinen fachlich adäquaten Nachfolger hatte, blieb der offizielle Lehrstuhl unbesetzt und wurde nur vertretungsweise von Hermann Leuchs vertreten. Schlenk selber arbeitete in Tübingen weiter als Professor für Chemie und starb hier am 28. April 1943.

^ *Die von Wilhelm Schlenk entwickelte Technik zum Umgang mit luft- und feuchtigkeitsempfindlichen Substanzen ist noch heute unter seinem Namen bekannt.*

OTTO HAHN

Otto Hahn gehört als Entdecker der Kernspaltung und Chemienobelpreisträger zu den bekanntesten Berliner Chemikern. Geboren wurde er am 8. März 1879 als der jüngste von drei Söhnen von Heinrich Hahn (1845-1922) und seiner Frau Charlotte, geborene Giese, verwitwete Stutzmann (1845-1905). Heinrich Hahn führte in Frankfurt am Main das Unternehmen Glasbau Hahn, welches noch heute existiert.

Otto Hahn begann 1897 sein Chemiestudium in Marburg. Da er nicht gerade zu den fleißigsten Studenten gehörte, berichtete sein Vater auf Nachfragen von Freunden und Verwandten gerne: »Mein Sohn ist in Marburg und trinkt Bier«. Nach einem Intermezzo in München schloss Otto Hahn sein Studium mit einer Doktorarbeit über Bromverbindungen 1901 ab. Nach einjähriger Dienstzeit beim Militär ging er als Assistent noch einmal zurück an das Marburger Universitätsinstitut. Zum Radiochemiker wurde Hahn durch seine Forschungsaufenthalte in England und Kanada. Von 1904 bis 1905 arbeitete er bei William Ramsay (1852-1916) am University College in London. Ramsay war der Entdecker der Edelgase Argon, Krypton, Xenon, Helium und Neon und Nobelpreisträger für Chemie von 1904. Hahn entdeckte in London ein neues radioaktives Isotop des Thoriums. An den Englandaufenthalt schloss sich eine einjährige Forschungsperiode bei Ernest Rutherford (1871-1937, Chemienobelpreisträger von 1908) in Montreal an. Auch hier arbeitete Otto Hahn sehr erfolgreich, da es ihm gelang, drei weitere neue radioaktive Isotope an sich bekannter chemischer Elemente zu entdecken.

^ *Der Chemienobelpreisträger Otto Hahn (hier ein Bild aus dem Jahr 1939) entdeckte bei Versuchen mit Uran 1938 die Kernspaltung.*

1906 kam Otto Hahn nach Berlin an das I. Chemische Institut der Universität. Emil Fischer räumte ihm als Labor eine unbenutzte ehemalige Holzwerkstatt ein. Daran erinnert heute noch eine Gedenktafel am Institutsgebäude. Dort wird auch die Physikerin Lise Meitner erwähnt, die seit 1907 über 30 Jahre mit Otto Hahn zusammenarbeitete.

Otto Hahn heiratete aber nicht Lise Meitner, sondern 1913 die Kunststudentin Edith Junghans (1887-1968), Tochter eines Stettiner Justizrats. Zu dieser Zeit war Otto Hahn schon Abteilungsleiter für Radiochemie des 1912 eröffneten KWI für Chemie in Dahlem geworden. Lise Meitner begleitete ihn an die neue Arbeitsstelle und setzte die Zusammenarbeit mit ihm fort.

^ *Otto Hahn und Lise Meitner 1913 im Labor. Sie forschten über 30 Jahre zusammen am Institut für Chemie der Humboldt-Universität und am Kaiser-Wilhelm-Institut für Chemie.*

Während des Ersten Weltkriegs wurde Otto Hahn zu einer militärischen Einheit einberufen, die unter Fritz Habers Leitung den Giftgaseinsatz an der Front organisierte.

1919 gelang Rutherford die erste künstliche Atomkernumwandlung. Der alte Traum der Alchemisten, Elemente ineinander umwandeln zu können, wurde damit Wirklichkeit. Das sollte nun auch die weitere Forschungstätigkeit Hahns im Dahlemer Institut prägen, welches ab 1926 von Hahn geleitet wurde.

Im Februar 1933, kurz nach dem Machtantritt der Nationalsozialisten unter Adolf Hitler, reiste Otto Hahn zu Gastvorlesungen in die USA. Als er im Juli 1933 nach Deutschland zurück kam, hatte sich vieles geändert. Die NSDAP begann, ihr Programm der Entfernung von Juden und ihnen politisch nicht genehmen Personen aus allen staatlichen Ämtern schnell umzusetzen. Insbesondere das benachbarte KWI für Physikalische Chemie war davon stark betroffen. Otto Hahn wurde nach dem Rücktritt von dessen Direktor Fritz Haber kurzzeitig kommissarischer Leiter des Instituts, bevor es dann von einer Gruppe nationalsozialistischer Wissenschaftler übernommen wurde.

Mitarbeiter des KWI reimten 1937 »Unser Chef, der Otto Hahn, spaltet fleißig das Uran.« Was war geschehen? Ab 1934 wurden zuerst von Enrico Fermi, später dann auch von Hahn und seinem Mitarbeitern Untersuchungen zum Beschuss von Uran mit Neutronen durchgeführt. Man versuchte, dadurch Elemente mit höheren Ordnungszahlen, die Transurane, zu erzeugen. Nach vielen Irrwegen, genannt seien die sogenannten falschen Transurane, die man 1935 glaubte entdeckt zu haben, gelang Otto Hahn und seinem Mitarbeiter Fritz Strassmann im Dezember 1938 die Entdeckung der Kernspaltung des Urans durch den chemischen Nachweis des Elementes Barium. Diese Entdeckung wurde der Ausgangspunkt für die Entwicklung der Atombombe, die von den US-Amerikanern im Sommer 1945 auf den Kriegsgegner Japan abgeworfen wurde, mit verheerenden Folgen. Die nach Ende des Zweiten Weltkriegs begonnene friedliche Nutzung der Kernenergie führte zum Aufbau einer Vielzahl von Kernkraftwerken.

1944 erhielt Otto Hahn für die Entdeckung der Kernspaltung den Nobelpreis für Chemie. Allerdings war es deutschen Preisträgern seit 1936 verboten, den Preis entgegen zu nehmen, so dass er ihn erst 1945 nach dem Ende des Krieges erhielt. 1944 war das KWI für Chemie aus Berlin nach Tailfingen in Süddeutschland

verlegt worden. Otto Hahn kehrte danach nicht mehr dauerhaft nach Berlin zurück, sondern blieb im Westen Deutschlands. Er war von 1948 bis 1960 Präsident der Max-Planck-Gesellschaft, der Nachfolgeinstitution der Kaiser-Wilhelm-Gesellschaft zur Förderung der Wissenschaften. Otto Hahn starb 90-jährig am 28. Juli 1968 in Göttingen.

Otto Hahn ist noch vielfach in Berlin präsent. So heißt die 1974 gegründete 4. Oberschule in der Buschkrugallee 63 in Britz seit Oktober 1981 Otto-Hahn-Schule (OHS). Es gibt auch einen Otto-Hahn-Platz und einen Hahn-Meitner-Platz. 1959 wurde in West-Berlin das Hahn-Meitner-Institut (HMI) gegründet. Am 1. Januar 2009 wurde das Hahn-Meitner-Institut mit Hauptsitz in Wannsee mit dem in Adlershof befindlichen BESSY II zusammengelegt. Die neue Institution heißt jetzt Helmholtz-Zentrum Berlin für Materialien und Energie. Der Komplex in Wannsee, das alte HMI, trägt nun offiziell den Namen Lise-Meitner-Campus, der Adlerhofer Institutsteil heißt Campus Wilhelm Conrad Röntgen. Hier taucht Hahns Name nicht mehr auf.

Der Sohn Otto Hahns, Hanno Hahn (1922-1960) war ein erfolgreicher Kunsthistoriker und Architekturforscher, der schon in jungen Jahren zusammen mit seiner Frau bei einem Autounfall in Frankreich starb. Ihr Sohn Dietrich Hahn (geb. 1946) ist Publizist und Journalist und veröffentlicht hauptsächlich über seinen Großvater Otto Hahn.

^ *In diesem Haus in der Altensteinstraße 48 in Dahlem wohnte die Familie Hahn von 1929 bis 1944. Heute befindet sich hier die Berlin Graduate School Muslim Cultures and Societies der FU Berlin*

JEAN D'ANS

Jean D'Ans war zusammen mit der Physikerin Ellen Lax Autor des berühmten, bei Naturwissenschaftlern weit verbreiteten Taschenbuches für Chemiker und Physiker. Die erste Ausgabe des »D'Ans-Lax«, des Standardtabellenwerkes für das Labor, erschien 1943.

Jean D'Ans wurde am 16. August 1881 in Rijeka im heutigen Kroatien, damals Fiume in Österreich-Ungarn, als Sohn einer belgischen Familie geboren. Sein Vater Auguste D'Ans war Direktor der Gasanstalt von Fiume. Jean D'Ans besuchte das Gymnasium seiner Heimatstadt und studierte dann Chemie an der TH Darmstadt, wo er 1904 auch promovierte. Im gleichen Jahr ging er nach Berlin und wurde van't Hoffs letzter Assistent. Hier beschäftigte er sich mit Studien zu Salzablagerungen des Meeres.

Von 1909 bis 1919 arbeitete D'Ans außerhalb Berlins, erst an der TH Darmstadt und danach in einer Papierfabrik in Schlesien. 1919 kam Jean D'Ans wieder nach Berlin und leitete hier das Forschungslabor der Auergesellschaft.

Ab 1931 arbeitete er dann als Chemiker an der Forschungsanstalt des Deutschen Kalisyndikats in Berlin-Lichterfelde, Ostpreußendamm 11. Von 1937 bis 1945 leitete er dieses Forschungsinstitut. Nach Ende des Zweiten Weltkriegs wurde er Professor für Anorganische Chemie an der TU Berlin, 1947/48 auch Rektor der Universität. 1953 wurde er emeritiert. Jean D'Ans starb hochbetagt am 14. Januar 1969 in Berlin. Zuletzt hatte er in Berlin-Steglitz, Rothenburgstraße 31 gewohnt.

^ *Titelseite des bekannten Taschenbuches für Chemiker und Physiker von Jean D'Ans und Ellen Lax*

MAX VOLMER

Max Volmer war ein bedeutender Physikochemiker. Er wurde am 3. Mai 1885 in Hilden im Rheinland als Kind einer begüterten Familie geboren. Sein Vater, der Bäckermeister Gustav Volmer (1841-1925), setzte sich schon mit etwa 30 Jahren zur Ruhe. Seine Mutter war Gertrud Volmer, geborene Klein (1845-1922).

Nach dem Abitur begann Max Volmer 1905 ein Chemiestudium in Marburg.

Es wird berichtet, dass er dabei kaum Vorlesungen besuchte, weil er sie seit der Entdeckung der Buchdruckerkunst für überflüssig halte. 1908 ging Volmer an die Universität Leipzig. Hier promovierte er 1910 mit einem Thema der Photochemie. Volmer arbeitete danach weiter als Assistent an der Universität Leipzig. Mit Beginn des Ersten Weltkriegs wurde Volmer zum Militär einberufen und diente bis 1916 in der Artillerie. Danach wurde er für kriegswichtige Forschungen zum Giftgasschutz an das Physikalisch-chemische Institut der Berliner Universität versetzt. Volmer entwickelte hier einen Chlorgasdetektor. An diesem Institut lernte Volmer seine spätere Ehefrau Lotte Pusch (1890-1983) kennen. Lotte Pusch war studierte Chemikerin und hatte 1916 bei Walther Nernst promoviert. »Frl. Dr. Pusch« war dann bis 1920 Assistentin bei Nernst, im übrigen auch die einzige Frau mit Assistentenstellung im naturwissenschaftlichen Bereich der Berliner Universität. Nachdem Max Volmer und Lotte Pusch 1920 geheiratet hatten, gab die Ehefrau wie damals noch allgemein üblich, ihren Beruf auf und »widmete sich der Familie«.

Nach Kriegsende wurde Volmer wissenschaftlicher Mitarbeiter der Auergesellschaft, einem großen Berliner Unternehmen

^ *Der physikalische Chemiker Max Volmer gehörte zu den deutschen Spezialisten, die nach dem Zweiten Weltkrieg in die Sowjetunion gebracht wurden.*

der Beleuchtungsindustrie. Er arbeitete in einem Labor, welches Produkte für die Fotografie entwickeln sollte. Schon 1920 ging er aber als Professor für Physikalische Chemie an die 1919 neu gegründete Universität Hamburg. Wiederum nach kurzer Zeit, im Oktober 1922 kam Max Volmer zurück nach Berlin. Er wurde Professor für Physikalische Chemie und Elektrochemie der Technischen Hochschule zu Berlin, heute TU Berlin.

Die kinderlose Familie Volmer wohnte zuerst in der Professorensiedlung in Wilmersdorf, Konstanzer Straße 35. Später erlaubten zusätzliche Einnahmen aus Erfindungen den Bau eines eigenen Hauses in Babelsberg.

Unter der Herrschaft der Nationalsozialisten gehörte Volmer zu den Hochschullehrern, die nicht in die NSDAP eintraten und sich nicht klar zum herrschenden Regime bekannten. Als der Sicherheitspolizei 1943 bekannt wurde, dass er einem sogenannten »Volljuden« geholfen hatte, wurde ein Verfahren gegen Volmer eingeleitet. Er wurde längere Zeit vom Dienst suspendiert und sein Gehalt gekürzt.

Nach dem Ende des Zweiten Weltkriegs und der Besetzung Berlins durch die sowjetische Rote Armee gehörte Volmer zu der Gruppe von Wissenschaftlern, die zu einem mehrjährigen Forschungsaufenthalt in der Sowjetunion verpflichtet wurden. Im August 1945 wurde Max Volmer mit seiner Frau und einer Gruppe Wissenschaftler nach Moskau gebracht. Er wurde mit Forschungen zu Verfahren zur Gewinnung spaltbaren Materials beauftragt. Es ging dabei um die Entwicklung einer sowjetischen Atombombe, die stark forciert wurde, nachdem die US-Amerikaner im August 1945 zwei Atombomben über den Weltkriegsgegner Japan abgeworfen hatten. Erst nach zehn Jahren im Mai 1955 konnten die Volmers nach Deutschland zurückkehren. Da ihr, für sie freigehaltenes Haus in Potsdam-Babelsberg lag, kamen die Volmers in den Ostteil Deutschlands. Formell wurde der siebzigjährige Volmer auch zum Professor für Physikalische Chemie an der Ost-Berliner Humboldt-Universität ernannt.

In der DDR wurde die Preußische Akademie der Wissenschaften nach sowjetischem Vorbild umorganisiert. Max Volmer wurde 1956 zum Präsidenten dieser jetzt Deutsche Akademie der Wissenschaften (DAW) genannten Institution. Er musste allerdings aus Krankheitsgründen schon im Oktober 1958 wieder zurücktreten. Er starb am 3. Juni 1965. Max Volmer hat seine letzte Ruhestätte auf dem Goethe-Friedhof in Babelsberg.

Durch seine Forschungsergebnisse ist Volmers Name in die Lehrbücher eingegangen. So gibt es die Stern-Volmer-Gleichung von 1919, die einen photochemischen Zusammenhang beschreibt, während die Butler-Volmer-Gleichung aus dem Jahr 1930 auch heute noch eine Grundgleichung der Elektrochemie ist. Die Volmer-Isotherme von 1925 beschreibt die Adsorption von Molekülen an Oberflächen, die Volmer-Diffusion (1930) die Wanderung der adsorbierten Moleküle auf der Oberfläche.

1952 erhielt das Institut für Physikalische Chemie der TU Berlin den Namen Max Volmer Institut. Nach Umstrukturierungen im Jahr 2001 ist diese Bezeichnung aber verschwunden. Volmers Name findet sich heute noch im Berliner Stadtbild mit der Volmerstraße in Adlershof und dem Max-Volmer-Haus der TU Berlin an der Straße des 17. Juni.

^ *Die Volmerstraße liegt im WISTA-Gelände in Berlin-Adlershof, Deutschlands größtem Wissenschafts- und Technologiepark.*

WALTHER NODDACK UND IDA NODDACK-TACKE

Ida Noddack-Tacke und Walter Noddack sind das bekannteste Berliner Chemikerehepaar. Sie haben zusammen zwei neue Elemente entdeckt und andere wichtige Beiträge zur Weiterentwicklung der Chemie geleistet. Mehrfach wurden sie für den Nobelpreis vorgeschlagen, haben ihn aber nicht erhalten.

Ida Tacke wurde am 25. Februar 1896 in der Ortschaft Lackhausen (heute zur Stadt Wesel gehörig) geboren. Ihr Vater war Besitzer der Lackfabrik Tacke. Da Ida später in der Lackfabrik tätig werden wollte, nahm sie 1915 ein Studium der Chemie an der TH Charlottenburg als eine der ersten Chemiestudentinnen in Preußen auf. 1921 erfolgte ihre Promotion mit einer Forschungsarbeit auf dem Feld der Lackchemie. Aber Ida Tacke ging nicht zurück in die Lackfabrik ihres Vaters, sondern begann in Berlin als Chemikerin beim Elektrokonzern AEG zu arbeiten. Nach zwei Jahren gab sie die gut dotierte Tätigkeit auf, um sich zusammen mit Walther Noddack an die Auffüllung noch vorhandener Lücken im Periodensystem zu machen.

Walther Noddack war ein echter Berliner. Am 17. August 1893 wurde er in der Spreemetropole als Sohn eines aus Ostpreußen stammenden Steinmetzmeisters geboren. Von Oktober 1912 bis August 1914 studierte er Chemie an der Berliner Bergakademie und an der Universität Berlin. Unmittelbar nach Beginn des Ersten Weltkriegs meldete er sich als Freiwilliger zur Armee. Bis zur deutschen Niederlage im November 1918 diente er sowohl an der Westfront als auch im Osten bei der Artillerie.

Sein Chemiestudium setzte er dann ab Januar 1919 fort, um Ende 1920 zu promovieren. Von Ostern 1921 bis August 1922

war Walter Noddack Assistent im Physikalisch-Chemischen Institut der Universität Berlin bei Nobelpreisträger Walther Nernst. Dann wechselte er mit Nernst an die Physikalisch-technische Reichsanstalt (kurz PTR), die heutige PTB in Charlottenburg, deren Chef Nernst wurde. Noddack wurde Leiter des chemischen Laboratoriums der PTR und blieb hier bis 1935.

Walter Noddack gelang es, Ida Tacke von der Idee einer gemeinsamen Forschung zu begeistern. 1922 beschlossen sie, zusammen die im Periodensystem noch fehlenden Elemente 43 und 75 zu suchen. Ida Tacke arbeitete nun als unbezahlte Gastwissenschaftlerin an der PTR in Walter Noddacks Labor. Tatsächlich gelang Ihnen zusammen mit Otto Berg nach jahrelanger intensiver Arbeit die Entdeckung der Elemente Rhenium und Technetium. Ihre Entdeckung des Technetiums, dass sie Masurium nannten, ist aber bis heute strittig und wird oft den Italienern Emilio Segrè (1905-1989) und Carlo Perrier (1886-1948) zugeschrieben.

1926 heirateten Ida Tacke und Walter Noddack und bezogen eine gemeinsame Wohnung in Charlottenburg. Vielleicht auch weil das Paar keine Kinder bekam, arbeitete Ida weiterhin wie bewährt im Labor ihres Mannes meist als seine engste, allerdings in der Regel unbezahlte Mitarbeiterin. Beide verfolgten aber auch eigene Forschungsprojekte, bei denen der Partner nicht beteiligt war.

^ *Ida Tacke und Walter Noddack zusammen im Labor. 1925 entdeckten sie gemeinsam das Element Rhenium.*

1935 wurde Walter Noddack Professor für Chemie an der Universität Freiburg. Schon nach fünf Jahren wurde er als Professor für Physikalische Chemie nach Straßburg im Elsass, der während des Zweiten Weltkriegs nochmal kurz zu Deutschland gehörte, versetzt. An der Straßburger Universität erhielt erstmals auch seine Frau eine bezahlte Stelle. Gegen Kriegsende flohen die Noddacks aus dem Elsass, der wieder französisch wurde, nach Oberfranken.

Hier ließen sie sich in Bamberg nieder und arbeiteten zuletzt am Staatlichen Forschungsinstitut für Geochemie, Walter als Leiter, Ida als freie Mitarbeiterin. Walter Noddack starb am 7. Dezember 1960 in Bamberg, Ida Noddack-Tacke am 24. September 1978 in Bad Neuenahr.

Heute ist Ida Noddack bekannter als ihr Mann Walter. Das liegt sicher daran, dass sie eine Frau war, aber auch an zwei Forschungsbeiträgen. Von Ida Noddack, die auch als die deutsche Marie Curie bezeichnet wurde, stammt nämlich das Postulat von der Allgegenwart der chemischen Elemente, aufgestellt 1936. Damit meinte sie, dass in der Natur vorkommende Gesteine neben ihren Hauptbestandteilen nahezu alle chemischen Elemente als Verunreinigungen in größerer oder kleinerer Konzentration, und seien sie noch so gering, enthalten. Das heißt letztendlich, dass eine absolute Reinheit von Substanzen praktisch nicht existiert.

Am bekanntesten ist Ida Noddack aber heute in der Geschichte der Naturwissenschaften wegen einer Spekulation aus dem Jahr 1934: »Es wäre denkbar, dass bei der Beschießung schwerer Kerne mit Neutronen diese Kerne in mehrere größere Bruchstücke zerfallen, die zwar Isotope bekannter Elemente, aber nicht Nachbarn der bestrahlten Elemente sind.« Damit beschrieb sie die fünf Jahre später von Otto Hahn und Fritz Strassmann entdeckte Kernspaltung des Uran.

PAUL SCHLACK

Paul Schlack ist der Erfinder des Perlon, der deutschen Variante der Polyamid-Kunstfaser. Perlon wurde das Konkurrenzprodukt zum vorher erfundenen US-amerikanischen Nylon. Schlack wurde am 22. Dezember 1897 in Stuttgart geboren und wuchs als ältestes von sieben Kindern auf. Seine Eltern waren Theodor Gottlieb Schlack (1859-1921), ein aus Böblingen stammender Direktor beim Landesfinanzamt Stuttgart, und Johanna, geb. Herzog.

Nach dem Abitur 1915 begann Schlack mit einem Chemiestudium an der Technischen Hochschule (TH) Stuttgart. Das Studium musste er jedoch als Kriegsteilnehmer des Ersten Weltkriegs drei Jahre unterbrechen. Er konnte es schließlich 1921 als Diplomchemiker beenden. Es folgten zwei kurze berufliche Zwischenstationen in einem Privatlabor in Dänemark und nochmals an der TH Stuttgart. 1924 wurde Paul Schlack dann Mitarbeiter der Agfa in Wolfen. Im gleichen Jahr heiratete er die Dänin Sigrid Nielsen (1904-1970). Aus der Ehe gingen zwei Kinder, Niels-Jürgen und Anneliese, hervor. 1926 wurde Paul Schlack von seinem Arbeitgeber nach Berlin in die Agfa-Tochtergesellschaft Aceta GmbH versetzt. Schlack wurde hier zum Leiter des Forschungslabors und schon 1928 zum stellvertretenden Geschäftsführer. Paul Schlack wohnte mit seiner Familie in Berlin am Treptower Park 44. Die Aceta war in der Agfa bzw. seit 1925 im IG Farben-Verbund für die Kunstfaserherstellung verantwortlich. Erstes Produkt war eine Kunstfaser aus Celluloseacetat. Schlack forschte hauptsächlich an der chemischen Modifikation der Celluloseacetatfaser.

^ *Der Kunststoffchemiker Paul Schlack ist der Erfinder des Perlon, einer Polyamid-Kunstfaser.*

In den USA entwickelte Carrothers (1896-1937) 1934 mit dem Polyamid (Markenname Nylon) eine neue bessere Kunstfaser. 1937 wurden die Nylon-Patente von Du Pont veröffentlicht. Daraufhin begannen bei der IG Farben zwei Forschergruppen mit eigenen Untersuchungen zur Polyamidherstellung. Paul Schlack gehörte als Spezialist für die Celluloseacetatfaser nicht dazu. Er startete jedoch bei der Aceta GmbH nach eigenem Ermessen neben seiner eigentlichen Forschungstätigkeit auch Entwicklungsarbeiten zu alternativen, die US-Patente umgehenden Herstellungsmethoden für Polyamid. Sehr schnell, schon im Januar 1938 gelang ihm die Herstellung eines Polyamids aus nur einem ringförmigen Ausgangsstoff, dem Caprolactam. Da die Carrothers-Patente nur die Herstellung von Polyamid aus zwei verschiedenen Ausgangsstoffen schützten, war die Umgehung der Du-Pont-Patente gelungen. In Deutschland begann man danach zügig eine Polyamid-Kunstfaserproduktion aufzubauen. Grund war hauptsächlich der Kriegsbedarf, z.B. für Fallschirmseide. Als Markenname für die deutsche Polyamidkunstfaser wurde Perlon ausgewählt. Schlack arbeitete während der Kriegsjahre in Berlin bei der Aceta weiter intensiv an der Verbesserung und großtechnischen Umsetzung seiner Erfindung. Zusätzlich erwarb er Anfang des Jahres 1945 den Doktorgrad an der Universität Jena. Gegen Kriegsende Anfang April 1945 flüchtete er aus Berlin in die Agfa-Hauptwerke in Wolfen. Hier geriet er in die Hände der Amerikaner, die ihn nach Bobingen in der Nähe von Augsburg brachten.

Die deutsche Polyamidfaser-Produktion befand sich bis 1945 im Wesentlichen auf dem Gebiet der sowjetischen Besatzungszone und im später polnischen Gebiet. Ein großer Teil dieser Produktionsanlagen wurden demontiert und in der Nähe von Moskau wiedererrichtet. Damit hatte die Sowjetunion ihr eigenes Polyamidkunstfaserprodukt.

Von 1946 bis 1950 baute Schlack in der Kunstseidenfabrik Bobingen die Polyamidfaser-Produktion wieder auf und wurde auch Leiter des Werkes. Von 1955 bis 1961 war Schlack dann in der zentralen Forschung der Firma Hoechst in Frankfurt/Main beschäftigt, zu der seit 1952 auch die Bobinger Fabrik zählte. 1961 beendete Schlack seine Industrietätigkeit und wurde Honorarprofessor an der TH Stuttgart. Als solcher war er bis 1968 tätig. 1972, im Alter von 75 Jahren, heirate er ein zweites Mal: Lilly Wendt. Am 19. August 1987 verstarb Paul Schlack in Leinfelden-Echterdingen in der Nähe seiner Geburtsstadt Stuttgart.

IWAN STRANSKI

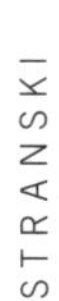

Der bulgarische Physikochemiker Iwan Stranski lebte und wirkte lange in Berlin. Geboren wurde er am 2. Januar 1897 in der bulgarischen Hauptstadt Sofia als Sohn des bulgarischen Hofapothekers Nikola Stranski (1856-1910) und der aus dem russischen Baltikum stammenden deutschbaltischen Maria Stranski, geborene Krohn (1860-1918). Nach dem 1915 in Sofia bestandenen Abitur arbeitete Stranski kurzzeitig als Bankangestellter in Sofia und Varna.

1918 begann Stranski ein Chemiestudium in Wien, welches er in Sofia fortsetzte und dort 1922 mit einem Diplom abschloss. Im gleichen Jahr kam er das erste Mal nach Berlin. Hier war Stranski nun drei Jahre am Physikalisch-Chemischen Institut der Friedrich-Wilhelms-Universität in der Bunsenstraße unter Paul Günther tätig. 1925 erwarb er an diesem Institut den Doktorgrad mit einer Arbeit zur Röntgenspektralanalyse. Danach ging es zurück nach Sofia, wo Stranski versuchte, an der Universität das Lehrgebiet Physikalische Chemie zu etablieren. 1928 wurde Stranski Dozent in Sofia, 1937 Professor an der Sofioter Universität. In Sofia begann er auch an dem Forschungsthema zu arbeiten, mit dem er berühmt wurde: der Untersuchung und theoretischen Beschreibung der Vorgänge, die beim Wachsen und Auflösen von Kristallen ablaufen. Er gilt als »Vater der Kristallwachstumsforschung«.

Seine Sofioter Zeit, die nominell bis 1944 dauerte, wurde durch drei längere Auslandsaufenthalte unterbrochen. Dabei kam er 1930-1 erneut nach Berlin, wo er diesmal an der Technischen Hochschule Charlottenburg (heute TU Berlin) bei Max Volmer forschte. 1935-36 hielt sich Stranski in der damaligen

^ *Der bulgarische Physikochemiker Iwan Stranski (hier ein Bild aus dem Jahr 1940) war von 1951 bis 1953 Rektor der TU Berlin.*

Sowjetunion in Swerdlowsk (heute Jekaterinburg) auf, um am Uraler Institut für Physik und Mechanik zu arbeiteten.

Während der Zweiten Weltkriegs, in dem Bulgarien ja mit Deutschland verbündet war, kam Stranski 1941 endgültig nach Deutschland, und zwar zuerst als Gastprofessor nach Breslau (heute Wroclaw in Polen). 1944, kurz vor Ende des Krieges und nach dem militärischen Zusammenbruch Bulgariens ging er als Leiter einer Abteilung für Kristallforschung nach Berlin an das KWI für Physikalische Chemie und Elektrochemie (heute Fritz Haber Institut) in Dahlem. In Bulgarien hatte er nach der Machtübernahme durch die Kommunisten Ende 1944 seinen Lehrstuhl für Physikalische Chemie an der Sofioter Universität verloren, da ihm Zusammenarbeit mit dem faschistischen Regime vorgeworfen wurde.

Nach Kriegsende blieb Stranski daher in Berlin und wurde als Nachfolger von Max Volmer, der in die Sowjetunion musste, als Professor an das Institut für Physikalische Chemie der TU Berlin berufen. 1951-53 war er auch Rektor der TU Berlin.

Neben seiner Tätigkeit an der TU Berlin hielt Stranski als Honorarprofessor auch Vorlesungen an der neugegründeten FU Berlin. Außerdem leitete Stranski von 1953 bis 1967 die Abteilung für Physikalische Chemie des Fritz-Haber-Institutes in Dahlem. Als Hochschullehrer trat er 1962 in den Ruhestand. 1967 konnte er im Alter von 70 Jahren erstmals wieder seine Heimat Bulgarien besuchen. Iwan Nicola Stranski starb am 19. Juni 1979 während eines Besuchs in seiner Geburtsstadt Sofia. Begraben wurde er in Berlin.

Heute gibt es in Berlin das Stranski-Laboratorium für Physikalische und Theoretische Chemie der TU Berlin (von 1967 bis 2001 Iwan-N.-Stranski-Institut).

ERICH THILO

Erich Thilo, auch Kiesel-Erich genannt, wurde am 27. August 1898 in Neubrandenburg geboren. Großvater, Vater und Bruder sowie ein Onkel waren zum Teil sehr bekannte Schafzüchter. Das Forschungsgebiet des Chemikers waren vor allem die Kieselsäuren und ihre Kondensate, anorganisch-polymere Substanzen auf Silikatbasis. Daneben untersuchte er ähnliche Verbindungen, die kondensierten Phosphate und Arsenate.

Die Familie Thilo lässt sich bis ins 16. Jahrhundert ins thüringische Tambach bei Gotha zurückverfolgen. Der Großvater des Chemikers Erich Thilo war der Landwirt Rudolf Thilo (1831-1901), ein Schafzüchter und Schäfereidirektor in Neubrandenburg. Sein Sohn hieß auch schon Erich Thilo (1865-1933) und war ebenso Schäfereidirektor. Erich Thilo der Ältere war mit Hedwig Sieg (1871-1959) verheiratet. Das Ehepaar hatte zwei Söhne, den Chemiker Erich Thilo und den Schafzüchter Dietrich Thilo (1901-1945). Die Familie des Schäfereidirektors Thilo lebte in Berlin Am Karlsbad 24.

Erich Thilo der Jüngere besuchte 1916 bis 1919 die Chemikerabteilung der Technischen Staatslehranstalt in Chemnitz. Von 1920 bis 1925 studierte er Chemie an der Berliner Friedrich-Wilhelms-Universität. 1925 promovierte er mit einer Arbeit zum Nickeldiacetyldioxim. Thilo blieb am Chemischen Institut in der Hessischen Straße und wurde über die Stufen Assistent und Dozent 1938 zum außerordentlichen Professor der Berliner Universität. 1943 wurde Thilo als Professor für Anorganische Chemie nach Graz berufen.

^ *Der aus einer Schafzüchterfamilie stammende Erich Thilo war der bedeutendste anorganische Chemiker der DDR.*

Nach Kriegsende musste Erich Thilo als Deutscher Österreich verlassen und ging wieder zurück an das im Krieg stark zerstörte Chemische Institut der Berliner Universität in der Hessischen Straße. Im Jahr 1946 wurde er zum Leiter des Institutes und Professor für Anorganische Chemie. In der ersten Zeit stand der Wiederaufbau des stark zerstörten Institutes und die Wiederaufnahme der Lehre im Mittelpunkt. 1950 wurde Thilo zugleich Gründungsdirektor des Instituts für anorganische Chemie der Deutschen Akademie der Wissenschaften in Adlershof. 1953 gründete Thilo die Chemische Gesellschaft der DDR und wurde ihr erster Vorsitzender.

Erich Thilo war zweimal verheiratet. Die erste Ehefrau war Gisela Gründer (1907-1951). Nach ihrem Tod heiratete Thilo 1952 seine Mitarbeiterin, die Chemikerin Eva Maria Wichmann (geboren 1924). Thilo hatte aus beiden Ehen vier Kinder, drei Töchter und einen Sohn. Letzterer war der bekannte Sinologe Thomas Thilo. Erich Thilo wohnte im Köpenicker Ortsteil Wendenschloss, Müggelbergallee 11.

1967 wurde er emeritiert. Thilo starb am 25. Juni 1977 in Berlin. Nach ihm ist die Erich-Thilo-Straße im WISTA-Gelände in Adlershof benannt.

1988 wurde von der Chemischen Gesellschaft der DDR die Erich-Thilo-Medaille gestiftet. Sie wurde, allerdings nur dreimal (1988, 1989, 1990), in Anerkennung hervorragender wissenschaftlicher Leistungen verbunden mit besonderen Verdiensten um die Entwicklung der Chemie sowie der Förderung der Chemischen Gesellschaft der DDR verliehen.

KARL FRIEDRICH BONHOEFFER

Karl Friedrich Bonhoeffer, gerne als KFB abgekürzt, stammte aus einer schwäbisch-preußischen Familie, die in seiner Generation eine Reihe bedeutender Persönlichkeiten hervorbrachte. Am berühmtesten wurde sein Bruder Dietrich Bonhoeffer (1906-1945), ein evangelischer Theologe und führend in der Bekennenden Kirche gegen den Nationalsozialismus aktiv.

Die Bonhoeffers tauchten 1513 in Schwaben auf, als der Urahn van den Boenhoff aus den Niederlanden nach Schwäbisch Hall übersiedelte. KFBs Vater Karl Bonhoeffer (1868-1948), in Tübingen geboren, war ein berühmter Psychiater und Neurologe und kam 1911 als Professor an die Charité nach Berlin. Nach ihm ist die Bonhoeffer-Nervenklinik in Reinickendorf benannt. Karl Friedrichs Mutter Paula, geborene von Hase (1876-1951) stammte aus einer preußischen Familie. Ihr Vater, der Theologe Karl Alfred von Hase (1842-1914), war von 1889-1892 Hofprediger bei Wilhelm II. in Potsdam, fiel dann aber in Ungnade. Ihre Mutter war eine geborene Gräfin von Kalckreuth, also alter preußischer Adel. Die Familie lebte ab 1916 in einer Villa in der Wangenheimstraße 14 im noblen Ortsteil Grunewald. KFB war das älteste von acht Kindern der Familie. Er wurde am 13. Januar 1899 in Breslau geboren. Nach seiner Schulausbildung, die mit dem Abitur 1917 abgeschlossen wurde, trat er mit seinem Zwillingsbruder Walter in die Armee ein und kämpfte das letzte Kriegsjahr des Ersten Weltkriegs an der Westfront. Sein Bruder Walter fiel 1918.

Der junge Karl Friedrich begann 1919 ein Chemiestudium in Tübingen, welches er später in Berlin fortsetzte und 1922 mit

^ *Karl Friedrich Bonhoeffers Familie war aktiv im Widerstand gegen den Nationalsozialismus, was fünf von ihnen das Leben kostete.*

einer Promotion über photochemische Effekte bei Walter Nernst abschloss. Nach der Promotion wechselte er von Nobelpreisträger Nernst zu Nobelpreisträger Haber an das KWI für Physikalische Chemie in Dahlem. Hier forschte er nun bis 1930. Berühmt wurde er, als es ihm zusammen mit Paul Harteck (1902-1985) 1929 gelang, das Vorhandensein des theoretisch vorhergesagten para-Wasserstoffs nachzuweisen. Er galt jetzt eine Zeit lang als Verdächtiger für eine Nobelpreisehrung.

1930 heiratete K. F. Bonhoeffer Margarethe von Dohnanyi (1903-1993), die Tochter eines aus Ungarn stammenden Berliner Komponisten. 1931 siedelten die Bonhoeffers nach Frankfurt am Main über. KFB war Professor an der dortigen Universität geworden. 1934 wechselte er nach Leipzig, wiederum als Professor für Physikalische Chemie.

Während des Zweiten Weltkriegs waren viele Mitglieder der Bonhoeffer-Familie im Widerstand gegen das nationalsozialistische Regime aktiv. Einige von ihnen mussten diese Aktivitäten mit ihrem Leben bezahlen. Karl Friedrichs Brüder Klaus (1901-1945) und Dietrich wurden genauso wie seine beiden Schwäger Hans von Dohnanyi (1902-1945) und Rüdiger Schleicher (1895-1945) im April 1945 kurz vor Kriegsende erschossen bzw. aufgehängt.

Nach Ende des Zweiten Weltkriegs ging Bonhoeffer Ende 1946 von Leipzig nach Berlin zurück. Er wurde Leiter des Physikalisch-chemischen Instituts der Berliner Universität in der Bunsenstraße und wenig später Direktor des Kaiser-Wilhelm-Instituts für physikalische Chemie und Elektrochemie in Dahlem. Aber es hielt KFB nicht lange im kriegszerstörten und politisch zerrissenen Berlin. Das Angebot, ein neues Institut für Physikalische Chemie der Max-Planck-Gesellschaft in Göttingen aufzubauen, konnte er nicht ablehnen. Ab 1949 pendelte KFB daher zwischen Berlin und Niedersachsen. Schon 1950 wurde Havemann sein Nachfolger in der Bunsenstraße, und 1951 zog sich Bonhoeffer endgültig aus dem Dahlemer Institut zurück und verließ Berlin. KFB starb im Alter von nur 58 Jahren am 15. Mai 1957 in Göttingen.

Von seinen vier Kindern, Karl, Friedrich, Martin und Katharina, wurde Martin Bonhoeffer (1935-1982) ein bekannter Sozialpädagoge. Friedrich Bonhoeffer (geb. 1932) wurde wie sein Vater Naturwissenschaftler und arbeitete als Biochemiker am Max-Planck-Institut für Entwicklungsbiologie in Tübingen.

PETER ADOLF THIESSEN

Peter Adolf Thiessen, ein bedeutender Physikochemiker und Wissenschaftsorganisator des zwanzigsten Jahrhunderts, war politisch ein notorischer Opportunist. Das ermöglichte ihm eine erfolgreiche Karriere sowohl in der Zeit der nationalsozialistischen Diktatur als auch unter dem SED-Regime.

Geboren wurde Peter Adolf Thiessen am 6. April 1899 im schlesischen Schweidnitz (heute Swidnice in Polen) als Sohn des Landwirtes Adolf Thiessen (geboren 1870) und der Else, geb. Krohe (geboren 1883), Tochter eines Bauunternehmers. Else war die zweite Ehefrau des Vaters, die dieser geheiratet hatte, nachdem die erste gestorben war. Die Schulzeit des jungen Peter Adolf wurde gegen Ende des Ersten Weltkriegs 1917 durch seinen freiwilligen Eintritt in die Kriegsmarine unterbrochen. Sein Abitur erhielt er 1919. Im gleichen Jahr begann er ein Chemiestudium in Breslau, welches in Freiburg, Greifswald und schließlich in Göttingen fortgesetzt wurde. 1923 promovierte Thiessen in Göttingen bei Zsigmondy (Chemienobelpreis 1928) mit einer Studie über feinverteiltes Gold.

In Greifswald hatte Thiessen Margarete Genck, seine spätere erste Frau, kennengelernt, eine promovierte Internistin und Tochter eines Schirmfabrikanten. 1923 wurde in Göttingen geheiratet.

Auch Peter Adolfs berufliche Karriere wurde vorerst an der Universität Göttingen weitergeführt. Er wurde Zsigmondys Privatassistent. Nach dessen Ausscheiden 1929 vertrat er die frei gewordene Professorenstelle, bis 1933 ein Nachfolger gefunden wurde. Thiessen hatte selbst auf die Stelle spekuliert und musste nun aber eine andere Wirkungsstätte finden.

^ *Peter Adolf Thiessen war führend im Reichsforschungsrat des Dritten Reiches als auch im Forschungsrat der DDR tätig.*

Peter Adolf Thiessen trat schon sehr früh, nämlich 1922, in die erst 1921 gegründete NSDAP ein. 1923 wurde er auch Mitglied der SA, der paramilitärischen Kampforganisation der Nationalsozialisten. Weil die NSDAP-Mitgliedschaft seiner Karriere hinderlich sein konnte, trat er 1926 wieder aus der Partei, die damals noch eine radikale Splitterpartei war, aus. Nach der Machtergreifung der Nationalsozialisten wurde er 1933 natürlich erneut Mitglied der NSDAP.

Die Neuordnung der Wissenschaftslandschaft durch die Nationalsozialisten, die zentral die Entfernung jüdischer Wissenschaftler aus dem deutschen Wissenschaftsbetrieb zum Ziel hatte, spülte mehrere Göttinger Chemiker nach Berlin an das Kaiser-Wilhelm-Institut für Physikalische Chemie. Dieses KWI hatte zu diesem Zeitpunkt einen besonders hohen Anteil an jüdisch-stämmigen Wissenschaftlern, darunter auch der berühmte Direktor Fritz Haber.

Nun wurden Gerhart Jander, Adolf Thiessen und Rudolf Mentzel, allesamt langgediente Nationalsozialisten zu den neuen Führungsfiguren am Institut. Thiessen wurde vorerst Abteilungsleiter unter dem neuen Direktor Jander.

Durch sein Talent als Wissenschaftsorganisator hatte er aber schnell eine größere Abteilung als dieser. Nachdem Jander aufgrund von Zwistigkeiten mit den vorgesetzten Behörden an die Universität Greifswald gewechselt war, war der Weg frei für Thiessen. Er wurde 1935 im Alter von 36 Jahren Leiter des KWI für Physikalische Chemie und gestaltete die Forschungseinrichtung zu einem nationalsozialistischen Musterinstitut um.

Unter Thiessens Leitung fand eine praxisorientierte, auf hohem Niveau stehende Forschung statt. Das Institut wurde stark erweitert und war insbesondere Vorreiter bei der Entwicklung und beim Einsatz moderner Instrumente und Geräte wie des Elektronenmikroskops. Spätestens ab 1939 dominierte die kriegswirtschaftliche Zielsetzung der Forschungsarbeiten.

Thiessen machte im Dritten Reich aber auch im administrativen Bereich Karriere. So war er bis 1937 Berater im Reichserziehungsministerium und wurde 1937 Leiter der Fachsparte Chemie im Reichsforschungsrat. Thiessen wohnte mit seiner Familie in der Dienstvilla des KWI in Dahlem.

Als sich Mitte 1943 die Niederlage Deutschlands im Zweiten Weltkrieg immer deutlicher abzeichnete, stellte Thiessen auch Mitarbeiter ein, deren kommunistische Einstellung ihm bekannt war. Sie sollten im Fall der Fälle für ihn sprechen. Thiessen blieb auch gegen Kriegsende mit seinem Institut in Berlin und setzte sich nicht ab, wie viele andere in ähnlicher Position. Nach dem Fall Berlins und dem Einmarsch der Sowjetarmee diente sich Thiessen den Sowjets an. Er war bereit, in den Dienst der Sowjetregierung zu treten und nach Russland zu gehen, um dort ein Forschungsinstitut aufzubauen.

Im Oktober 1945 wurde Thiessen dann mit seiner Familie und einer Reihe von Mitarbeitern nach Russland gebracht. Dort arbeitete er gut zehn Jahre an verschiedenen Projekten, darunter auch solchen, die im Zusammenhang mit der Entwicklung einer sowjetischen Atombombe standen. Im Dezember 1956 kehrte Thiessen nach Deutschland zurück und zwar in den Ostteil, die DDR.

Für ihn und unter seiner Leitung wurde in Berlin-Adlershof ein neues Institut für Physikalische Chemie, das spätere Zentralinstitut für Physikalische Chemie (ZIPC) der Akademie der Wissenschaften aufgebaut. Die Grundsteinlegung in Adlershof war 1957, die Fertigstellung erst 1962. Bis zum Umzug nach Adlershof war das Institut in Räumen der Kali-Chemie in Niederschöneweide untergebracht. Thiessen sollte dieses Institut bis 1964 leiten.

Nach dem Krieg hatte man ihn zunächst wegen seiner nazistischen Vergangenheit aus der Akademie ausgeschlossen. Das wurde schon 1955 rückgängig gemacht. Im Juni 1957 berief man Thiessen zum Vorsitzenden des neu gegründeten Forschungsrates der DDR. Er hatte nun wieder eine ähnliche Position, wie vor dem Ende des Zweiten Weltkriegs: Leiter eines großen Physikalisch-chemischen Institutes und führendes Mitglied des die Regierung beratenden Forschungsrates. Hier vertrat er auch die damals vorgegebene Position der Kommunisten gegenüber dem Westen: »Wir dürfen nicht nur Bekanntem hinterherlaufen. Wir müssen auch überholen, ohne einzuholen.« Von Thiessen wurde auch folgender Ausspruch gegenüber seinen Mitarbeitern in der DDR-Zeit überliefert: »Die Nazis haben wir beschissen, und die Kommunisten bescheißen wir genauso.«

Thiessen wurde mit seiner Familie in der Wißlerstraße 9 in Friedrichshagen wohnhaft. Seine erste Frau starb 1968 bei einem Autounfall. Ein Jahr später heiratete er nochmals mit Christine Stempel eine seiner Mitarbeiterinnen. Peter Adolf Thiessen starb schließlich fast 91-jährig am 5. März 1990 in Berlin und wurde auf dem Christophorus Friedhof in Friedrichshagen begraben. Seine drei Kinder sind der Physikochemiker Karsten Peter Thiessen, der Physiker Klaus Thiessen und Dörthe Thiessen.

ERIKA CREMER

Erika Cremer gilt als die Mutter der Gaschromatographie. Das ist eine Technik zum Auftrennen von Stoffgemischen in einzelne chemische Verbindungen, die in der chemischen Analytik eine weite Verbreitung gefunden hat. Den für ihre Leistung eigentlich angemessenen Nobelpreis erhielt sie allerdings nicht.

Am 20. Mai 1900 erblickte Erika Cremer als Tochter des Physiologen Max Cremer (1865-1935) und der Elsbeth Rothmund in München das Licht der Welt. Ihr Vater stammte aus einer Kaufmannsfamilie aus Uerdingen, ihre Mutter aus einer Münchner Gelehrtenfamilie: ihr Vater ihr und Großvater waren berühmte Mediziner an der Münchner Universität. 1901 wurde Max Cremer in München zum Professor für Physiologie ernannt. Über eine Zwischenstation in Köln kam die Familie 1911 nach Berlin, wo Max Cremer an die Tierärztliche Hochschule berufen wurde und bis 1933 die Professur für Physiologie innehatte. Max Cremers wissenschaftliche Arbeiten haben auch für die Chemie Bedeutung, da er 1906 das Konzept der Glaselektrode für die pH-Wert-Messung entwickelte. Erikas Brüder wurden später auch Professoren, ihr Bruder Hubert als Mathematiker in Aachen und Lothar als Akustiker in Berlin (TU).

Ab 1921 studierte Erika Cremer an der Berliner Friedrich-Wilhelms-Universität Chemie, wo sie u.a. noch Vorlesungen von Walther Nernst hörte. Sie spezialisierte sich dann auch in der Richtung Physikalische Chemie und promovierte 1927 schließlich bei Max Bodenstein, dem Nachfolger Nernsts als Professor für Physikalische Chemie, einem der Begründer der chemischen Kinetik, im Chemischen Institut in der Bunsenstraße in Mitte.

Thema der Doktorarbeit war die Chlor-Wasserstoff-Knallgasreaktion. 1956 erhielt der Russe Semenev für ähnliche und weiterführende Arbeiten den Chemienobelpreis.

Nach ihrer erfolgreichen Promotion forschte Erika Cremer bis 1940 in verschiedenen Instituten an wechselnden Fragestellungen. In Berlin war sie in dieser Zeit am KWI für Physikalische Chemie, am KWI für Chemie, in der Physikalisch-Technischen Reichsanstalt in Charlottenburg und am KWI für Physik tätig. Im Jahr 1940 erhielt Cremer dann endlich eine feste Stelle als Dozentin an der Universität Innsbruck. Hier begannen noch in den Kriegsjahren und in der unmittelbaren Nachkriegszeit ihre bahnbrechenden Arbeiten zur gaschromatographischen Trennungsmethode von gasförmigen Stoffgemischen. In den folgenden zwei Jahrzehnten wurde diese Technik dann international schrittweise zur technischen Reife geführt. Heute ist sie eine wichtige Standardmethode in vielen chemischen Labors. Die dazu notwendigen Geräte werden industriell hergestellt.

Erika Cremer wurde 1948 Professorin für Physikalische Chemie an der Universität Innsbruck. Im stolzen Alter von 96 Jahren starb Erika Cremer, die unverheiratet und kinderlos blieb, am 21. September 1996.

^ *Porträt der Wissenschaftlerin Erika Cremer von Letizia Mancino Cremer, der Frau von Erika Cremers Neffen Christoph Cremer*

ADOLF BUTENANDT

Der Chemiker Butenandt, bekannt durch die Isolierung und Strukturaufklärung mehrerer Sexualhormone, war von 1936 bis 1945 am KWI für Biochemie in Berlin-Dahlem als Institutsdirektor tätig.

Adolf Butenandt wurde am 24. März 1903 in dem Städtchen Lehe, heute ein Ortsteil von Bremerhaven geboren. Sein Vater Otto Butenandt stammte aus einer Hamburger Familie von Kupferschmieden, wurde jedoch nach dem frühen Tod seiner Eltern als Kaufmann Vertreter einer Spielwarenhandlung und ließ sich 1897 in Lehe nieder. Hier heiratete er Wilhelmine Thomforde, die in einem Hotel in der Nähe gearbeitet hatte.

Butenandt studierte ab 1921 Chemie an der Universität Marburg. Er begann sich aber auch für Biologie zu interessieren und studierte ab seinem zweiten Studienjahr parallel dazu auch Biologie. Der deutsch-national eingestellte Butenandt, der an der Universität Mitglied einer Burschenschaft wurde, trug fortan mehrere Schmisse im Gesicht, die er sich bei den üblichen Mensuren, Fechtkämpfen der Studentenvereinigungen, zugezogen hatte.

Ab Sommer 1924 setzte Butenandt seine Studien in Göttingen fort, da er hier besser seinem Interesse an Naturstoffen folgen konnte. 1927 folgte die Promotion über die chemische Struktur eines malaiischen Pfeilgifts bei Adolf Windaus. Butenandt blieb danach auch weiter als Assistent in Göttingen und spezialisierte sich nun auf die Hormonforschung. Hormone sind körpereigene Naturstoffe, die schon in sehr geringen Konzentrationen biologische Wirkungen entfalten. Ab 1927 betrieb Butenandt seine Hormonforschung in Göttingen in Zusammenarbeit mit der Berli-

^ *Porträt von Adolf Butenandt aus dem Jahr 1960. Der Chemienobelpreisträger von 1939 war einer der Wegbereiter der Sexualhormonforschung.*

ner Schering-Kahlbaum AG. Er hatte zuerst die Aufgabe, aus von Schering zur Verfügung gestellten Extrakten aus Schwangerenurin weibliche Sexualhormone zu isolieren. 1929 entdeckten Adolf Butenandt und seine Laborantin Erika von Ziegner (1906-1995) dabei das Estron, ein weibliches Geschlechtshormon. Damit gelang erstmals die Isolierung einer solchen chemischen Verbindung. In der Folgezeit wurden aus Stierhodenextrakten und Männerharn die männlichen Sexualhormone Androsteron, Progesteron und Testosteron isoliert und ihre chemische Struktur ermittelt.

1931 heiratete Butenandt seine Mitarbeiterin Erika von Ziegner, die aus einer alten Offiziersfamilie stammte. Das Ehepaar hatte später sieben Kinder und 16 Enkel. Erika Butenandt gab vorerst ihren Beruf auf und kümmerte sich um ihre Familie. Während des Zweiten Weltkriegs war sie jedoch noch einmal wissenschaftlich an der Seite ihres Mannes aktiv.

1933 wurde Butenandt zum Professor für organische Chemie der Technischen Hochschule Danzig berufen. Danzig war zu dieser Zeit eine Freie Stadt, wurde aber auch schon von den Nationalsozialisten regiert. Butenandt war erst 30 Jahre alt, wirkte jedoch wesentlich jünger. Als er vor Aufnahme der Lehrtätigkeit den Rektor der Technischen Hochschule aufsuchen wollte, wurde er von dessen Sekretärin für einen Studenten gehalten und zunächst zurückgewiesen.

Um weitere Karriereschritte machen zu können, arrangierte sich Butenandt mit den Nationalsozialisten und trat 1936 in die NSDAP ein. Daraufhin wurde er zum Direktor des Kaiser-Wilhelm-Instituts für Biochemie in Berlin ernannt und zog nun mit seiner Familie von Danzig nach Berlin. Er profitierte wie schon in Danzig davon, dass sein jüdischer Amtsvorgänger unter den Nationalsozialisten sein Amt verloren hatte. Im Falle des Berliner KWI war das Carl Neuberg (1877-1956), der 1939 in die USA emigrierte. Aber Butenandt hatte ganz sicher auch die fachliche Qualifikation für sein neues Amt. So erhielt Adolf Butenandt 1939 für seine Arbeiten zu den Sexualhormonen den Nobelpreis für Chemie. Seit 1936 durften deutsche Preisträger auf Anweisung Adolf Hitlers den Nobelpreis aber nicht mehr annehmen, sondern mussten ein vorformuliertes Ablehnungsschreiben an die Nobelstiftung verschicken. Butenandt konnte den Preis daher erst nach dem Krieg 1949 annehmen. Das Preisgeld erhielt er allerdings nicht mehr.

Nach seinem Umzug nach Berlin wohnte Butenandt kurzzeitig mit seiner Familie in der Klingsorstraße in Lichterfelde, bis er dann eine neu für ihn erbaute Dienstvilla auf dem Institutsgelände in Dahlem bezog. Die Forschungsarbeiten am KWI für Biochemie in Dahlem betrafen unter Butenandts Leitung vor allem die weitere Untersuchung von Sexualhormonen, aber auch die Virusforschung und die Isolierung der Sexuallockstoffe von Insekten.

Während des Zweiten Weltkriegs wurde das KWI für Biochemie wie auch andere Dahlemer Forschungsinstitute aus Berlin in weniger von Bombenangriffen heimgesuchte kleinere Ortschaften verlagert. Butenandts Institut zog in diesem Zusammenhang ab 1943 schrittweise nach Tübingen um und kehrte nach dem Krieg nicht mehr nach Berlin zurück. Auf dem Gelände des Dahlemer KWI für Biochemie Ecke Thielallee/Garystraße befindet sich heute das Institut für Arbeitsmedizin der Charité.

In Tübingen wurde Butenandt in Personalunion Direktor des Physiologisch-chemischen Instituts der Universität und ab 1949 Direktor des Max-Planck-Instituts für Biochemie (als Nachfolgerinstitution des KWI).

1956 wechselte er nach München und wurde in der Bayrischen Landeshauptstadt Professor für Physiologische Chemie der Universität München. »Sein« Max-Planck-Institut für Biochemie, dessen Direktor er blieb, wurde von Tübingen nach München verlegt und erhielt hier einen Neubau. Von 1960 bis 1972 leitete Adolf Butenandt die Max-Planck-Gesellschaft zur Förderung der Angewandten Wissenschaften und war damit einer der einflussreichsten Wissenschaftsorganisatoren Deutschlands.

ROBERT HAVEMANN

Robert Havemann taucht heute noch an mehreren Stellen im Berliner Stadtbild auf. So gibt es eine Robert-Havemann-Straße, ein Havemann-Einkaufscenter in Berlin-Marzahn und eine Robert-Havemann-Schule in Berlin-Karow. Diese vielfache Ehrung verdankt Robert Havemann aber weniger seiner Arbeit als Chemiker sondern seinem ab etwa 1960 erfolgenden politischen Engagement gegen das im Ostteil Deutschlands praktizierte Sozialismusmodell.

Robert Havemann wurde am 11. März 1910 in München geboren. Die Eltern hatten zu dieser Zeit in München studiert. Der Vater Hans Havemann (1887-1985) war Lehrer, Redakteur und Autor. Die Mutter Elisabeth Havemann, geborene von Schönfeld, hatte in München Malerei studiert und war später Kunstmalerin.

Die Familie Havemann lebte nach der Münchener Studienzeit in Thüringen, erst in Jena, später im Dorf Haubinda bei Hildburghausen, gefolgt von den Wohnorten Hannover und Bielefeld.

Von 1929 bis 1933 studierte Robert Havemann Chemie, zuerst an der Universität München und ab 1931 in Berlin. 1932 begann Havemann mit experimentellen Arbeiten über Eiweißlösungen für seine Doktorarbeit am KWI für Physikalische Chemie in Dahlem. Nach der Machtergreifung der Nationalsozialisten Anfang 1933 wurde aber das KWI vollkommen umgekrempelt, und Havemann konnte seine Arbeiten dort nicht weiter fortsetzen. Er musste sie im improvisierten Labor des Krankenhauses Moabit zu Ende führen. 1935 schloss er seine Promotion ab.

Ein Jahr vorher hatte er Antje Hasenclever (1909-1985), mit der er schon einige Zeit zusammenlebte, geheiratet. Havemanns

^ *Der junge Physikochemiker Robert Havemann bei Arbeiten im Labor. Der Kommunist Havemann geriet später in Konflikt mit der DDR-Führung.*

Frau war eine Bielefelder Kaufmannstochter und Kunststudentin. Man wohnte in einer großzügigen Atelierwohnung in der Charlottenburger Bismarckstraße 100. In Berlin begann Havemann, sich für kommunistische Ideen zu begeistern. Da er auch politisch aktiv sein wollte, kam es zu einer Zusammenarbeit mit einer Untergrundorganisation der Kommunistischen Partei. In diesem Zusammenhang versteckten Robert Havemann und Antje Hasenclever Anfang März 1933 den bulgarischen Kommunisten Wasil Tanew in ihrer Wohnung. Tanew wurde später zusammen mit Georgi Dimitrow im Reichstagsbrandprozess angeklagt (und freigesprochen).

Wissenschaftlich arbeitete Havemann nach seiner Promotion als Assistent am Pharmakologischen Institut der Berliner Universität. Hier wurde er mit geheimen Forschungen für das Heereswaffenamt beauftragt. Konkret ging es um Einfluss der Teilchengröße von Kampfstoffnebeln auf die Aufnahme in der Lunge, also um Giftgasforschung. Havemann hatte die Aufgabe, dazu nötige analytische Methoden zu entwickeln.

Parallel engagierte sich Havemann im antifaschistischen Widerstand. Mit Gleichgesinnten baute er 1943 eine Widerstandsgruppe mit dem Namen Europäische Union auf. Schon wenige Monate nach der Gründung wurden Havemann und alle Führungsmitglieder der Gruppe durch die Gestapo verhaftet. In einem Schauprozess wurden Havemann und einige Mitangeklagte im Dezember 1943 wegen Hochverrats zum Tode verurteilt. Havemann überlebte als einziger, da seine Hinrichtung wegen kriegswichtiger Forschungsarbeiten mehrmals um jeweils zwei Monate verschoben wurde. Im Zuchthaus Brandenburg wurde ihm zu diesem Zweck ein Labor eingerichtet. Auch hier drehten sich seine Arbeiten weiter um die Entwicklung von Analysemethoden zur Bestimmung der Konzentration von Giftgasen. Ende April besetzte die Rote Armee Brandenburg und Robert Havemann wurde aus dem Gefängnis befreit. Er ging sofort wieder nach Berlin und wurde als Erstes zum Verwaltungsdirektor des Krankenhauses Neukölln ernannt. Im Juli wurde er zum Leiter aller Berliner KWI-Institute eingesetzt und begann mit ersten Vorlesungen zur Kolloidchemie an der Berliner Universität.

1947 wurde die erste Ehe geschieden. Schon 1949 wurde aber erneut geheiratet. Die Auserwählte war die »Kriegerwitwe« Karin von Trotha, geborene von Bamberg. Sie war die Tochter eines ehemaligen Verwaltungsdirektors der Charité und ei-

ner Malerin. Das Ehepaar hatte später drei Kinder. Havemann wohnte 1949 noch in Dahlem in der Direktorenvilla des KWI für Physikalische Chemie, in der vorher schon Haber und Thiessen gelebt hatten. Doch seine Zeit in West-Berlin ging zu Ende.

1948 wurde er von den Westmächten von seiner Funktion als Leiter der Kaiser-Wilhelm-Institute abgesetzt, blieb aber noch Abteilungsleiter am KWI für Physikalische Chemie. Im Februar 1950 erfolgte aber auch die fristlose Entlassung aus dieser Stellung an dem im amerikanischen Sektor Berlins liegenden Forschungsinstitut. Havemann, der auch Hausverbot erhielt, hatte vorher publikumswirksam gegen die US-amerikanische Wasserstoffbombe protestiert.

Dafür wurde Havemann Direktor des Physikalisch-chemischen Instituts der Universität in Ost-Berlin. In den nächsten 14 Jahren forschte Havemann hier zu Problemen photochemischer Reaktionen, zur Magneto- und Proteinchemie.

Havemann engagierte sich aber auch weiter politisch. 1951 wurde er Mitglied der herrschenden SED. Er beschrieb später selbst, dass er in dieser Zeit ein eingefleischter Stalinist war. Auch vor einer Tätigkeit als geheimer Informant des sowjetischen Geheimdienstes und der DDR-Staatssicherheit schreckte er nicht zurück. Die Familie Havemann wohnte in den neuen Prestigebauten der Stalinallee am Strausberger Platz 9 und kaufte sich 1954 ein Grundstück in Grünheide bei Berlin.

^ *Robert Havemanns letzte Vorlesung im überfüllten Emil-Fischer-Hörsaal des I. Chemischen Instituts der Humboldt-Universität am 10. Januar 1964*

Etwa ab 1956 begann sich Havemann aber zunehmend kritisch über das in der DDR propagierte Sozialismusmodell zu äußern. 1963/4 hielt er die berühmt gewordene Vorlesungsreihe »Naturwissenschaftliche Aspekte philosophischer Probleme«, die zuletzt viele Studenten aus der ganzen DDR anzog und wegen des großen Andrangs vom kleinen Hörsaal in der Bunsenstraße in den größeren Fischer-Hörsaal in der Hessischen Straße verlegt werden musste. Die Herrschenden der DDR duldeten aber keinen Widerspruch. Im März 1964 erfolgte Havemanns Ausschluss aus der SED, die fristlose Entlassung aus der Hum-

^ *Gedenktafel für Robert Havemann am Gebäude des ehemaligen I. Chemischen Institutes der Humboldt-Universität in der Hessischen Straße 1-2*

boldt-Universität begleitet von einem Hausverbot. Ab April 1964 durfte Havemann noch als Leiter der Arbeitsstelle Photochemie der Akademie in Adlershof seinen Forschungsarbeiten nachgehen. Im Dezember 1965 wurde er auch hier fristlos entlassen und erhielt ebenfalls Hausverbot. 1966 wurde seine zweite Ehe geschieden.

Havemann, der 1973 noch einmal heiratete, lebte nun als streng bewachter Rentner in Grünheide. Sein Haus, das er zeitweise nicht verlassen durfte, wurde zu einem Zentrum der DDR-Bürgerrechtsbewegung. Havemann selbst publizierte von Zeit zu Zeit regimekritische oder philosophische Texte im Westen Deutschlands, da ihm in der DDR alle Wirkungsmöglichkeiten genommen worden waren. Robert Havemann starb am 9. April 1982 in seinem immer noch bewachten Haus in Grünheide bei Berlin.

HEINZ GERISCHER

Heinz Gerischer, einer der großen Elektrochemiker seiner Generation, stammte aus Wittenberg, wo er am 31. März 1919 geboren wurde. Zwischen 1937 und 1944 studierte er Chemie an der Universität Leipzig, allerdings ab 1940 unterbrochen durch einen zweijährigen Militärdienst. Er wurde 1942 jedoch aus der Armee entlassen, da seine Mutter Amalie Gerischer, geborene Scheuer (1878-1943) jüdische Wurzeln hatte. Diese nahm sich einen Tag vor ihrem 65. Geburtstag im Jahr 1943 das Leben. Heinz' Schwester Ruth kam 1944 bei einem Luftangriff um. Gerischers Vater, Oskar Gerischer, war Vermessungsingenieur und nach dem Zweiten Weltkrieg von 1945 bis '47 erster Bürgermeister von Wittenberg.

In Leipzig stieß Gerischer zur Forschungsgruppe von K. F. Bonhoeffer und promovierte bei ihm im Jahr 1946. In der Messestadt lernte Gerischer mit der Chemiestudentin Renate Gersdorf (1920-1999) auch seine zukünftige Frau kennen. Heinz und Renate Gerischer heirateten 1948 in Berlin. Renate Gerischer wurde 1954 ebenfalls promovierte Chemikerin, war dann aber nicht mehr beruflich als Chemikerin aktiv, sondern konzentrierte sich auf ihre Familie, insbesondere die vier Töchter.

Ende 1946 war Heinz Gerischer als Assistent seinem Doktorvater Bonhoeffer nach Berlin gefolgt. Bonhoeffer wurde in Ost-Berlin Direktor des Instituts für Physikalische Chemie der Berliner Universität in der Bunsenstraße und in West-Berlin Direktor des späteren Fritz-Haber-Instituts in Dahlem. Als Bonhoeffer 1949 als Direktor eines neuen Max-Planck-Institutes für Physikalische Chemie nach Göttingen ging, folgte ihm Gerischer

^ *Porträt von Heinz Gerischer. Der weltweit bekannte Elektrochemiker leitete viele Jahre das Fritz-Haber-Institut in Berlin-Dahlem.*

mit seiner Frau auch dahin. Über Anstellungen am Max-Planck-Institut für Metallforschung in Stuttgart (1954-1961) und als Professor für Physikalische Chemie und Elektrochemie an der TU München (1962-1970) kam Gerischer 1970 zurück nach Berlin. Hier wurde er Direktor des Fritz-Haber-Institutes, wo er rund 20 Jahre vorher schon mal als Assistent Bonhoeffers tätig gewesen war. Gerischer blieb alleiniger Direktor des Fritz-Haber-Instituts bis 1980. Als danach ein Direktorenkollegium geschaffen wurde, war er bis zu seiner Emeritierung 1986 einer der Leiter der Institution. Auch danach war er bis zu seinem Tod am 14. September 1994 am Institut weiter wissenschaftlich aktiv. Gerischer war der wichtigste Mentor und Doktorvater des Berliner Chemienobelpreisträger von 2007 Gerhard Ertl.

Die in über 300 Veröffentlichungen dokumentierten wissenschaftlichen Arbeiten Gerischers erstreckten sich über ein weites Feld auf dem Gebiet der Elektrochemie mit einem Fokus auf das elektrochemische Verhalten von Halbleiterelektroden. Ziel war die elektrochemische Nutzung der Sonnenenergie. Es gelang allerdings bis heute nicht, eine praxistaugliche elektrochemische Solarzelle zu entwickeln

Seit 1999 wird im Drei-Jahres-Rhythmus ein wissenschaftliches Gerischer-Symposium am Berliner Fritz-Haber-Institut zu wechselnden elektrochemischen Fragestellungen durchgeführt. Der internationale Heinz Gerischer Award wird seit 2003 von der Electrochemical Society (ECS) alle zwei Jahre für besondere Leistungen auf dem Gebiet der Halbleiter- und Photoelektrochemie vergeben.

TRÄGER DES CHEMIE-NOBELPREISES MIT BEZUG ZU BERLIN

Der schwedische Chemiker Alfred Nobel (1833-1896) hatte durch die Erfindung des Dynamits und die umfangreiche industrielle Ausnutzung dieser Erfindung ein großes Vermögen angehäuft. In seinem Testament bestimmte er, dass die Erträge dieses Vermögens jährlich auf fünf Gebieten: Physik, Chemie, Medizin, Literatur und für Friedensbemühungen, als Preis an die Personen vergeben werden sollten, die im verflossenen Jahr der Menschheit den größten Nutzen geleistet haben. Den Chemie-Nobelpreis sollte erhalten, wer die wichtigste chemische Entdeckung oder Verbesserung gemacht hat.

KUNGLIGA SVENSKA VETENSKAPS AKADEMIEN

har vid sammanträde den 13 November 1919 i enlighet med föreskrifterna i det av

ALFRED NOBEL

den 27 November 1895 upprättade testamente beslutat att överlämna det pris, som för 1918 bortgives åt den som har gjort den viktigaste kemiska upptäckt eller

förbättring, till

FRITZ HABER

för hans syntes av ammoniak ur dess element.

Stockholm den 1 Juni 1920

Ab 1901 wurden Nobelpreise verliehen. Die ersten beiden Nobelpreise für Chemie gingen an in Berlin tätige Chemiker. Von den ersten zehn Chemienobelpreisträgern hatte die Hälfte eine Verbindung zu Berlin. Im folgenden sind alle 26 Träger des Chemienobelpreises mit Bezug zu Berlin aufgeführt.

^ *Nobelpreisurkunde für Fritz Haber, der den Chemienobelpreis für das Jahr 1918 am 13. November 1919 erhielt.*

Nr.	Name	Jahr	Begründung der Preisve
1	Jacobus Henricus van't Hoff (Niederlande)	1901	für die Entdeckung der
2	Emil Fischer	1902	für seine synthetischen
3	Adolf Baeyer	1905	für seine Arbeiten über
4	Eduard Buchner	1907	für die Entdeckung der
5	Otto Wallach	1910	für seine Arbeiten in de
6	Richard Willstätter	1915	für die Untersuchung
7	Fritz Haber	1918	für die Ammoniaksynth
8	Walther Nernst	1920	für seine thermochemi
9	Fritz Pregl (Österreich)	1923	für die von ihm entwic
10	Richard Zsigmondy (Österreich)	1925	für seine kolloidchemis
11	Heinrich Otto Wieland	1927	für seine Forschungen
12	Adolf Windaus	1928	für seine Forschungen
13	Hans v. Euler-Chelpin (ab 1902 schwedischer Staatsbürger)	1929	für seine Arbeiten zur
14	Hans Fischer	1930	für seine Arbeiten übe der Blut- und Pflanzer
15	Friedrich Bergius	1931	für seine Verdienste u der chemischen Hoch
16	Carl Bosch	1931	für seine Verdienste u der chemischen Hoch
17	Peter Debye (Niederlande)	1936	für seine Beiträge zur
18	Adolf Butenandt	1939	für seine Arbeiten übe
19	George de Hevesy (Ungarn)	1943	für seine Arbeiten übe als Indikatoren bei de
20	Otto Hahn	1944	für die Entdeckung de
21	Otto Diels	1950	für die Entwicklung de
22	Kurt Alder	1950	für die Entwicklung de
23	Odd Hassel (Norwegen)	1969	für die Arbeiten zur va von Atomen in einem
24	Georg Wittig	1979	für die Entwicklung vo
25	Gerhard Ertl	2007	für seine Studien von
26	Ada Yonath (Israel)	2009	für Studien zur Strukt

Nr.	Element	Entdecker	Jahr	Bemerkung
1	Uran U 92	Martin Heinrich Klaproth (1743-1817)	1789	benannt nach dem Planeten Uranus, der 1781 entdeckt worden war
2	Zirkonium Zr 40	Martin Heinrich Klaproth (1743-1817)	1789	nach dem Mineral Zirkon benannt
3	Cer Ce 58	Martin Heinrich Klaproth (1743-1817)	1803	benannt nach dem Planetoiden Ceres
4	Niob Nb 41	Heinrich Rose (1795-1864)	1844	benannt nach Niobe der Tochter des Tantalus in der griechischen Mythologie, Niob und Tantal sind sehr ähnliche chemische Elemente
5	Rhenium Re 75	Walther Noddack (1893-1960) Ida Noddack-Tacke (1896-1978) Otto Berg (1873-1939)	1925	benannt nach dem Rhein, lateinisch Rhenus

CHEMIKER UND CHEMIE IN DER STADT

STRASSENNAMEN

In Berlin gibt es viele Straßen, die Namen von Chemikern – einige davon sind schon bei den einzelnen Kurzbiographien erwähnt – oder chemischen Institutionen tragen.

Im Folgenden werden 60 Berliner Straßen mit chemischen Namen alphabetisch aufgeführt. Da das heutige Berlin ja ein Konglomerat verschiedenster lange Zeit selbstständiger Städte und Gemeinden ist, kommen manche Straßennamen auch doppelt bzw. mit dem gleichen Namensgeber in unterschiedlichen Varianten vor.

A

Die **Achardstraße** in Kaulsdorf zwischen Chemnitzer Straße und Lassaner Straße wurde am 5. April 1934 von Brakestraße in Achardstraße umbenannt.

Albrechts Teerofen ist eine kleine Siedlung in Kohlhasenbrück, Bezirk Zehlendorf. Sie wird inklusive der durchführenden Straße seit ca. 1850 Albrechts Teerofen genannt. Nach dem Dreißigjährigen Krieg hatte Joachim Albrecht bis zu seinem Tod 1680 den Teerofen in Kohlhasenbrück betrieben. Später legte sein Sohn unweit des väterlichen Betriebes ebenfalls einen Teerofen an. Teer oder Pech wurden durch trockene Destillation von stark harzhaltigem Holz in sogenannten Teeröfen gewonnen. Die schwarze zähflüssige Masse war über Jahrhunderte ein wichtiges Produkt, welches zum Anstrich von Holz verwendet wurde. Dadurch sollte dieses vor dem Verfaulen geschützt werden. Besonders wichtig war Teer zur Abdichtung von Schiffen und flachen Holzdächern. Wegen des hohen Gehaltes an Umweltschadstoffen ist die Verwendung von Teer heute verboten.

Am alten Gaswerk in Staaken ist seit dem 15. Juli 1998 die Bezeichnung der Straße zwischen Brunsbütteler Damm und Bahngelände. Hier befand sich seit 1915 eine Gasanstalt der Zeppelin-Wasserstoff-Sauerstoff-Gesellschaft zur Versorgung von Luftschiffen mit Gas.

Die **Auerstraße** in Friedrichshain zwischen Weidenweg und Richard-Sorge-Straße ist seit dem 31. Mai 1951 nach Carl Freiherr Auer von Welsbach (1858-1929), einem österreichischen Chemiker, benannt. Auer entdeckte vier chemische Elemente: Neodym, Praseodym, Ytterbium und Lutetium. Er war Gründer der Deutschen Gasglühlichtgesellschaft AG (Auergesellschaft) mit ihrem gewaltigen Firmenkomplex an der Warschauer Brücke. 1919 wurde die Auergesellschaft mit den Glühlampenfabriken der AEG und Siemens & Halske zur Osram GmbH zusammengelegt.

Der **Becherweg** in Reinickendorf erhielt am 4. August 1930 seinen Namen zu Ehren Johann Joachim Bechers (1635-1682). Becher war eine wichtige Persönlichkeit beim Übergang von der Alchemie zur Chemie.

Die Neuköllner **Bergiusstraße** zwischen Grenzallee und Nobelstraße ist seit dem 20. August 1958 nach dem Chemiker und Unternehmer Rudolf Bergius (1884-1949) benannt. Bergius erhielt 1951 zusammen mit Carl Bosch den Nobelpreis für Chemie für die Entwicklung eines Verfahrens zur Kohlehydrierung.

Die **Boltonstraße** in Siemensstadt trägt seit dem 15. Oktober 2003 den Namen von Werner von Bolton (1868-1912), einem in Georgien geborenen deutschen Chemiker. Bolton arbeitete in Berlin bei Siemens in der Materialentwicklung für die Glühfäden von Glühlampen.

Man kennt Alexander Borodin (1833-1887) heute hauptsächlich als bedeutenden russischen Komponisten. Daher wurde auch die **Borodinstraße** im Weißenseer Komponistenviertel am 24. Mai 1951 so benannt. Borodin war aber auch ein bekannter Chemiker und als solcher ein Spezialist für Fluorverbindungen.

Nach Carl Bosch (1874-1940) trägt seit dem 1. September 1966 der **Boschweg** in Neukölln seinen Namen. Bosch führte zusammen mit Fritz Haber die von diesem entwickelte Ammoniaksynthese zur industriellen Reife. Man spricht daher vom Haber-Bosch-Verfahren. Bosch entwickelte auch gemeinsam mit Bergius ein Verfahren zur Kohlehydrierung. Er war ein Spezialist für chemische Reaktionen unter hohen Drücken. Bosch war seit 1919 Vorstandsvorsitzender der BASF. Von 1925 bis 1935 war er dann Chef der IG Farbenindustrie AG.

Die **Böttgerstraße** in Wedding zwischen Badstraße und Thurneysserstraße ist seit dem 23. August 1905 nach dem Berliner Apothekerlehrling, Alchemisten und späteren Erfinder des europäischen Porzellans Johann Friedrich Böttger benannt.

Die **Bunsenstraße** befindet sich im Zentrum Berlins zwischen Reichstagufer und Dorotheenstraße in der Nähe des Reichstages. Hier befand sich seit 1883 das zur Zeit leer stehende Gebäude des II. Chemischen Instituts der Universität bzw. später des Institutes für Physikalische Chemie. Der Namensgeber Robert Bunsen (1811-1899) war einer der wichtigsten deutschen Chemiker des 19. Jahrhunderts. Der nach ihm benannte Bunsenbrenner ist heute noch auch unter Nichtchemikern bekannt.

C

Der deutsch-schwedische Chemiker Carl Friedrich Scheele (1742-1786) ist seit 26. August 1998 Namensgeber der **Carl-Scheele-Straße** zwischen Rudower Chaussee und Schwarzschildstraße in Adlershof. Auch die **Scheelestraße** in Steglitz zwischen Hildburghausener Straße und Osdorfer Straße erhielt ihren Namen am 9. August 1928 nach dem geborenen Stralsunder.

E

Namensgeber der am 12. Mai 1893 so benannten **Elßholzstraße** in Schöneberg war Johann Sigismund Elßholz, (1623-1688) ein Berliner Arzt, Botaniker und Chemiker. Er verfasste sechs alchemistische Bücher.

Die **Emil-Fischer-Straße** zwischen der Straße zum Löwen und der Endestraße in Wannsee ist nach dem bedeutenden Berliner Chemiker benannt. Er hatte in der Nähe seinen Zweitwohnsitz.

Mit der **Erich-Thilo-Straße** in Adlershof zwischen der Straße Zum Großen Windkanal und der Rudower Chaussee wird seit 11. September 2002 der längere Zeit in der DDR-Akademie in Adlershof tätige Berliner Chemiker geehrt.

Am 4. September 1974 wurde die Schönlanker Straße im Prenzlauer Berg in **Ernst-Fürstenberg-Straße** umbenannt. Ernst Fürstenberg (1899-1944) war Chemiker, wurde in der Zeit des Nationalsozialismus als Kommunist verfolgt und im Konzentrationslager Sachsenhausen erschossen.

F

Der **Faradayweg** in Dahlem zwischen Thielallee und Brümmerstraße wurde vor 1914 nach dem berühmten englischen Chemiker Michael Faraday (1791-1867) benannt.

Friedrich Wöhler, einer der erfolgreichsten deutschen Chemiker im 19. Jahrhundert, war auch einige Jahre in Berlin tätig.

Seinen Namen trägt seit dem 28. August 1998 die **Friedrich-Wöhler-Straße** in Adlershof.

G

Der Chemiker Ernst August Geitner (1783-1852) stand Pate für die Benennung des **Geitnerwegs** in Lichterfelde. Geitner war Chemiefabrikant im Erzgebirge, produzierte u.a. verschiedene Farben und erfand die silberweiß glänzende Kupfer-Nickel-Zink-Legierung Neusilber, auch Argentan genannt.

Die **Glanzstraße** trägt seit dem 10. Februar 1905 den Namen des Berliner Chemikers Ernst Glanz (1843-1918). Er hatte zusammen mit Carl Scheibler in dieser Gegend von Berlin-Baumschulenweg Grundstücke erworben und durch die Planung und den Bau von Straßen entwickelt. Glanz war wie Scheibler ein führender Zuckerchemiker.

Die **Glauberstraße** in Steglitz zwischen Scheelestraße und Hildburghauser Straße ist seit dem 9. August 1929 nach Johann Rudolf Glauber (1604-1670) benannt. Bekannt ist heute noch, dass nach ihm benannte Glaubersalz (Natriumsulfat).

Der **Goldschmidtweg** in Lichtenrade ist nach dem Berliner Chemiker Hans Goldschmidt (1861-1923) benannt. Er wurde 1888 Teilhaber der 1847 von seinem Vater, dem Chemiker Theodor Goldschmidt (1817-1875), in Berlin gegründeten chemischen Fabrik. Sie produzierte Vorprodukte für die Textilverarbeitung. Hauptkunde war die Kattun-Druckerei R. Goldschmidt & Söhne. Das Unternehmen blieb jahrzehntelang sehr klein und beschäftigte kaum mehr als 20 Mitarbeiter. Erst als 1882 der älteste Sohn Karl Goldschmidt (1857-1926) die Geschäftsführung übernahm, änderte sich das. Er entwickelte ein Verfahren zur Entzinnung von Weißblech. Mit dem Erfolg dieses Geschäftszweiges begann die Firma rasant zu wachsen und zog 1890 in eine große neuerbaute Fabrik nach Essen um. Hans Goldschmidt, der das Unternehmen zusammen mit seinem Bruder führte, entwickelte das Thermitverfahren zur Herstellung reiner Metalle durch Reaktion der entsprechenden Metalloxide mit Aluminiumgrieß. Man bezeichnet dieses Verfahren auch als Goldschmidt-Verfahren bzw. Aluminothermie.

H

Die **Haberstraße** in Neukölln zwischen Bergiusstraße und Neuköllnischer Allee ist seit dem 20. August 1958 nach dem Nobelpreisträger von 1919 benannt.

Die **Harriesstraße** in Siemensstadt erinnert seit dem 18. August 1926 an den Berliner Chemiker Carl Harries (1866-1923). Harries forschte als Chemiker zur Chemie des Kautschuks und des Ozons.

Er war Professor erst in Berlin, dann in Kiel und hatte mit Hertha von Siemens eine Tochter von Werner von Siemens geheiratet. Hertha war auch eine studierte Chemikerin. Ab 1916 war Harries Forschungskoordinator und Aufsichtsratsmitglied von Siemens.

Nach dem Physikochemiker und DDR-Dissidenten Robert Havemann ist seit dem 31. Januar 1992 die **Havemannstraße** in Berlin-Marzahn benannt. Sie hieß vorher Erich-Glückauf-Straße.

Die **Hellriegelstraße** trägt den Namen des deutschen Agrikulturchemikers Hermann Hellriegel (1831-1896).

J

Nach Johann Wilhelm Hittorf (1824-1914) sind zwei Straßen in Berlin benannt. Das sind die **Johann-Hittorf-Straße** in Adlershof (seit 26. August 1998, von Max-Born-Straße bis Schwarzschildstraße) und die **Hittorfstraße** in Dahlem (seit etwa 1915, liegt zwischen Thielallee und Van't-Hoff-Straße).

Die **Jafféstraße** in Charlottenburg zwischen Messedamm und Heerstraße ist seit 10. November 1958 nach dem Chemiker Benno Jaffé (1840-1923) benannt. Er war seit 1867 Inhaber der Chemischen Fabrik am Salzufer 16, seit 1872 zusammen mit dem Chemiker und Wissenschaftshistoriker Ludwig Darmstädter (1846-1927). Dort wurden Ammoniak und Glycerin hergestellt. Ab 1894 ging man zur Verarbeitung von Schafwollfett über. Unter dem Namen Lanolin wurde es als Grundstoff zur Herstellung von Salben vertrieben. Seit 1900 hieß die Firma Vereinigte Chemische Fabriken AG und ab 1930 Pfeilring Werke AG. Sie wurde 1931 von Schering übernommen. Benno Jaffé war auch Charlottenburger Stadtrat.

^ *Nach Chemikern sind zum Beispiel der Landoltweg und die Hittorfstraße in Berlin-Dahlem benannt.*

Emil Jacobsen (1836-1911) war ein Berliner Apotheker und Chemiker, der mit Ernst Schering befreundet war, und zeitweise für dessen Firma gearbeitet hatte. Durch mehrere Erfindungen kam er zu Vermögen. Er wurde dann als humoristischer Schriftsteller und Berliner Original bekannt. Seit dem 29. März 1939 gibt es einen nach ihm benannten **Jacobsenweg** in Berlin-Wittenau.

Die **Jordanstraße** in Treptow begrenzte das ehemalige Agfa-Betriebsgelände. Sie wurde nach Max August Jordan benannt, dem Gründer eines Vorgängerbetriebes der Agfa.

K

Die **Karl-Ziegler-Straße** in Adlershof zwischen Hermann-Dorner-Allee und Max-Born-Straße trägt seit dem 11. September 2002 diesen Namen. Karl Ziegler (1898-1973) war ein Polymerchemiker, der für die Erfindung des Ziegler-Natta-Verfahrens zur Herstellung von Polyethylen und Polypropylen bekannt ist.

Die **Kekulé-Straße** gehört im WISTA-Gelände von Adlershof zu den nach bedeutenden Chemikern benannten Straßen. August Kekulé von Stradonitz (1829-1896) war Professor für Chemie in Bonn und schlug den Benzolring als Strukturformel für das Benzol vor.

In Oberschöneweide trägt die **Kilianistraße** seit 24. Mai 1951 den Namen von Martin Kiliani (1858–1895), einem Chemiker der AEG und Mitentwickler des Verfahrens zur Herstellung von Aluminium durch Schmelzflusselektrolyse.

Der aus der wichtigen Berliner Chemieindustriellenfamilie Kunheim stammende Hugo Kunheim ist seit dem 1. September 2003 der Namensgeber der **Kunheimstraße** in Oberschöneweide zwischen Nalepastraße und Tabbertstraße. Nach Kunheim war um 1906 schon einmal eine Straße am anderen Ende von Oberschöneweide benannt gewesen. Sie wurde später in ein Industriegelände einbezogen und überbaut.

Die **Kunkelstraße** im Wedding ist seit dem 3. Mai 1998 nach dem berühmten Hersteller des Goldrubinglases benannt.

In Dahlem befindet sich der **Landoltweg** mit der Landoltwegbrücke. Damit wird an den Schweizer Chemiker Hans Landolt erinnert. Landolt war langjährig in Berlin aktiv.

L

Die **Liebigstraße** im Friedrichshain von Proskauer bis Eldenaer Straße ist seit dem 15. Januar 1881 nach Justus Liebig benannt. Liebig (1803-1873) war einer der bekanntesten und einflussreichsten deutschen Chemiker des 19. Jahrhunderts. Sehr bekannt war z.B. Liebigs Fleischextrakt. Liebig wurde für seine

Verdienste 1845 geadelt. Nach ihm ist seit dem 26. August 1998 auch die **Justus-von-Liebig-Straße** in Adlershof zwischen den Straßen Am Studio und Magnusstraße benannt.

Der Österreicher Johann Josef Loschmidt (1821-1895) war nicht nur der Namensgeber der Loschmidt-Konstante, die die Anzahl von Gasmolekülen in einem bestimmten Gasvolumen angibt. Auch die Berliner **Loschmidtstraße** in Charlottenburg trägt seit dem 31. Juli 1947 seinen Namen.

M

Die **Magnusstraße** in Adlershof ist nach dem Berliner Physiker und Chemiker Gustav Magnus (1802-1870) benannt. Er ist heute aber hauptsächlich als Physiker bekannt.

Karl Markel (1860-1932) war ein Chemiker, der in England sehr erfolgreich in der chemischen Industrie arbeitete. Er gründete von England aus die Markelstiftung, die nach dem Ersten Weltkrieg jungen Menschen, vor allem Kriegswaisen in Deutschland helfen sollte. Die **Markelstraße** in Steglitz erhielt am 26. November 1927 seinen Namen.

Nach dem Mitgründer der Agfa Carl Alexander Martius wurde am 4. August 1930 der **Martiusweg** in Tempelhof zwischen Brandaustraße und Benzstraße benannt.

Die **Max-Dohrn-Straße** zwischen Tegeler Weg und Lise-Meitner-Straße in Charlottenburg ist seit dem 1. August 1970 nach dem wichtigen Schering-Chemiker Max Dohrn (1874-1943) benannt. Dohrn hatte seit 1902 bei Schering im Bereich der pharmazeutischen Forschung gewirkt und sich große Verdienste erarbeitet.

Die **Motardstraße** trägt seit 1907 den Namen des französischen Arztes und Chemikers Adolphe Motard (1805-1882). Seine Firma A. Motard & Co wurde 1836 vor dem Halleschen Tor gegründet. 1886 wurde sie auf das Sternfeld bei Spandau verlegt. Sie war die älteste Stearinkerzenfabrik Deutschlands. Stearin wird aus Palmöl und Fett durch Hydrierung, auch Fetthärtung genannt, gewonnen. Die Firma Motard und ihre Nachfolgebetriebe produzierten bis 1979 in Spandau Stearinkerzen.

N

Nach dem schwedischen Chemiker und Unternehmer Alfred Nobel, Stifter des Nobelpreises, erfolgte am 20. August 1958 die Benennung der **Nobelstraße** in Neukölln zwischen Britzer Allee und Bergiusstraße.

O

Der **Otto Hahn-Platz** befindet sich in Dahlem zwischen Ehrenbergstraße, Reichensteiner Weg und Altensteinstraße. In der Altensteinstraße 48 hatte Hahn 1929-44 gelebt. Zusätzlich gibt es in Wannsee seit dem 8. September 2008 den **Hahn-Meitner-Platz.**

Der berühmte Paracelsus, eigentlich Theophrastus Bombastus von Hohenheim (1493-1541) war vor allem Arzt aber auch Alchemist. Nach ihm ist seit dem 18. Februar 1927 die **Paracelsusstraße** in Pankow benannt.

Der **Pulvermühlenweg** in Spandau erinnert seit dem 20. März 1929 an die hier von 1839 bis 1919 befindliche Pulverfabrik, zu der auch eine Pulvermühle gehörte.

In Adlershof liegt seit dem 26. August 1998 die **Richard-Willstätter-Straße** zwischen den Straßen Am Studio und Ernst-Ruska-Ufer. Auch in Neukölln gibt es, vom Bergiusweg abzweigend, seit 1. Oktober 1987 eine **Willstätterstraße.**

Nach einem Berliner Chemiker ist seit dem 10. Februar 1905 auch die **Scheiblerstraße** in Baumschulenweg benannt. Der Namensgeber war Carl Scheibler (1827-1899), ein bedeutender Zuckerchemiker. Er betrieb in Berlin ein privates chemisches Institut für die Zuckerindustrie.

Die **Scheringstraße** zwischen Gartenstraße und Hussitenstraße im Wedding trägt seit dem 8. März 1894 den Namen des Gründers des bedeutendsten Berliner Chemieunternehmens.

Nach dem Berliner Chemiker Leopold Julius Spiegel (1865-1927) ist seit dem 30. März 1950 der **Spiegelweg** in Charlottenburg zwischen Dresselstraße und Wundtstraße benannt. Spiegel hatte das Alkaloid Yohimbin in der Rinde des westafrikanischen Yohimbebaumes entdeckt. Es wird als Mittel gegen Erektionsstörungen des Mannes bis heute produziert.

Der **Teerofenweg** in Wannsee führt von der Kohlhasenbrücker Straße abgehend durch den Düppeler Forst in Richtung Albrechts Teerofen (Siehe da).

Die **Van't Hoff-Straße** verbindet seit ca. 1914 in Berlin-Dahlem die Thielallee mit der Boltzmannstraße. Van't Hoff hatte in seinem letzten Lebensabschnitt begonnen, in Dahlem ein kleines Forschungsinstitut zu etablieren.

Die amtliche Benennung der **Walther-Nernst-Straße** in Adlershof zwischen Albert-Einstein-Straße und Rudower Chaussee erfolgte am 26. August 1998.

Die **Wilhelm-Ostwald-Straße** in Adlershof trägt seit dem 26. August 1998 den Namen des aus Riga stammenden und vorrangig in Leipzig wirkenden Physikochemikers Wilhelm Ostwald (1853-1932).

Einige Straßen mit »chemischen« Namen wurden auch **umbenannt**:

Die **Agastraße** in Berlin-Adlershof erhielt am 31. August 2005 den neuen Namen Am Studio. Alter Namensgeber war die in der Agastraße ansässige Firma Autogen-Gasaccumulatoren AG, Tochterfirma des schwedischen Industriegasekonzerns AGA (für Aktiebolaget Gas-Accumulator), der bis 1999 existierte und dann vom deutschen Konkurrenten Linde AG übernommen. Die Aga betrieb seit 1928 einen Azetylenherstellungsbetrieb an diesem Standort. In Lichtenberg produzierte eine andere Tochterfirma der AGA von 1919 bis 1929 PKWs des Typs AGA, die heute Kultstatus genießen (siehe dazu auch »Der AGA-Wagen« von Kai-Uwe Merz, erschienen im Berlin Story Verlag, s. Anzeige auf S. 332). Nach 1945 produzierte in Adlershof weiterhin der nun staatliche Betrieb VEB AGA-Acetylenwerk Berlin-Adlershof. Bis in die 1960er-Jahre hinein wurde hier noch Acetylen hergestellt.

Als Grund für die Umbenennung der Adlershofer Straße wurde angegeben, dass sich jetzige Anlieger wie Studio Berlin wegen des Straßennamens mehrfach an den Bezirk gewandt hätten. Auch wenn die Firma AGA nicht mehr existiere, werde mit dem Namen auf mögliche Umweltemissionen hingewiesen, die einer Ansiedlung im Medienbereich abträglich seien.

Die **Erich-Correns-Straße** in Hohenschönhausen, die ihren Namen erst 1986 erhalten hatte, wurde 1992 in Vincent-van-Gogh-Straße umbenannt. Sicher deshalb, weil der Chemiker Erich Correns (1896-1981) als politisch belastet galt. Correns war ein Spezialist für Cellulosechemie und an der industriellen Umsetzung der Kunstfaserherstellung beteiligt. Er war von 1950 bis zu seinem Tod Vorsitzender des Nationalrates der Nationalen Front der DDR, außerdem Mitglied des DDR-Forschungsrates, der Volkskammer und Mitglied des Staatsrats der DDR.

Die **Riedelstraße**, eine Nebenstraße der Saalburgstraße in Britz war nach Johann Daniel Riedel, dem Gründer der dort ehemals befindlichen Chemischen Fabrik Riedel benannt. Sie wurde am 1. Juli 2005 in Cafeastraße, nach einem Kaffeeverarbeitungs- und handelsunternehmen welches jetzt in dieser Straße ansässig ist, umbenannt.

GRABSTÄTTEN

So manche Grabstätte eines wichtigen Berliner Chemikers hat sich erhalten. Die folgende Tabelle gibt präsentiert eine kleine Auswahl solcher Grabstätten.

Name	Friedhof
Ernst Beckmann	Friedhof Dahlem, Königin-Luise-Str. 57
Max Bodenstein	Evangelischer Kirchhof Nikolassee
Ludwig Darmstädter	Berliner Ehrengrabstätte Alter Zwölf-Apostel-Friedhof, Kolonnenstr. 24-25
Emil Fischer	Berliner Ehrengrabstätte Friedhof Wannsee II, Lindenstr. 1-2a
Heinz Gerischer	St. Annenfriedhof Dahlem, Königin-Luise-Str. 57
Hans Goldschmidt	Friedhof I der Jerusalems- und Neuen Kirchengemeinde
Sigismund Friedrich Hermbstädt	Dorotheenst.-Friedrichswerd.-Friedhof, Chausseestr. 126
Familienmausoleum Heyl	Luisenfriedhof II (auch -Friedhof genannt), Königin-Elisabeth-Straße 46
August Wilhelm von Hofmann	Berliner Ehrengrabstätte Dorotheenst.-Friedrichswerd.-Friedhof, Chausseestr. 126
Emil Jacobsen	St.-Johannes-Kirchhof II in Wedding, Seestraße 126

Carl August Ferdinand Kahlbaum	Alter Luisenstädt., Südstern 8-12
Martin Heinrich Klaproth	(Gedenktafel, kein Grab) Dorotheenst.-Friedrichswerd.-Friedhof, Chausseestr. 126
Grabstätte Kunheim, Hugo Kunheim und Erich Kunheim	Friedrichswerderscher Friedhof, Bergmannstraße 42-44
Carl Theodor Liebermann	Jüdischer Friedhof Weißensee, Markus-Reich-Platz 1
Gustav Magnus	Berliner Ehrengrabstätte Dorotheenst.-Friedrichswerd.-Friedhof, Chausseestr. 126
Georg Manecke	Friedhof Dahlem, Königin-Luise-Str. 57
Eilhard Mitscherlich	Berliner Ehrengrabstätte Alter St. Matthäus-Friedhof, Großgörschenstr. 12
Ernst Schering	Friedhof III der Jerusalems- und Neuen Kirchengemeinde
Peter Adolf Thiessen	Christophorus Kirchhof, Peter-Hille-Straße 84
Jacobus Henricus van't Hoff	Berliner Ehrengrabstätte Friedhof Dahlem, Königin-Luise-Str. 57

^ *Grabstätte Kunheim mit den Gräbern von Hugo und Erich Kunheim auf dem Friedrichswerderschen Kirchhof in der Bergmannstraße in Kreuzberg. In der Nähe befand sich die Chemische Fabrik Kunheim.*

SCHULEN

In Berlin tragen zur Zeit zehn Schulen (von insgesamt 777 gemäß der Schulstatistik 2010/11) den Namen eines Chemikers.

- Franz-Carl-Achard-Grundschule in Kaulsdorf, Adolfstraße 25
- Otto-Hahn-Schule (OHS) in Britz, Buschkrugallee 63
- Robert-Havemann-Schule in Karow, Achillesstraße 79
- Primo Levi Oberschule in Berlin-Weißensee, Pistoriusstraße 133
- Justus von Liebig Grundschule im Friedrichshain, Liebigstr 18A
- Liebig-Schule in Neukölln, Efeuweg 34
- Loschmidt-Oberschule in Charlottenburg, Loschmidtstraße 19
- Alfred-Nobel-Schule in Berlin-Britz, Parchimer Allee 111
- Wilhelm-Ostwald-Schule, in Steglitz, Immenweg 6
- Ernst-Schering-Schule (ESO) im Wedding, Lütticher Strasse 47-48

^ *Die Franz-Carl-Achard-Grundschule in Kaulsdorf befindet sich unweit des ehemaligen Gutshauses Kaulsdorf, einer der Wirkungsstätten des Begründers der Rübenzuckerindustrie*

GEDENKTAFELN

Eine ganze Reihe von Gedenktafeln erinnern in Berlin an die Wohn- oder Wirkungsstätten bedeutender Chemiker. Dazu gehören sechs Porzellantafeln der einheitlich gestalteten weißen Berliner Gedenktafel-Reihe, hergestellt von der Königlichen Porzellanmanufaktur, aber auch eine Reihe weiterer ganz unterschiedlich gestalteter Tafeln.

François-Charles Achard	Gutshaus Kaulsdorf
Emil Fischer	altes Chemieinstitut Hessische Straße 1-2
Martin Heinrich Klaproth	ehemalige Bärenapotheke Nikolaiviertel
Carl Scheibler (Zuckerchemiker)	ehemaliges Wohnhaus Defflingerstraße 8
Ernst Schering	in der Müllerstraße 170 im Wedding
Richard Willstätter	ehemaliges Wohnhaus im Faradayweg 10 in Dahlem

Weitere Gedenktafeln:

Fritz Haber	Fritz-Haber-Institut Dahlem
Otto Hahn	altes Chemieinstitut Hessische Straße 1-2
Otto Hahn	ehemaliges Wohnhaus in Berlin-Dahlem

Otto Hahn und Fritz Straßmann	altes KWI für Chemie in Dahlem
Robert Havemann	altes Chemieinstitut Hessische Straße 1-2
Walther Nernst und	
Max Bodenstein	altes Chemieinstitut Bunsenstraße 1

^ *Gedenktafel für die Entdeckung der Kernspaltung durch Otto Hahn und Fritz Strassmann am Hahn-Meitner-Bau der FU Berlin in Berlin-Dahlem*

CHEMIE IN MUSEEN

Chemie ist kein populäres Thema in Ausstellungen und Museen. In Berlin findet man aber im Deutschen Technikmuseum die Dauerausstellung *Pillen und Pipetten*. Hier wird die Entwicklung der chemischen und pharmazeutischen Industrie zum größten Teil am Beispiel der Firma Schering gezeigt.

Interessant ist auch ein Besuch der Teerschwele im Museumsdorf Düppel. Hier wird gezeigt, wie man aus Holz Teer machen kann. Außerdem erfährt man etwas über die Anwendung des Holzteers bzw. -pechs.

^ *Eine hochinteressante Reise in die Welt der Chemie bietet die Ausstellung* Pillen und Pipetten *des Deutschen Technikmuseums in der Trebbiner Straße 9 in Berlin-Kreuzberg.*

CHEMIE IN DER KUNST IN BERLIN

^ *Der bekannte Wandfries von Walter Womacka am Haus des Lehrers in der Alexanderstraße 9 in Berlin-Mitte zeigt einen Chemiker, einen Erlenmeyerkolben mit einer roten Flüssigkeit schwenkend.*

Während die moderne Chemie nur selten ein Thema für die bildende Kunst ist, waren Alchemisten und ihre Labors längere Zeit ein beliebtes Motiv.

Trotzdem ist der prominenteste Chemiker auf einem öffentlichen Kunstwerk in Berlin ein moderner Chemiker. Er ist auf der »Bauchbinde« am Haus des Lehrers am Alexanderplatz in Berlin-Mitte zu finden. Auf dem Wandfries ist ein Chemiker im weißen Kittel zu sehen, welcher einen Erlenmeyerkolben mit einer roten Flüssigkeit schwenkt. Der Chemiker auf diesem restaurierten Wandfries des 1962-64 errichteten Gebäudes ist Teil einer Figurengruppe, die Walter Womacka (1925-2010) entworfen hatte.

Die »Bauchbinde« sollte ein Panorama von Einzelszenen aus dem glücklichen Leben in der DDR zeigen.

Im öffentlichen Raum findet man auch zwei Denkmäler für verdienstvolle Chemiker, ein Denkmal für Eilhard Mitscherlich seitlich des Hauptgebäudes der Humboldt Universität Unter den Linden und zwei für Emil Fischer am Robert-Koch-Platz in Berlin-Mitte und noch einmal in Dahlem. Ursprünglich hatte Fritz Klimsch (1870-1960) im Jahr 1921 ein Emil-Fischer-Denkmal aus Kalkstein angefertigt. Das wurde im Zweiten Weltkrieg zerstört. Eine 1952 von Richard Scheibe (1879-1964) angefertigte Bronzekopie steht in Dahlem vor dem Otto-Warburg-Haus in der Garystraße 34, die zweite Kopie in Berlin-Mitte.

Ein modernes Wandgemälde von Ulf Jenninger (geboren 1960) mit 16 berühmten Berliner Chemikern ist im Foyer des Zentrums für Biotechnologie und Umwelt in Adlershof angebracht worden.

Das prominenteste Bildwerk mit einem alchemistischen Thema in Berlin ist wahrscheinlich die Zeichnung *Der Alchemist* von Pieter Bruegel dem Älteren (ca. 1525-1569) von 1558, zu finden im Kupferstichkabinett Berlin.

Bruegel zeigt auf dieser Zeichnung, die als Kupferstich vervielfacht wurde, einen besessenen Alchemisten, der gerade seinen letzten Goldtaler einschmilzt und sich und seine Familie in Armut und Obdachlosigkeit stürzt.

Gemälde mit Darstellungen von Alchemisten in Berliner Museen stammen von David Teniers, Christian Wilhelm Ernst Dietrich und Thomas Wijk.

^ *Pieter Bruegel der Ältere,* Der Alchemist, *1558, Kupferstichkabinett Berlin*

DANKSAGUNG

Ich danke meinen Eltern Gisela und Manfred Kraft (beide Chemiker) für die sorgfältige Durchsicht des Manuskripts. Meiner Lebensgefährtin Maja Wünsche (auch Chemikerin) danke ich für ihre große Geduld bei meinen Studien in den Abendstunden und am Wochenende und für ihre gelegentliche Begleitung meiner Streifzüge durch das chemische Berlin.

Weiteren Dank für ihre Hilfe bei der Beschaffung von Informationen und vor allem von Bildmaterial schulde ich folgenden Personen: Thore Grimm (Schering Archiv Bayer AG, Berlin), Ulf Jenninger (Grafikdesigner, Leipzig), Susanne Uebele (Archiv der Max-Planck-Gesellschaft, Berlin), Krystyna Schade (Heimatmuseum Berlin-Köpenick), Sarah Elsemann (Stadtarchiv Wesel), Peter Löhnert (Chemiehistoriker, Dessau) und Manfred Gill (Filmmuseum Wolfen).

WEITERFÜHRENDE LITERATUR

August Wilhelm Hofmann, Berliner Alchemisten und Chemiker. Rückblick auf die Entwicklung der chemischen Wissenschaft in der Mark, Dr. Martin Sändig OHG, Wiesbaden 1882

Michael Engel, Chemie im achtzehnten Jahrhundert, Staatsbibliothek Preußischer Kulturbesitz, Berlin 1984

Michael Engel, Brita Engel, Chemie und Chemiker in Berlin: Die Ära August Wilhelm von Hofmann 1865-1892, Verlag für Wissenschafts- und Regionalgeschichte, Berlin 1992

Eckhart Henning, Marion Kazemi, Dahlem – Domäne der Wissenschaft. Ein Spaziergang zu den Berliner Instituten der Kaiser-Wilhelm-/ Max-Planck-Gesellschaft im »deutschen Oxford«, Veröffentlichungen aus dem Archiv der Max-Planck-Gesellschaft, Band 16/1, 4. Auflage, Berlin 2009

Volker Koesling, Florian Schülke (Hsg.), Pillen und Pipetten, Facetten einer Schlüsselindustrie, Koehler und Amelang, Berlin 2010

ABBILDUNGSVERZEICHNIS

Archiv der Max-Planck-Gesellschaft, Berlin-Dahlem: S. 33, 34, 270, 287, 302; Archiv Wieland Giebel: S. 22; Bildarchiv Preußischer Kulturbesitz: 14, 29 (Dietmar Katz), 51u., 63 (Carl Weinrother); Norman Bösch (unter Verwendung eines Bildes von ©Ljupco Smokovski / fotolia.com): Frontcover, Buchrücken; Bundesarchiv: Bild 183-57000-0454, Walter Heilig: S. 43, -, Bild 183-08833-0003, Hans-Günter Quaschinsky: S. 72, -, Bild 102-13149, o.Ang.: S. 98, -, Bild 183-D1006-00212-001, Stöhr: S. 123, -, Bild 183-83285-0019, Peter Heinz Junge: S. 289; Bunsen-Gesellschaft: S. 275; Wieland Giebel: Buchrücken (»BErLiN Periodensystem«); Heimatmuseum Köpenick: S. 129; Humboldt-Universität/Universitätsbibliothek, Porträtsammlung: S. 268; Industrie- und Filmmuseum Wolfen, Bildarchiv, Nr. 15186: S. 237; Ulf Jenninger (Foto A. Kraft): S. 32; C. Kirchner, Stiftung Deutsches Technikmuseum Berlin: S. 325; Alexander Kraft: S. 26, 31, 54, 68, 69, 74, 76, 77, 79, 81-85, 89, 91-93, 102, 104, 111, 117, 124/125, 132, 141, 150, 158/159, 191, 194, 197, 211u., 213, 219, 223, 243, 244, 246, 254, 257, 258, 265, 273, 308, 315, 321, 324, 326; Landesarchiv Berlin: S. 53, 61; Robert Havemann-Gesellschaft: S. 297, 299 Schering Archiv, Bayer AG: S. 41, 113, 143-149, 225, 227; Stadtarchiv Wesel: S. 279 (auch Backcover); Universitätsarchiv Stuttgart SN29/140: S. 281; Wikimedia commons (public domain): S. 127, 157, 198, 215, 217, 229, 230, 239, 241, 252, 255, 256, 263, 269, 271, 305, 328 (auch Backcover); Wikimedia commons (unter der Lizenz CC-BY-SA 3.0, http://creativecommons.org/licenses/by-sa/3.0/deed.de): Angela Monika Arnold, Berlin: S. 300, Beek100: S. 73 (auch Backcover), Letizia Mancino Cremer: S. 293, Fridolin Freudenfett – Peter Kuley: S. 277; Wikimedia commons (unter der Lizenz CC-BY-SA 2.5, http://creativecommons.org/licenses/by-sa/2.5/deed.de): Norbert Aepli, Switzerland: S. 204; Wikimedia commons (unter der Lizenz CC-BY-SA 2.0, http://creativecommons.org/licenses/by-sa/2.0/deed.de): Wolfram Däumel: S. 45; Zuckermuseum Berlin: S. 186, 192 (beide auch Backcover); Alle anderen Abbildungen: Archiv des Autors

Sollten trotz intensiver Recherchen Bildrechte nicht berücksichtigt sein, bitten wir darum, dem Verlag etwaige bestehende Ansprüche mitzuteilen.

BERLIN STORY VERLAG

Unter den Linden 40, 10117 Berlin

NEU!

DAS BErLiN-PERIODENSYSTEM

als T-Shirt, Aufkleber und Tasse

Passend zum Buch »Chemie in Berlin«:
Der individuelle Einstieg in das chemische Berlin –
das BErLiN-Periodensystem für Körper, Laptop und Frühstückstisch!

BErLiN-PERIODENSYSTEM
T-SHIRT
schwarz mit buntem Aufdruck
Man- und Girly-Shirts
Größen: S, M, L, XL

15,00 €

BErLiN-PERIODENSYSTEM
STICKER
schwarz mit buntem Aufdruck

21 x 7,2 cm: 1,50 €
29,6 x 10,4 cm: 2,00 €

BErLiN-PERIODENSYSTEM
TASSE
schwarz mit buntem Aufdruck
Material: Keramik
spülmaschinenfest

5,90 €

WWW.BERLINSTORY-SHOP.DE

BERLIN STORY VERLAG

Unter den Linden 40, 10117 Berlin

Iris Grötschel

DAS MATHEMATISCHE BERLIN

HISTORISCHE SPUREN UND
AKTUELLE SZENE
256 Seiten, 12,5 x 20,5 cm, 19,80 €
ISBN 978-3-86368-013-8

Mathematik – da bricht Ihnen der Angstschweiß aus? Überhaupt nicht nötig! Für diesen unverstaubten Streifzug durch Berlin benötigen Sie weder Zirkel, noch Taschenrechner oder gar algebraische Formeln. Dieses Buch zeigt: Mathematik ist alltagstauglich, macht Spaß – und ist überall um uns herum! Historische Persönlichkeiten und Orte, berühmte Formeln, großartige Architektur, Kultur und Kunst – all das ist das mathematische Berlin. Viel Vergnügen!

Kai-Uwe Merz

DER AGA-WAGEN

EINE AUTOMOBIL-GESCHICHTE
AUS BERLIN
240 Seiten, 17 x 24 cm, 19,80 €
ISBN 978-3-86368-006-0

Unser Beitrag zum Jubiläumsjahr 125 Jahre Automobil: »Der AGA-Wagen« ist die erste Monografie zu der Berliner Automobil-Fabrik AGA, die zwischen 1919 und 1929 in Berlin-Lichtenberg zwischen 8000 und 12 000 Fahrzeuge produzierte.
Mit seiner umfassenden Geschichte des AGA-Wagens legt der Historiker und Journalist Kai-Uwe Merz eine automobilhistorische Darstellung vor, in der eigene Familiengeschichte vor zeithistorischem Hintergrund mit Unternehmens-, Wirtschafts-, Sozial-, Technik-, Verkehrs-, Rennsport-, Kultur- und Berlin-Geschichte zusammenfließt. So wird die Lektüre dieses Buchs über eine kaum bekannte Automobil-Marke zu einer einzigartigen Reise in die Zwanziger Jahre.

AUTO
BUCH
PREIS

Ausgezeichnet mit dem ADAC Motorwelt Autobuch Preis 2011

ADAC Motorwelt

WWW.BERLINSTORY-VERLAG.DE

BERLIN STORY VERLAG

Unter den Linden 40, 10117 Berlin

Norbert W. F. Meier

BERLIN IM MITTELALTER

BERLIN/CÖLLN UNTER DEN ASKANIERN

192 Seiten, 17 x 24 cm, 19,80 €

ISBN 978-3-86368-068-8

Wir sind den Ursprüngen Berlins ganz nah. Nie zuvor in der Geschichte der Stadt gab es so viele Ausgrabungen. Nie sind die Berliner neugieriger in die Vergangenheit gestiegen. Nach der Friedlichen Revolution wird in Berlins historischer Mitte überall gebaut – und vorher gegraben. Pünktlich zum 775-jährigen Jubiläum der Stadt.
Norbert W.F. Meier erzählt von den aktuellen archäologischen Funden, von der Entstehung der mittelalterlichen Doppelstadt Berlin/Cölln unter den Askaniern, von den Menschen, den Märkten und der Versorgung, von Kirchen, Schulen und dem Rathaus, von Wirtschaft, Politik und Recht damals.

Constanze Döhrer/
Volker Hobrack/Angelika Keune (Hg.)

SPUREN DER GESCHICHTE

NEUE GEDENKTAFELN IN BERLINS MITTE

480 Seiten, 12,5 x 20,5 cm, 19,80 €

ISBN 978-3-929829-44-0

»Mosaiksteine für das Gedächtnis der Stadt«. Geschichte ist in Berlin überall, an nahezu jedem Ort greifbar. Die Berliner Gedenktafelkommission bringt diese Geschichte und ihre Protagonisten auf die Straße, an die Häuserwände – direkt ins Leben der Menschen. Bis heute auf über einhundertzwanzig, meist privat finanzierten Tafeln: von Henriette Tiburtius, der ersten Zahnärztin Berlins, über Otto Weidt und seine Blindenwerkstatt bis zu den Demonstranten und Opfern des Aufstandes vom 17. Juni 1953.
In diesem Buch, herausgegeben von Volker Hobrack, Vorsitzender der Gedenktafelkommission Mitte, und Angelika Keune, Kustodin der Historischen Sammlung der Humboldt Universität, stellt Constanze Döhrer die Geschichten der Gewürdigten und der Tafeln in Berlins Mitte vor. Ein Streifzug durch die Berliner und die deutsche Geschichte, der historische Persönlichkeiten und Ereignisse an ihren Orten ins Gedächtnis ruft.

WWW.BERLINSTORY-VERLAG.DE

Klaus Duntze

DER LUISENSTÄDTISCHE KANAL

440 Seiten, 17 x 24 cm, 24,80 €
ISBN 978-3-86368-014-5

Die Geschichte des Luisenstädtischen Kanals: Erschaffen durch Meisterleistungen bei Planung und Bau, dann zugeschüttet als Sperrgebiet und Todesstreifen während der Zeit der Teilung, heute teilend und verbindend zugleich in den Kontroversen über die zukünftige Nutzung. Klaus Duntze, Pfarrer i. R. und seit vielen Jahren engagiert im Bürgerverein Luisenstadt, hat sich der Mammutaufgabe angenommen, die einizigartige Entwicklung von der historischen Lebensader der ehemaligen Luisenstadt zum heutigen Grünzug zwischen den Bezirken Kreuzberg und Mitte nachzuzeichnen.
Das Buch wird komplettiert durch Beiträge von Dr. Klaus v. Krosigk und Klaus Lingenauber von der Gartendenkmalpflege. Jahrelange Recherche und fundierte Kenntnisse der Autoren, historisches Kartenmaterial und eine Vielzahl, zum Teil wenig bekannter Bilder machen dieses Buch zu einem umfassenden Standardwerk.

Jens Schöne

ENDE EINER UTOPIE

DER MAUERBAU IN BERLIN 1961
144 Seiten, 12,5 x 20,5 cm, 14,95 €
ISBN 978-3-86368-000-8

Der Mauerbau machte endgültig klar, dass der Traum von einer besseren, gerechteren Gesellschaft in der DDR gescheitert war. Denn es waren die gesellschaftlichen Entwicklungen in der DDR, nicht der Kalte Krieg der Supermächte, die als Ursache für den Bau der Berliner Mauer ausschlaggebend waren. Wer waren die treibenden Kräfte? Welche Ziele verbanden sie damit? Diese und weitere Fragen stehen im Mittelpunkt dieses Buches.

ANZEIGE

CHEMIEINFORMATION
AUS BERLIN SEIT 1830
Vom Chemischen Zentralblatt zum modernen ChemInform, Wochenzeitschrift und Reaktionen-Datenbank, unentbehrliche Helfer für die organische Syntheseplanung und die Optimierung synthetischer Verfahren.
Immer aktuell und zuverlässig
ChemInform®
WEEKLY NEWS
ChemInform
WILEY-VCH

ANZEIGE

HISTORIALE

BERLIN MUSEUM

Audio Guide in 10 Sprachen

Typisch Berlin: 800 Jahre Geschichte ohne Atempause! In einer multimedialen Stunde.

Der Weg Berlins zur spannendsten und aufregendsten Stadt Europas. Von 1237 bis heute, von Ost bis West: Zum Angucken und Anfassen, Zuhören und Reinsetzen. Für alle von klein bis groß.

Der rote Faden durch die Berliner Geschichte, zeitgemäß, konkret, international. Leitmotive sind die Berlin prägenden Themen „Freiheitsliebe", „Tatkraft und Leidenschaft", „Hier hat jeder seine Chance!".

Historiale BERLIN MUSEUM
Unter den Linden 40, 10117 Berlin
Tel.: 030-20 45 46 73
oder 030-51 73 63 07
E-Mail: Museum@Historiale.de

Öffnungszeiten: Jan-Feb 10-19 Uhr
Mär-Dez 10-20 Uhr

ermöglicht durch
STIFTUNG
DEUTSCHE KLASSENLOTTERIE BERLIN

WWW.HISTORIALE.DE/MUSEUM